"十三五"高等职业教育核心课程规划教材·机电大类

U0719708

数控机床操作

主　编　周信安　刘晓青

副主编　刘慧茹　王坤峰　万　博　申　鹏

参　编　魏同学　张立昌　冯　锟　付斌利

　　　　张晨亮　杨　柳　李　林

主　审　修学强　王艳红

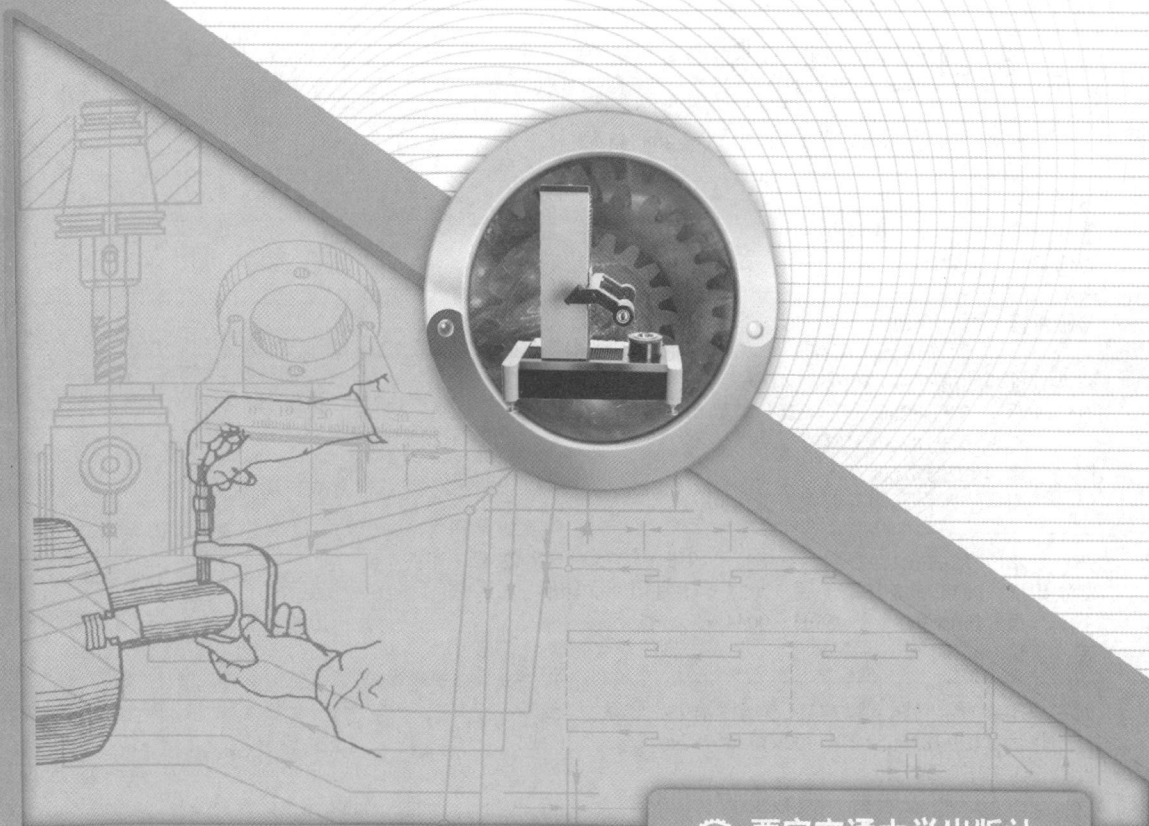

西安交通大学出版社
XI'AN JIAOTONG UNIVERSITY PRESS

内 容 简 介

本书以任务驱动为核心强化对知识和技能的掌握,全书共分为9篇,主要内容为数控车床操作与加工、(SIEMENS)数控铣床操作与加工、(FANUC)加工中心操作与加工、五轴机床操作与加工、数控机床仿真软件操作与加工、数控机床DNC传输与加工、CTW320-TB线切割机床操作与加工、电火花机床的操作与加工、三坐标测量机操作与测量九部分。本书的主要特点是:以项目为引导,理论与实践相结合,紧密联系生产加工,强化学生的数控实践技能操作,内容简明扼要,图文并茂。

本书可作为高等职业技术院校数控技术、机械制造与自动化、模具设计与制造及机电一体化专业用书,也可作为与之相近专业师生及相关工程技术人员参考用书。

图书在版编目(CIP)数据

数控机床操作/周信安,刘晓青主编. —西安:西安交
通大学出版社,2017.8(2024.1重印)
 ISBN 978-7-5693-0034-5

Ⅰ.①数… Ⅱ.①周…②刘… Ⅲ.①数控机床-操
作-高等职业教育-教材 Ⅳ.①TG659

中国版本图书馆CIP数据核字(2017)第208345号

书 名	数控机床操作	
主 编	周信安 刘晓青	
责任编辑	雷萧屹	
出版发行	西安交通大学出版社	
	(西安市兴庆南路1号 邮政编码710048)	
网 址	http://www.xjtupress.com	
电 话	(029)82668357 82667874(市场营销中心)	
	(029)82668315(总编办)	
传 真	(029)82668280	
印 刷	陕西奇彩印务有限责任公司	
开 本	787mm×1092mm 1/16 **印张** 17.375 **字数** 421千字	
版次印次	2017年8月第1版 2024年1月第9次印刷	
书 号	ISBN 978-7-5693-0034-5	
定 价	45.00元	

如发现印装质量问题,请与本社市场营销中心联系。
订购热线:(029)82665248 (029)82667874
投稿QQ:850905347

前　言

　　本书是针对高等职业院校机械类专业编写的理论与实践一体化教材,落实"教、学、做"于一体,在"做中学、做中教",保证实训技能与企业实际相符。本书突出"实用为主,够用为度",参考数控加工工艺与编程操作教程、数控职业技能鉴定实训教程、数控机床编程与操作实训教程、数控机床刀具资料、数控机床使用说明书等书籍编写而成。

　　本书以引导学生为主,在数控加工的基础上应用多种实例,详细地介绍了数控机床编程与操作、数控机床仿真软件使用、数控机床DNC传输、电切削机床编程与操作、三坐标测量机操作。通过学习本书的内容,学生可具备数控机床程序编制和加工调试的能力,从而更好地适应现代化制造业的发展需求。

　　本书分为数控车床操作与加工、(SIEMENS)数控铣床操作与加工、(FANUC)加工中心操作与加工、五轴机床操作与加工、数控机床仿真加工、数控机床DNC传输、CTW320-TB线切割机床操作与加工、电火花机床的操作与加工、三坐标测量机操作与测量九部分。

　　本书是供学生在数控机床认识实训、数控机床加工实训中使用的教材,也可以作为数控加工爱好者的工具用书,书中介绍了数控机床的结构、机床的基本操作、编程基本知识、实例讲解、注意事项等内容,以典型实例的编程加工加以说明。本书知识点实用性和技能操作性强,并配套数控机床操作报告书以任务驱动为核心强化学生对知识和技能的掌握。

　　本书由陕西国防工业职业技术学院周信安、刘晓青担任主编,焦作市技师学院刘慧茹、陕西国防工业职业技术学院王坤峰、万博、申鹏担任副主编,西安工程大学魏同学、张立昌、陕西国防工业职业技术学院冯锟、付斌利、张晨亮、杨柳、李林参与编写。全书由周信安、刘晓青统稿,陕西国防工业职业技术学院修学强、西安钧诚精密制造有限公司王艳红主审。

为了学生更好的学习和教师更好的教学,西安钧诚精密制造有限公司王艳红对教材的编出提供了许多宝贵建议和企业实际案例,丰富了项目资源,使得本教材的知识点和技能点与实际生产中岗位技能点更加统一,在此表示衷心的感谢。

　　由于编者的水平和经验所限,书中难免存在不妥和错误,恳请读者批评指正。

编　者

2017 年 06 月

目　录

第 1 篇　CKA 6136 数控车床操作与加工

第 1 章　数控车床基本知识

1.1　任务描述

了解数控车床的结构组成、工作原理、应用及分类。掌握数控车床的坐标系,相关参数和保养润滑等基本知识。

1.2　相关知识

1.2.1　数控车床的结构、组成及工作原理

1. 数控车床的结构

CKA 6136 数控车床采用卧式车床布局,数控系统控制横(X)纵(Z)两坐标移动,对各种轴类及盘类零件可自动完成切削加工。本机床可采用多种数控系统,配置相应的交流伺服电机作为驱动部件,以脉冲编码器为检测元件构成半闭环 CNC 系统。床头箱为手动两档床头箱加上变频电机,刀架为立式四工位电动刀架,卡盘及尾座为手动方式,床鞍及滑板导轨结合面均采取了贴塑处理,采用集中润滑器对滚珠丝杠及导轨结合面进行强制润滑,有利于提高机床的定位精度及导轨的使用寿命。本机床采用半封闭式防护结构,可有效防止铁屑及冷却水的飞溅,保证了操作者的安全。

2. 数控车床的组成

数控机床一般由计算机数控系统和机床本体两部分组成,如图 1－1－1 数控机床组成结构图所示。

3. 工作原理

根据零件图制定工艺方案,采用手工或计算机进行零件程序的编制,并把编好的零件程序输入至 CNC 装置,CNC 装置根据输入的零件程序和操作指令,进行相应的处理,输出位置控制指令到进给伺服驱动系统以实现刀具和工件的相对移动,输出速度控制指令到主轴伺服驱动系统以实现切削运动,输出 M、S、T 指令到 PLC 以实现顺序动作的开关量 I/O 控制,从而加工出符合图样要求的零件。CNC 系统对零件程序的处理流程包括译码、数据处理、插补、位置控制、PLC 控制等环节,如图 1－1－2 数控系统对零件程序的处理流程所示。

1.2.2　数控车床的分类

随着数控车床制造技术的不断发展,形成了产品繁多、规格不一的局面,因此也出现了几种不同的分类方法。如表 1－1－1 所示。

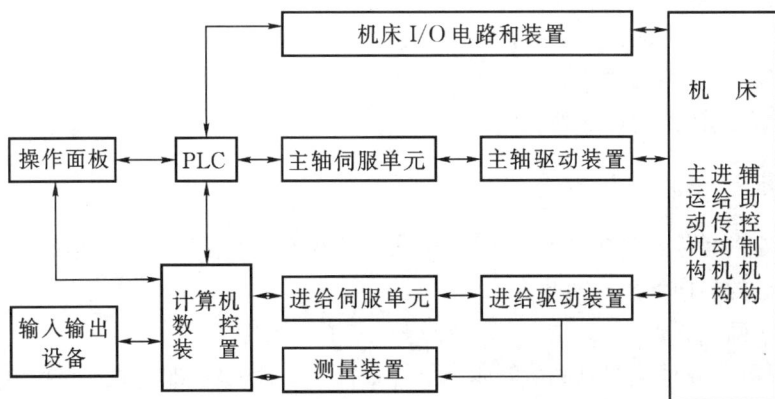

图 1 - 1 - 1　数控机床组成结构图

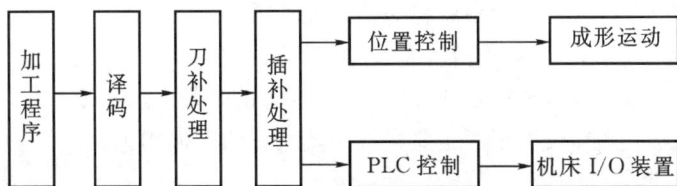

图 1 - 1 - 2　数控系统对零件程序的处理流程

表 1 - 1 - 1

分类方法	类　型	说　明
数控系统的功能	经济型数控车床	是在普通车床的基础上进行改进设计的,采用步进电机驱动的开环或半闭环伺服系统,此类机床结构简单,价格低廉
	全功能型数控车床	采用闭环或半闭环控制系统,具有高刚度、高精度、高效率等特点
	车削中心	以全功能型为主体,配置刀库、换刀装置、分度装置、铣削动力头和机械手等,实现多工序的复合加工。其功能全面,价格较高
	FMC 车床	由数控车床、机器人等构成的柔性加工单元,能实现工件搬运、装卸的自动化和加工调整的自动化
主轴的配置形式	卧式车床	主轴轴线处于水平位置的数控车床
	立式车床	主轴轴线处于垂直位置的数控车床

1.2.3　数控车床的应用

CKA 6136 数控车床是一种经济、实用的数控加工机床,产品结构成熟,性能质量稳定可靠,可进行多次重复循环加工,广泛地应用于汽车,石油军工等多种行业的机械加工。可实现轴类、盘类的内外圆柱面,圆锥面、端面、切槽、倒角、公制及英制直螺纹、端面螺纹及锥螺纹、圆弧、铰孔加工。数控车床的应用范围正在不断扩大,除了能加工普通车床所能加工的各类零件外,还能加工比较复杂的各种回转体类零件,如:

(1)精度要求高的回转体零件。

(2)表面质量要求高的回转体零件。

(3)表面形状复杂的回转体零件。

(4)带特殊螺纹的回转体零件。

1.2.4 数控车床的坐标系

为了便于编程时描述机床的运动,简化程序的编制方法及保证记录数据的互换性,数控机床的坐标和运动的方向均已标注化。

1. 坐标系的确定原则

(1)刀具相对于静止工件而运动的原则 使编程人员能在不确定是刀具移近工件还是工件移近刀具的情况下,就可依据零件图样,确定机床的加工过程。

(2)标注坐标(机床坐标)系的规定 在数控机床上,机床的动作是由数控装置来控制的,为了确定机床上的成形运动和辅助运动,必须先确定机床上运动的方向和运动的距离,这就需要一个坐标系才能实现,这个坐标系就称为机床坐标系。

标准的机床坐标系是一个右手笛卡尔直角坐标系,如图1-1-3右手笛卡尔坐标系所示。图中规定了X、Y、Z三个直角坐标系的方向,这个坐标系的各个坐标轴与机床的主要导轨相平行,它与安装在机床上并且按机床的主要直线导轨找正的工件相关。根据右手螺旋方法,我们可以很方便地确定出A、B、C三个旋转坐标的方向。

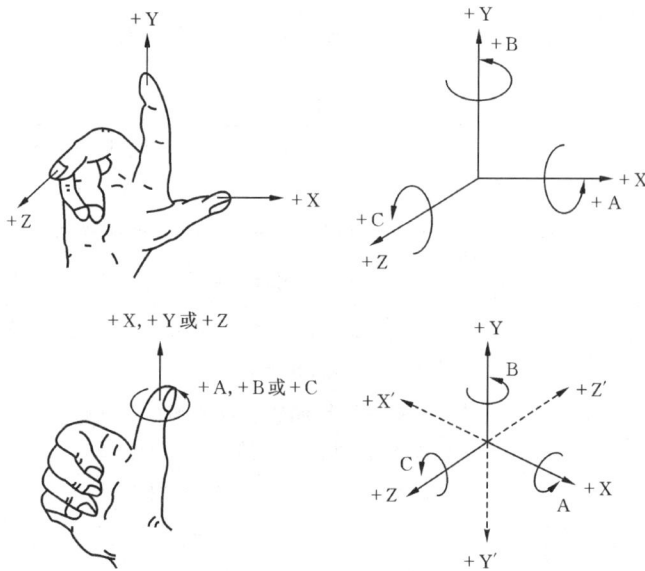

图1-1-3 右手笛卡尔坐标系

2. 运动方向的确定

机床的某一运动部件的运动正方向规定为增大工件与刀具之间距离的方向。

(1)Z坐标的运动 Z坐标的运动由传递切削力的主轴所决定。与主轴轴线平行的标准坐标轴即为Z坐标。

(2)X坐标的运动 X坐标运动是水平的,它平行于工件装夹面,是刀具或工件定位平面内运动的主要坐标。

（3）Y 坐标的运动　对于有 Y 坐标轴的车削中心来说，正向 Y 坐标的运动，根据 X 和 Z 的运动，按照右手笛卡尔坐标系来确定。

（4）旋转运动　A、B、C 相应地表示其轴线平行于 X、Y、Z 的旋转运动。A、B、C 正向为在 X、Y、Z 方向上，右手螺纹前进的方向

（5）机床坐标系的原点及附加坐标　标准坐标系的原点位置是任意选择的。A、B、C 的运动原点也是任意的。如果在 X、Y、Z 主要直线运动之外另有第二组平行于它们的坐标运动，就称为附加坐标。

（6）工件的运动　对于移动部分是工件而不是刀具的机床，必须将前面所介绍的移动部分是刀具的各项规定，在理论上作相反的安排。此时，用带"'"的字母表示工件正向运动，如＋X'、＋Y'、＋Z'表示工件相对于刀具正向运动的指令，＋X、＋Y、＋Z 表示刀具相对于工件正向运动的指令，二者所表示的运动方向恰好相反。

1.2.5　相关位置点（机床原点、参考点）

在数控机床中，刀具的运动是在坐标系中进行的，在一台机床上，有各种坐标系与零点。理解它们对使用、操作机床以及编程都是很重要的。数控机床最基本的有机床零点、机床参考点、工件零点以及刀架相关点。

1. 机床原点

机床原点是指在机床上设置的一个固定的点，即机床坐标系的原点。它在机床装配、调试时就已确定下来了，是数控机床进行加工运动的基准参考点。在数控车床上，一般取在卡盘端面与主轴中心线的交点处。

2. 机床参考点

（1）机床参考点的概念　机床参考点至机床原点在其进给坐标轴方向上的距离在机床出厂时已准备确定，使用时可通过"寻找操作"方式进行确认。它与机床原点相对应，有的机床参考点与原点重合。它是机床制造商在机床上借助行程开关设置的一个物理位置，与机床原点的相对位置是固定的，机床出厂之前由机床制造商精密测量确定。

（2）参考点返回　参考点返回有两种方式：

①手动参考点返回。见数控机床说明书。

②自动参考点返回。该功能是用于接通电源已进行手动参考点返回后，在程序中需要返回参考点进行换刀时使用自动参考点返回功能。

自动参考点返回时需要用到如下指令：

G28 X(U)＿；X 向回参考点

G28 Z(W)＿；Z 向回参考点

G28 X(U)＿ Z(W)＿；刀架回参考点

其中 X(U)Z(W)是指刀架出发点与参考点之间的任一中间点的坐标，但此中间点不能超过参考点。

3. 刀架相关点

从机械上说，所谓寻找机床参考点，就是使刀架相关点与机床参考点重合，从而使数控系统得知刀架相关点在机床坐标系中的坐标位置。

4. 工件坐标系原点

在工件坐标系上,确定工件轮廓的编程和计算原点,称为工件坐标系原点,简称为工件原点,亦称编程零点。

编程零点的选择原则:

(1)应使编程零点与工件的尺寸基准重合。

(2)应使编制数控程序时的运算最为简单,避免出现尺寸链计算误差。

(3)引起的加工误差最小。

(4)编程零点应选在容易找正,在加工过程中便于测量的位置。

1.2.6 数控车床参数

数控车床的主要技术参数包括最大回转直径、最大车削长度、各坐标轴行程、主轴转速范围、切削进给速度范围、定位精度、刀架定位精度等,其具体内容及作用详见表1-1-2。

表1-1-2

项 目	规 格	项 目	规 格
机床型号	CKA 6136	刀杆尺寸	20 mm×20 mm
数控系统	FANUC 0imate-TC	X轴行程	230 mm
床身上最大回转直径	ϕ360 mm	Z轴行程	560 mm
最大工件长度	750 mm	重复定位精度	0.012 mm,0.016 mm
最大加工长度	550 mm	中心高	距床身:186 mm 距地面:1050 mm
最大车削直径	ϕ360 mm	床身导轨宽度	300 mm
滑板上最大回转直径	ϕ180 mm	主电机转速	1440 r/min,720 r/min
主轴头形式(手动变速型)	$A_2 6$	主电机功率	3/4.5 kW
主轴通孔直径	ϕ52 mm	机床净重	1600 kg
主轴孔锥度	莫氏6	机床轮廓尺寸	2250 mm×1300 mm×1610 mm
主轴转速范围	32~2500 r/min	加工精度	加工工件圆度:0.005mm 加工工件圆柱度: 0.03mm/ϕ300mm 加工工件平面度: 0.025mm/300mm
卡盘直径-手动	ϕ200 mm		
刀架形式	卧式四工位		
快移速度 X/Z	4000/5000mm/min		
刀架转位时间	2.4 s		
刀架转位重复定位精度	0.008 mm		
尾架套筒直径	ϕ60 mm	工件表面粗糙度	Ra1.6μm
尾架芯轴锥孔锥度	莫氏4号	工件精度	IT6~IT7
尾架套筒行程	130 mm	存储容量	4kB

1.3　数控车床的润滑与保养

1.3.1　数控车床的润滑

（1）床头箱　手动床头箱采用油浴润滑。轴、齿轮旋转时,油飞溅而起,润滑油泵、轴和齿轮,油面需保持在一定高度,拧床头箱主轴后端下方的油塞,便可除去旧油,通过床头箱侧壁的油杯可加入新油,油要加到油窗1/3处。

（2）床鞍、滑板及 X、Z 轴滚珠丝杠润滑　床鞍、滑板及 X、Z 轴滚珠丝杠润滑是由安装在床体尾架侧的集中润滑器集中供油,集中润滑器每间隔 30 分钟打出 2.5ml 油,通过管路及计量件送至各润滑点。本机床润滑点共有 7 个:横滑板导轨 2 个,X 轴丝杠螺母 1 个,床鞍导轨 3 个,Z 轴丝杠螺母 1 个。

（3）X、Z 轴轴承润滑　X、Z 轴轴承采用长效润滑脂润滑,平时不需要添加,待机床大修时再更换。

（4）刀架润滑　按刀架润滑点进行润滑。

（5）尾架润滑　按尾架润滑点进行润滑。

1.3.2　数控车床的保养

表 1-1-3　数控车床保养一览表

序 号	检查周期	检查部位	检查内容
1	每天	导轨润滑	检查油量,及时添加润滑油,润滑油泵是否定时启动打油及停止
2	每天	切屑槽	检查切削槽内切削是否已处理干净
3	每天	操作面板	检查操作面板上的各指示灯是否正常,各按钮、开关是否处于正确位置
4	每天	CRT 显示屏	检查显示屏上是否有任何报警显示
5	每天	控制箱	检查各控制箱的冷却风扇是否正常运转
6	每天	刀台	检查刀具是否正确夹紧在刀台上,刀具是否磨损
7	每周	各电器柜过滤网	清洗黏附的灰尘
8	每月	主轴	检查主轴的运转情况,以最高转速一半左右的转速旋转 30min,用手触摸壳体部分,若感觉温即为正常
9	每月	X、Z 轴滚珠丝杠	检查 X、Z 轴滚珠丝杠,若有污垢,应清理干净。若表面干燥,应涂润滑脂
10	每月	限位及各急停开关	检查 X、Z 轴超程限位开关、各急停开关是否动作正常
11	每月	切削液槽	检查切削液槽内是否积压切屑
12	每月	刀台	检查刀台的回转头、中心锥齿轮的润滑状态是否良好,齿面是否有伤痕等

序 号	检查周期	检查部位	检查内容
13	每月	润滑装置	检查润滑泵的排油量是否合乎要求,润滑油管路是否损坏、管接头是否松动、漏油等
14	半年	主轴	主轴孔的振摆、传动用 V 带的张力及磨损情况
15	半年	刀台	检查刀台,看换刀时其换位动作的平顺性
16	半年	伺服电机	检查直流伺服电机,有无表面脏、表面粗糙等
17	半年	接插件、电路板	检查各插头、插座、电缆、各继电器的触点是否接触良好。检查各印制电路板是否干净
18	半年	电池	检查断电后保存机床参数、工作程序用的后备电池的电压值,看情况予以更换
19	一年	主轴润滑油箱	清洗过滤器、油箱,更换润滑油
20	一年	润滑油泵	清洗润滑池,更换过滤器

第 2 章　数控车床基本操作

2.1　任务描述

　　了解数控车床所采用的数控系统功能,熟悉数控车床的操作面板、控制面板和软键功能,熟练掌握数控车削的刀具和工件的装夹及对刀操作、进行参数计算以及半径补偿参数的设置和验证,能够熟练地进行程序输入、编辑以及自动加工等操作。

2.2　相关知识

2.2.1　数控车床的基本操作

　　(1)开机　打开机床电器总开关→系统启动→解除急停。

　　(2)关机　按下急停→系统关闭→关闭电器总开关。

　　(3)机床回参考点　操作顺序为 1 X 轴、2 Z 轴(经济数控车可省略本操做)。

　　(4)手动操作

　　①手动移动机床轴的方法:

　　方法一:快速移动,这种方法用于较长距离的工作台移动。

　　选择"手动"工作方式→按方向键"+X、-X"或"+Z、-Z",机床各轴移动,松开后停止移动→同时按方向键中间的加速键,各轴快速移动。

　　方法二:选择手摇工作方式,操纵"手脉"(手轮),这种方法用于微量调整。在实际生产中,使用手脉可以让操作者容易调整自己的工作位置。

　　②手动主轴运转:选择手动工作方式→按主轴正传或反转按键,按主轴按键主轴停转。注意主轴转速默认前一次通过程序指令运行的转速。

　　(5)用 MDI 功能控制机床运行　选择 MDI 工作方式→在 PROG 界面 MDI 中输入 T0101 M03 S400→按循环启动键。

　　(6)程序校验和仿真加工,根据实训任务练习。

2.2.2 数控车床面板操作

1. 机床面板

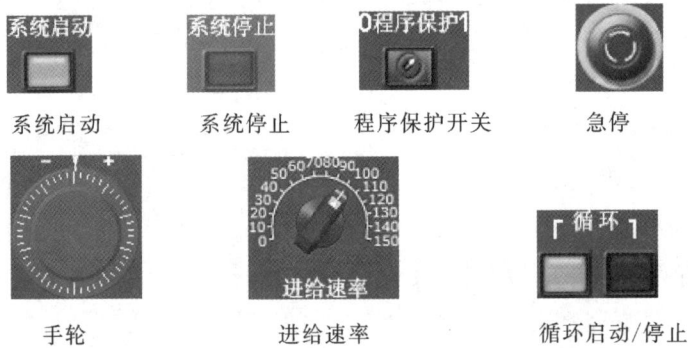

图 1-2-1 CNC 操作面板

2. CNC 操作面板

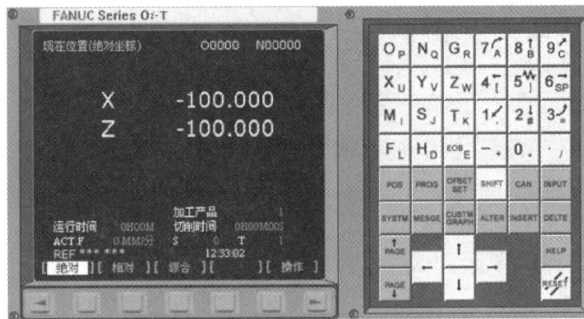

图 1-2-2 CNC 操作面板

（1）数字/字母键。数字/字母键用于输入数据到输入区域,系统自动判别取字母还是数字。

（2）编辑键。"ALTER 替换键"、"DELTE 删除键"、"INSERT 插入键"、"CAN 撤销键"、"EOB E 回撤换行键"、"SHIFT 上档键"。

（3）页面切换键。"PROG"程序页面、"POS"位置显示页面、"OFSET/SET"参数输入页面、"HELP"系统帮助页面、"CUSTM/GRAPH"图形参数设置页面、"MESGE"信息页面、"SYSTM"系统参数页面、"RESET"复位键。

（4）上下翻页键"PAGE"。

（5）四个方向箭头为光标移动键,"INPUT"输入键。

（6）打开程序 编辑方式→按"PROG"键,输入程序名如"O0001"→按"[O 检索]","O0001"程序打开显示在屏幕上

（7）删除程序 编辑方式→按"PROG"键,输入程序名如"O0001"→按 DELTE 键,"O0001"程序被删除。

（8）新建程序 编辑方式→按"PROG"、输入新程序名如"O0001"→按 INSERT 键。通过上述各编辑键可以编辑程序。

（9）MDI 手动输入 MDI 方式→输入换刀和主轴指令 T0101 MO3 S500;→按循环启动键。

2.2.3　数控车床基本编程指令

1. 基本指令 G 代码组及含义

G 代码	组	功能	G 代码	组	功能
* G00	01	定位(快速移动)	G57	14	选择工件坐标系 4
G01		直线切削	G58		选择工件坐标系 5
G02		圆弧插补(CW,顺时针)	G59		选择工件坐标系 6
G03		圆弧插补(CCW,逆时针)	G70	00	精加工循环
G04	00	暂停	G71		内外径粗切循环
G09		停于精确的位置	G72		台阶粗切循环
G20	06	英制输入	G73		成形重复循环
G21		公制输入	G74		Z 向进给钻削
G22	04	内部行程限位 有效	G75		X 向切槽
G23		内部行程限位 无效	G76		切螺纹循环
G27	00	检查参考点返回	* G80	10	固定循环取消
G28		参考点返回	G83		钻孔循环
G29	01	从参考点返回	G84		攻丝循环
G30		回到第二参考点	G85		正面镗循环
G32		切螺纹	G87		侧钻循环
* G40	07	取消刀尖半径偏置	G88		侧攻丝循环
G41		刀尖半径偏置(左侧)	G89		侧镗循环
G42		刀尖半径偏置(右侧)	G90	01	(内外直径)切削循环
G50	00	主轴最高转速设置(坐标系设定)	G92		切螺纹循环
G52		设置局部坐标系	G94		(台阶)切削循环
G53		选择机床坐标系	G96	12	恒线速度控制
* G54	14	选择工件坐标系 1	* G97		恒线速度控制取消
G55		选择工件坐标系 2	G98	05	指定每分钟移动量
G56		选择工件坐标系 3	* G99		指定每转移动量

2. 基本指令格式及注释

(1)定位(G00)

格式:G00 X __ Z __ ;

(2)直线插补(G01)

格式:G01 X(U)__ Z(W)__ F __ ;

直线插补以直线方式和指令给定的移动速率,从当前位置移动到指令位置。

X,Z——要求移动到位置的绝对坐标值。

U,W——要求移动到位置的增量坐标值。

(3)圆弧插补(G02/G03) 刀具进行圆弧插补时,必须规定所在的平面,然后再确定回转方向。顺时针 G02、逆时针 G03。

格式:G02(G03) X(U)_ Z(W)_ I_ K_ F _ ;

　　　G02(G03) X(U)_ Z(W)_ R_ F _ ;

前置刀架	后置刀架
顺圆 G03(CW)	顺圆 G02(CW)
逆圆 G02(CCW)	逆圆 G03(CCW)

另注:

X,Z——指定的终点。

U,W——起点与终点之间的距离。

I,K——从起点到中心点的矢量。

R——圆弧半径(最大 180 度)。

(4)螺纹切削(G32)

格式:G32 X(U)_ Z(W)_ F _ ;

F——螺纹导程设置

在编制切螺纹程序时应当带主轴转速 RPM 均匀控制的功能(G97),并且要考虑螺纹部分的某些特性。在螺纹切削方式下移动速率控制和主轴速率控制功能将被忽略。而且在进给保持按钮起作用时,其移动过程在完成一个切削循环后就停止了。

(5)刀具半径偏置功能(G40/G41/G42)。

①格式。

G41 X _ Z _;

G42 X _ Z _;

当刀刃是假想刀尖时,切削进程按照程序指定的形状执行不会发生问题。不过,真实的刀刃是由圆弧构成的(刀尖半径),图 1-2-3 所示,在圆弧插补的情况下刀尖路径会带来误差。

②偏置功能。

命令	切削位置	刀具路径
G40	取消	刀具按程序路径的移动
G41	右侧	刀具从程序路径左侧偏置
G42	左侧	刀具从程序路径右侧偏置

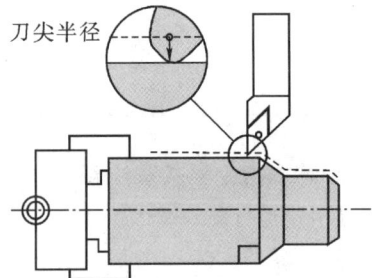

图 1-2-3 刀尖路径

补偿的原则取决于刀尖圆弧中心的动向,它总是与切削表面法向里的半径矢量不重合。因此,补偿的基准点是刀尖中心。通常,刀具长度和刀尖半径的补偿是按一个假想的刀刃为基准,因此为测量带来一些困难。

补偿原则用于刀具补偿,应当分别以 X 和 Z 的基准点来测量刀具长度刀尖半径 R,以及用于假想刀尖半径补偿所需的刀尖形式数 (1~9),如图 1-2-4 所示。

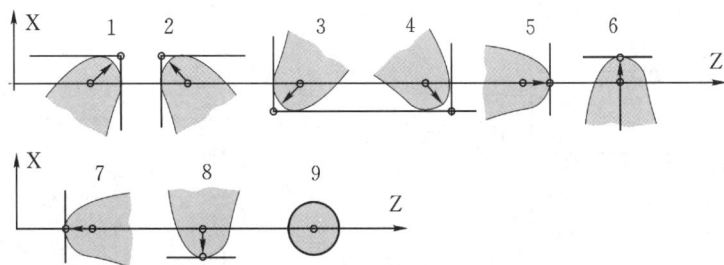

图 1-2-4　刀尖的形式

这些内容应当事前输入刀具偏置文件。

"刀尖半径偏置"应当用 G00 或者 G01 功能来下达命令或取消。不论这个命令是不是带圆弧插补,刀不会正确移动,导致它逐渐偏离所执行的路径。因此,刀尖半径偏置的命令应当在切削进程启动之前完成;并且能够防止从工件外部起刀带来的过切现象。反之,要在切削进程之后用移动命令来执行偏置的取消。

(6)内外直径的切削循环(G90)

①格式。

直线切削循环:G90 X(U)__ Z(W)__ F __ ;

按开关进入单一程序块方式,操作完成如图 1-2-5 所示 1→2→3→4 路径的循环操作。U 和 W 的正负号(+/-)在增量坐标程序里是根据 1 和 2 的方向改变的。

锥体切削循环:G90 X(U)__ Z(W)__ R __ F __ ;

必须指定锥体的"R"值。切削功能的用法与直线切削循环类似。

②功能。

直线切削循环,如图 1-2-5。

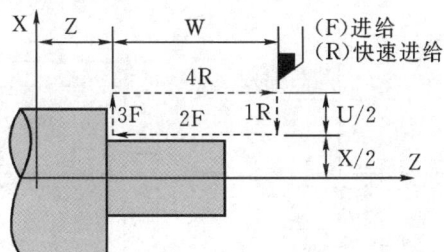

图 1-2-5　直线切削循环

锥体切削循环如图 1-2-6。

(7)切削螺纹循环(G92)

①格式。

直螺纹切削循环:G92 X(U)__ Z(W)__ F __ ;

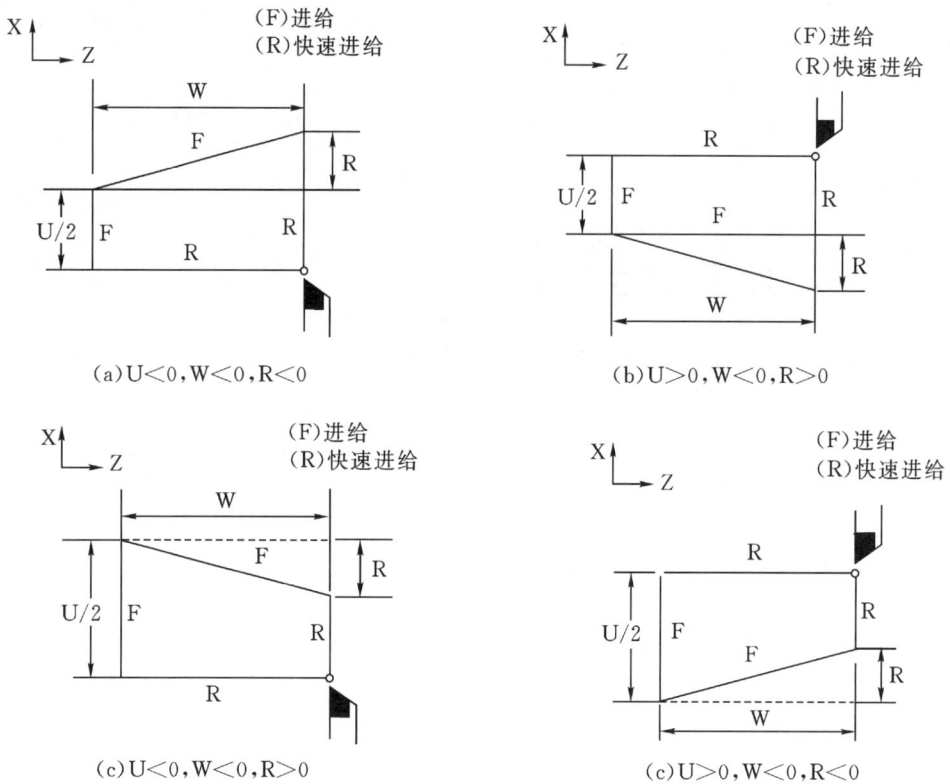

(a)U<0,W<0,R<0

(b)U>0,W<0,R>0

(c)U<0,W<0,R>0

(c)U>0,W<0,R<0

图1-2-6 锥体切削循环

螺纹范围和主轴 RPM 稳定控制(G97)类似于 G32(切螺纹)。在这个螺纹切削循环里,切螺纹的退刀有可能如图 1-2-7 操作;倒角长度根据所指派的参数在 0.1~12.7L 的范围里设置为 0.1L 个单位。

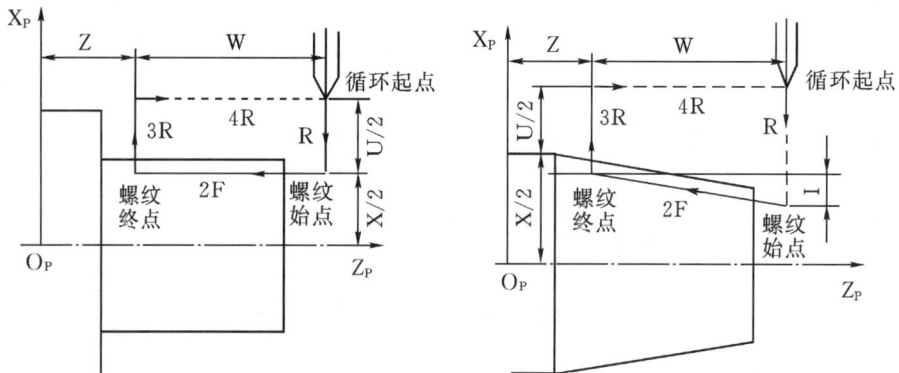

图1-2-7 螺纹切削循环

锥螺纹切削循环:G92 X(U)__ Z(W)__ R__ F__ ;

②功能。

切削螺纹循环,如图 1-2-7。

(8)每分钟进给率/每转进给率设置(G98/G99)。

切削进给速度可用 G98 代码来指令每分钟的移动(mm/min),或者用 G99 代码来指令每转移动(mm/转)。G99 的每转进给率主要用于数控车床加工。如图 1-2-8。

移动速率（mm/min）＝每转位移速率（mm/min）×主轴转速

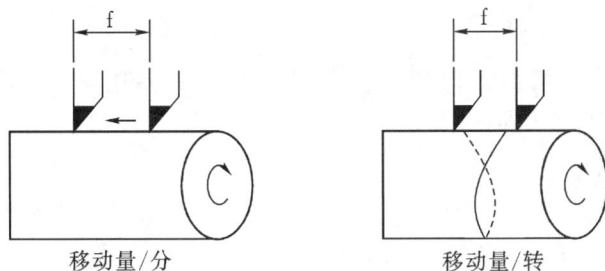

移动量/分　　　　　　移动量/转

图 1-2-8　切削进给速度

3. 固定循环指令格式及注释

(1)精加工循环(G70)

①格式。

G70 P(ns)__ Q(nf)__

ns——精加工形状程序的第一个段号。

nf——精加工形状程序的最后一个段号

②功能。

用 G71、G72 或 G73 粗车削后,G70 精车削。

(2)外圆粗车固定循环(G71),如图 1-2-9。

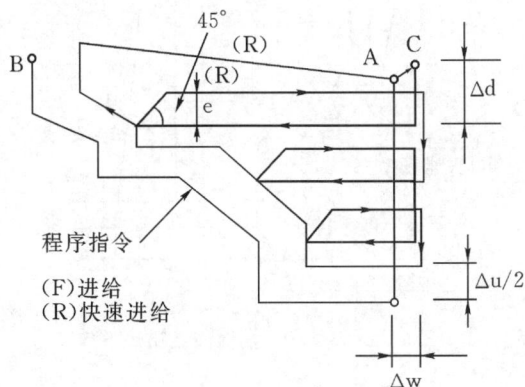

程序指令
(F)进给
(R)快速进给

图 1-2-9　粗车固定循环

①格式。

G71U(Δd)＿ R(e)＿;

G71P(ns)＿ Q(nf)＿ U(Δu)＿ W(Δw)＿ F(f)＿ S(s)＿ T(t)＿;

N(ns)...

F ＿

S ＿ }从顺序号 ns 到 nf 的程序段,指定 A 及 B 间的移动指令。

T ＿

N(nf)...

Δd ——切削深度(半径指定)。

不指定正负符号。切削方向依照 AA' 的方向决定,在另一个值指定前不会改变。FANUC 系统参数(NO.0717)指定。

  e ——退刀行程。

本指定是状态指定,在另一个值指定前不会改变。FANUC 系统参数(NO.0718)指定。

  ns ——精加工形状程序的第一个段号。

  nf ——精加工形状程序的最后一个段号。

ΔU ——X 方向精加工预留量的距离及方向。(直径/半径)

ΔW ——Z 方向精加工预留量的距离及方向。

f,s,t——包含在 ns 到 nf 程序段中的任何 F,S 或 T 功能在循环中被忽略,而在 G71 程序段中的 F,S 或功能有效。

②功能。

如果在上图用程序决定 A 至 A' 至 B 的精加工形状,用 Δd(切削深度)车掉指定的区域,留精加工预留量 Δu/2 及 Δw。

(3)端面车削固定循环(G72),如图 1-2-10。

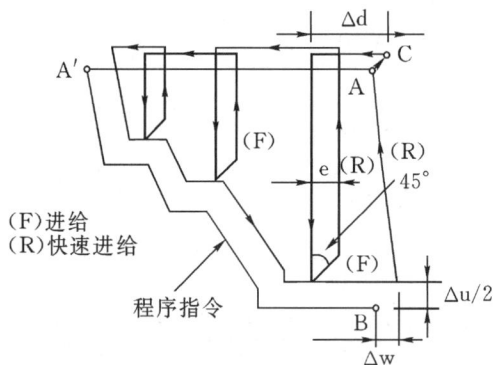

图 1-2-10 端面固定循环

①格式。

G72W(Δd)＿ R(e)＿;

G72P(ns)＿ Q(nf)＿ U(Δu)＿ W(Δw)＿ F(f)＿ S(s)＿ T(t)＿;

Δd,e,ns,nf,Δu,Δw,f,s 及 t 的含义与 G71 相同。

②功能。

如上图所示,除了是平行于 X 轴外,本循环与 G71 相同。

(4)成型加工复式循环(G73),如图 1-2-11。

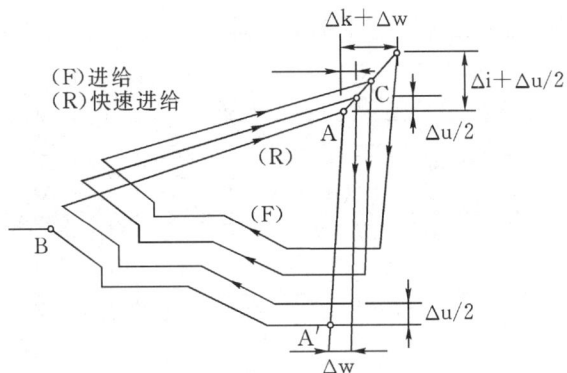

图 1-2-11　成型加工复式循环

①格式。

G73U(Δi)__ W(Δk)__ R(d)__;

G73P(ns)__ Q(nf)__ U(Δu)__ W(Δw)__ F(f)__ S(s)__ T(t)__;

N(ns)...
⋮
F__
S__
T
N(nf)...

A 和 B 间的运动指令指定在从顺序号 ns 到 nf 的程序段中。

　Δi ——X 轴方向退刀距离(半径指定),FANUC 系统参数(NO.0719)指定。

　Δk ——Z 轴方向退刀距离(半径指定),FANUC 系统参数(NO.0720)指定。

　d ——分割次数。这个值与粗加工重复次数相同,FANUC 系统参数(NO.0719)指定。

　ns ——精加工形状程序的第一个段号。

　nf ——精加工形状程序的最后一个段号。

　ΔU ——X 方向精加工预留量的距离及方向(直径/半径)。

　ΔW ——Z 方向精加工预留量的距离及方向。

　f,s,t ——顺序号"ns"到"nf"程序段中的任何 F,S 或 T 功能在循环中被忽略,而在 G73 程序段中的 F,S 或功能有效。

②功能。

本功能用于重复切削一个逐渐变换的固定形式,用本循环,可有效地切削一个用粗加工锻造或铸造等方式已经加工成型的工件。

(5)端面啄式钻孔循环(G74),如图 1-2-12。

①格式。

G74 R(e)__。

G74 X(u)__ Z(w)__ P(Δi)__ Q(Δk)__ R(Δd)__ F(f)__;

  e ——后退量。

本指定是状态指定,在另一个值指定前不会改变。FANUC 系统参数(NO.0722)指定。

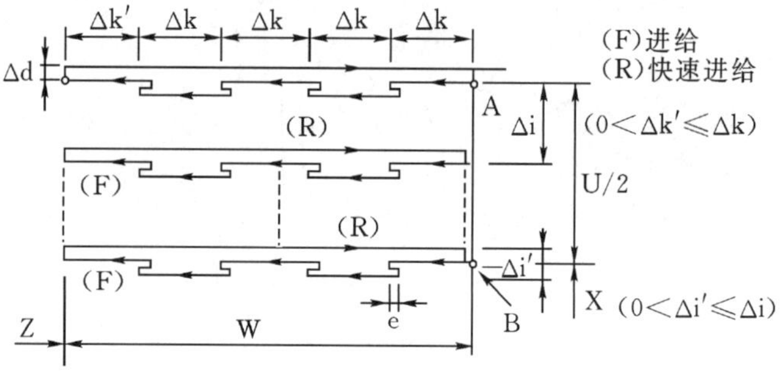

图 1-2-12 端面啄式钻孔循环

  x ——B 点的 X 坐标。

  u ——从 A 至 B 增量。

  z ——C 点的 Z 坐标。

  w ——从 A 至 C 增量。

Δi ——X 方向的移动量(不带符号)。

Δk ——Z 方向的移动量(不带符号)。

Δd ——刀具在切削底部的退刀量。Δd 的符号一定是(+)。但是,如果 X(u)及 Δi 省略,退刀方向可以指定为希望的符号。

  f——进给率。

②功能。

如 1-2-11 所示在本循环可处理断削,如果省略 X(u)及 P,结果只在 Z 轴操作,用于钻孔。

(6)外径/内径啄式钻孔循环(G75)。如图 1-2-13。

①格式。

G75 R(e)__;

G75 X(u)__ Z(w)__ P(Δi)__ Q(Δk)__ R(Δd)__ F(f)__;

②功能。

指令操作如图 1-2-13 所示,除 X 用 Z 代替外与 G74 相同,在本循环可处理断削,可在 X 轴割槽及 X 轴啄式钻孔。

(7)螺纹切削循环(G76)。

①格式。

G76 P(m)(r)(a)__ Q(Δdmin)__ R(d)__;

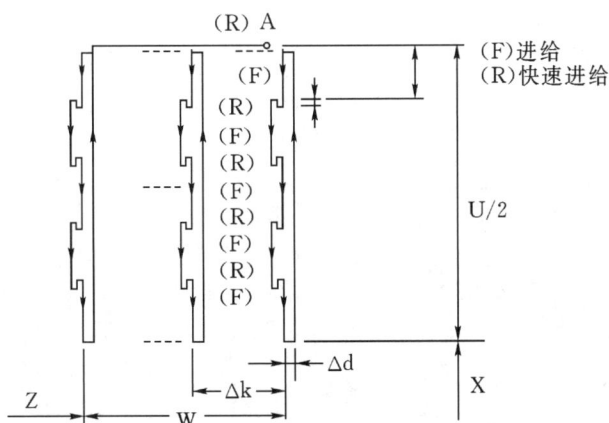

图 1－2－13　外径/内径啄式钻孔循环

G76 X(u)＿ Z(w)＿ R(i)＿ P(k)＿ Q(Δd)＿ F(L)＿；

m ——精加工重复次数(1～99)。

本指定是状态指定,在另一个值指定前不会改变。FANUC 系统参数(NO.0723)指定。

r ——倒角量。

本指定是状态指定,在另一个值指定前不会改变。FANUC 系统参数(NO.0109)指定。

a ——刀尖角度:可选择 80°、60°、55°、30°、29°、0°,用 2 位数指定。

本指定是状态指定,在另一个值指定前不会改变。FANUC 系统参数(NO.0724)指定。

如:P(02/m、12/r、60/a)

Δd_{min}——最小切削深度,用半径值表示。

本指定是状态指定,在另一个值指定前不会改变。FANUC 系统参数(NO.0726)指定。

d ——精加工余量

i ——螺纹部分的半径差。如果i＝0,可作一般直线螺纹切削。

k ——螺纹高度,用半径值表示。这个值在 X 轴方向用半径值指定。

Δd ——第一次的切削深度(半径值)。

L ——螺纹导程(同 G32)

②功能。

螺纹切削循环。

2.2.4　数控车刀与工件的安装

1. 工件安装

在工件安装时,首先根据加工工件尺寸选择卡盘,再根据其材料及切削余量的大小调整好卡盘卡爪夹持直径、行程和夹紧力。如有需要,可在工件尾端打中心孔,用顶尖顶紧,使用尾座时应注意其位置、套筒行程和夹紧力的调整。

(1)数控车削加工零件装夹方式

表 1-2-1　零件装夹方式

操作图	相关知识及操作要点
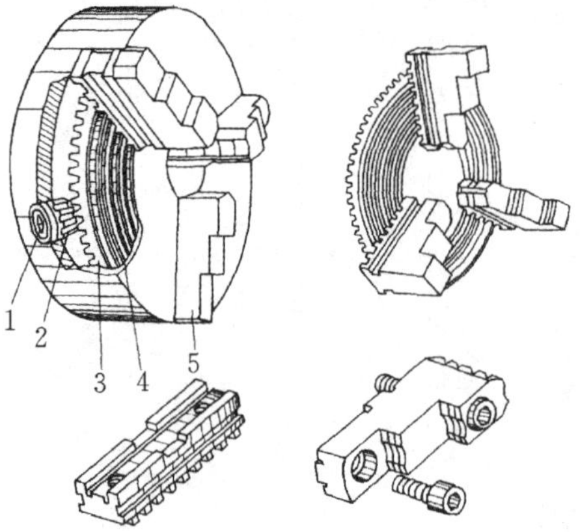	工件的装夹就是工件在车床上或夹具中定位和夹紧的过程。 三爪自定心卡盘的组成如图所示。用卡盘扳手插入小锥齿轮 2 的方孔 1 转动时,小锥齿轮 2 带动大锥齿轮 3 转动,大锥齿轮 3 的背面是平面螺纹 4,卡爪 5 背面的螺纹与平面螺纹啮合。当平面螺纹转动时,就带动三个卡爪同时作向心或离心运动
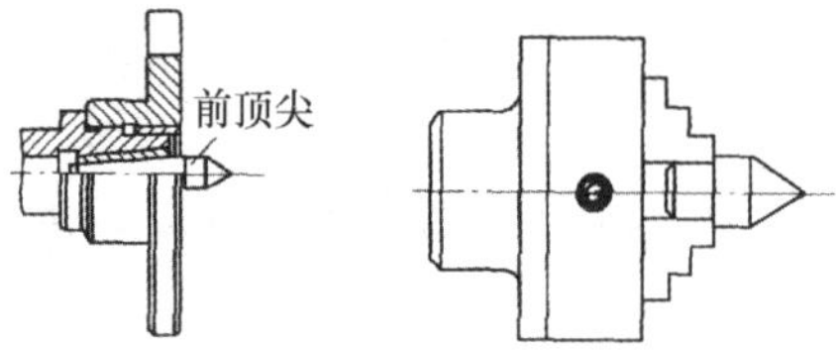	顶尖的作用是实现零件中心的定位,承受工件的重量和切削力。前顶尖插在主轴锥孔内随主轴一起转动,与中心孔无相对运动,不发生摩擦
	后顶尖插在车床尾座套筒内使用。后顶尖分为固定顶尖和回转顶尖。固定顶尖与工件中心孔产生滑动摩擦而发生高热,目前一般采用镶硬质合金的顶尖。 安装前后顶尖前,必须把顶尖锥柄和锥孔擦拭干净,拆除后顶尖时,可摇动车床尾座手轮,使车床尾座缩回,利用丝杠的前端将后顶尖顶出
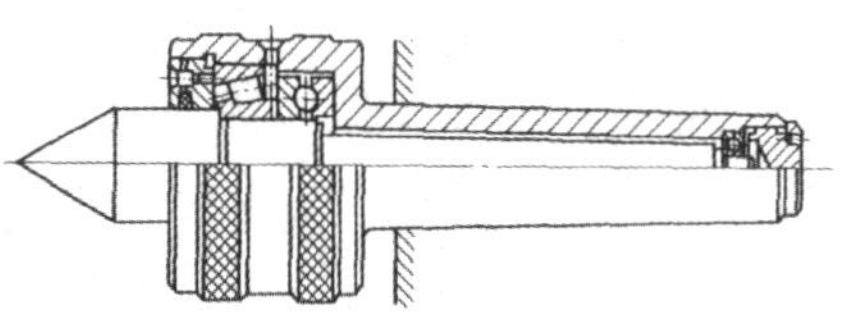	回转顶尖与工件中心孔的摩擦是滚动摩擦,能够承受很高的旋转速度,在加工中广泛使用
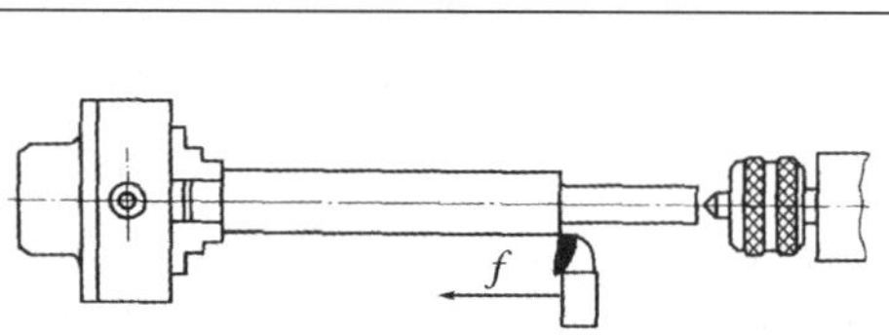	前后顶尖定位的优点是定心正确可靠,安装方便。主要用于精度要求较高的零件加工。对于质量较大、加工余量也较大的工件装夹,一般采取前端用卡盘夹紧,后端用顶尖顶紧的装夹方法。对于加工精度要求较高的工件一般采取一夹一顶
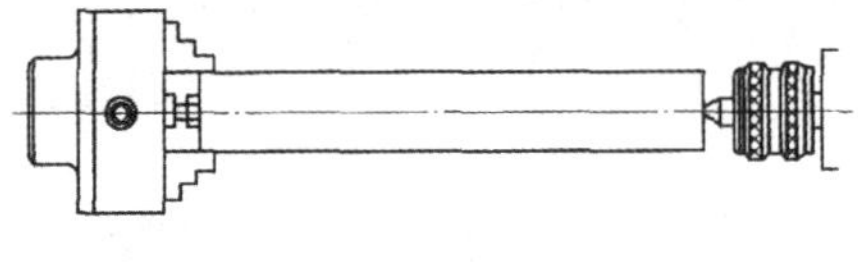	为了防止工件的轴向窜动,工件应该进行轴向定位。 用限位支承进行轴向定位

操作图	相关知识及操作要点
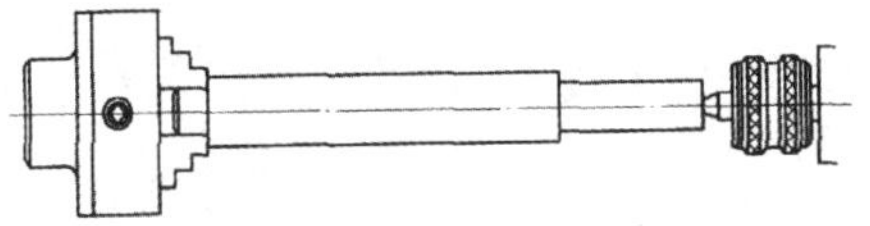	为了防止工件的轴向窜动,工件应该进行轴向定位。 用工件上台阶限位进行轴向定位
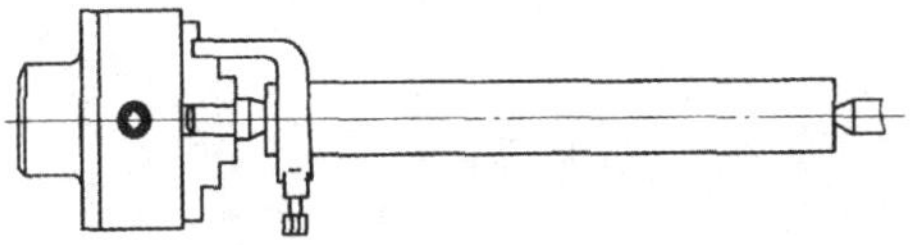	可以用三爪卡盘卡爪端面代替对分夹头或鸡心夹头拨动工件旋转
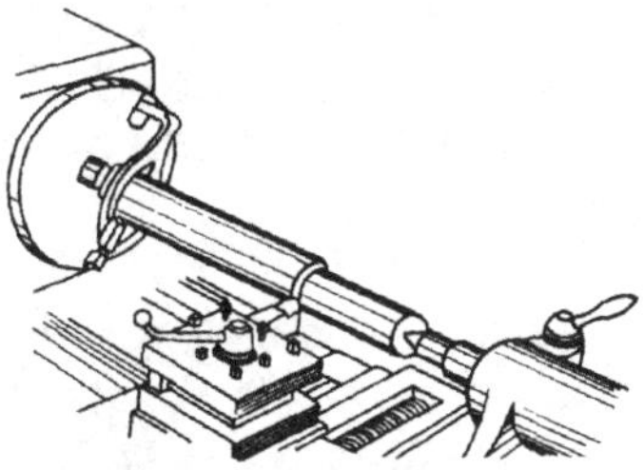 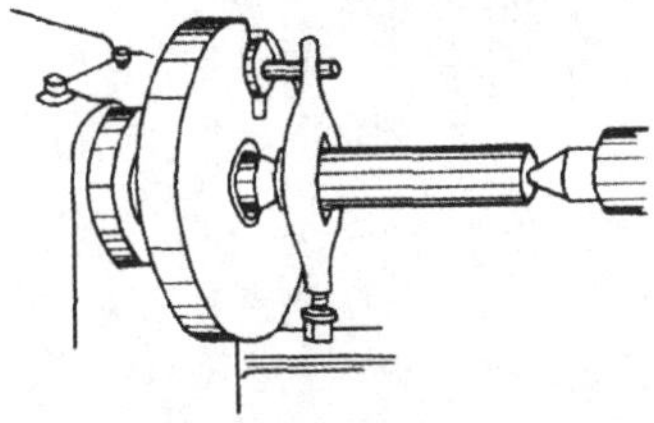	对分夹头或鸡心夹头装夹。 前后顶尖对工件只有定心和支撑作用,必须通过对分夹头或鸡心夹头的拨杆带动工件旋转
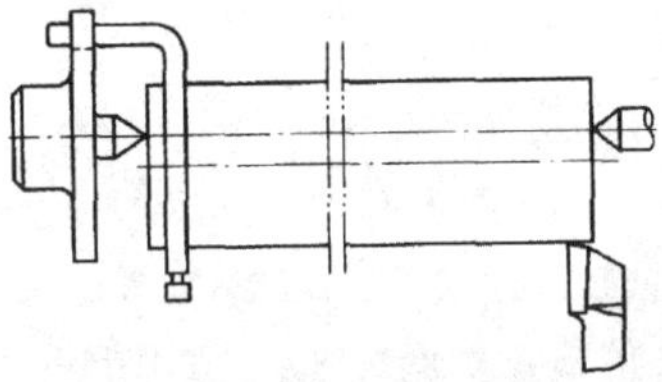	利用前后顶尖定位还可加工偏心工件
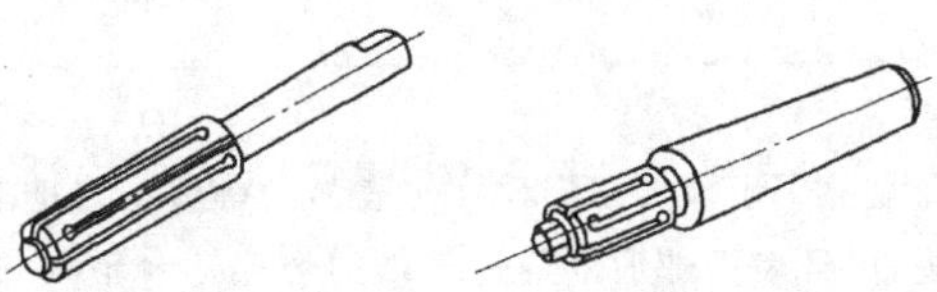	芯轴　工件用已加工过的孔作为定位基准时,可采用芯轴装夹。此装夹方法可以保证工件内外表面的同轴度,适用于批量生产。芯轴的种类很多,常见的芯轴有圆柱芯轴、小锥度芯轴
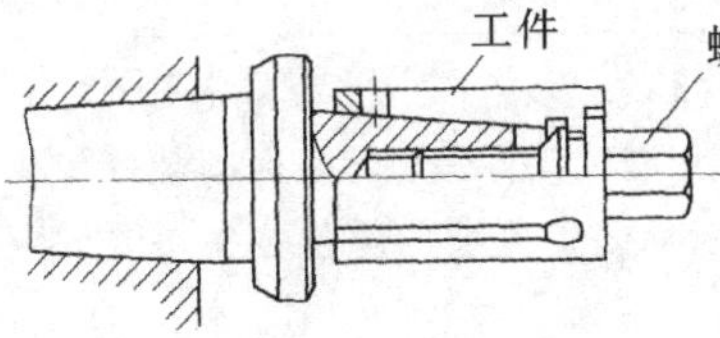	弹簧芯轴(又称膨胀芯轴),既能定心,又能夹紧,是一种定心夹紧装置

操作图	相关知识及操作要点
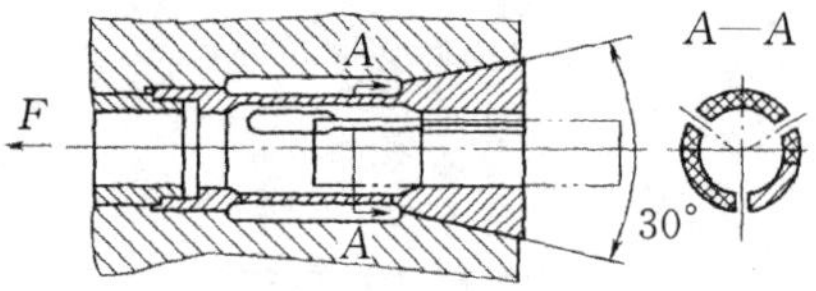	弹簧夹套定心精度高,装加工件快捷方便,用于精加工的外圆表面定位。拉式弹簧夹套如图所示
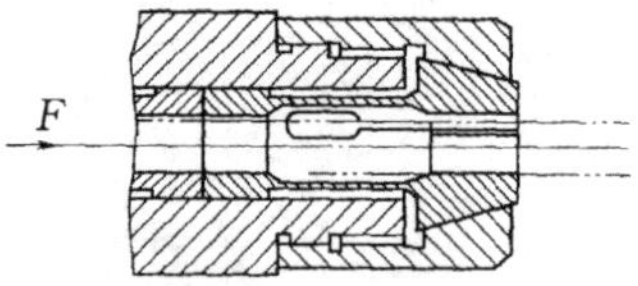	推式弹簧夹套如图所示
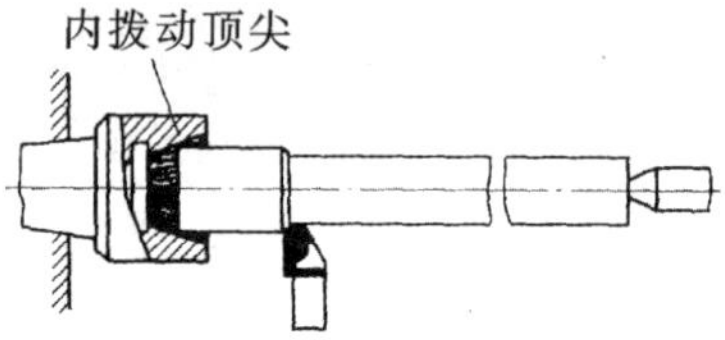	拨动顶尖的锥面带齿,能嵌入工件,拨动工件旋转内拨动顶尖如图所示
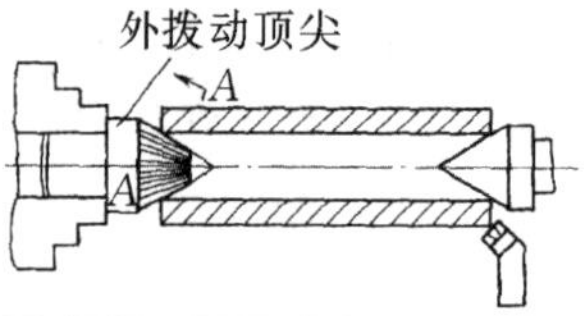	外拨动顶尖如图所示
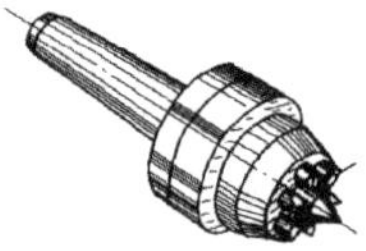	端面拨动顶尖如图所示
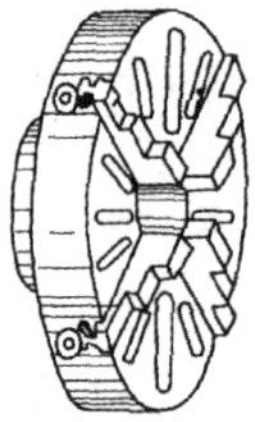	四爪卡盘　加工要求不高、偏心距较小、零件长度较短的工件时,采用四爪卡盘进行装夹。 四爪卡盘的找正繁琐费时,一般用于单件小批生产。四爪卡盘的卡爪有正爪和反爪两中形式
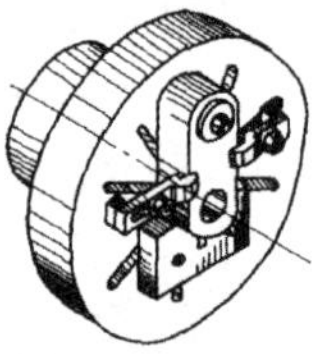	花盘　用于被加工零件回转表面的轴线与基准面相垂直,且表面外形复杂的零件的装夹。例如:花盘装夹双孔连杆
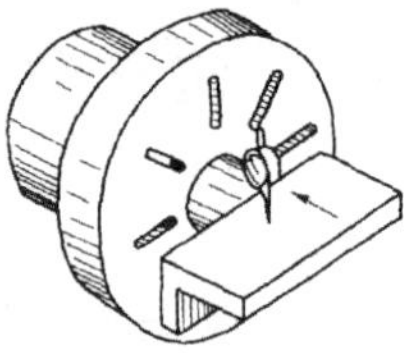	角铁　用于被加工零件回转表面的轴线与基准面相平行,且表面外形复杂的零件装夹。图示为角铁安装

（2）数控车削加工零件的校正方法

表 1－2－2　零件的校正方法

操作图	相关知识及操作要点
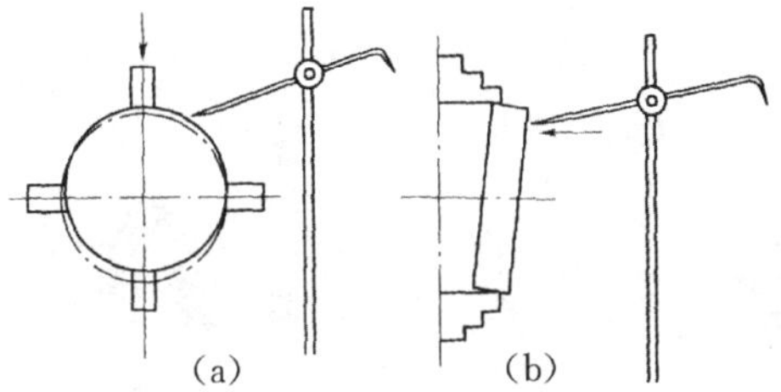	由于三爪自动定心卡盘能够进行自动定心，所以当工件轴向长度不大并且加工精度要求不高时，可以不进行校正。 由于三爪卡盘能够进行自动定心，所以当工件轴向长度不大并且加工精度要求不高时，可以不进行校正。 当装夹较长的工件或者加工精度要求较高的工件时，因为远离三爪卡盘的工件端有可能与车床的轴心不重合，所以仍需进行工件的校正。 用划线盘校正工件外圆如图（a）所示用划线盘校正工件外圆如图（b）所示
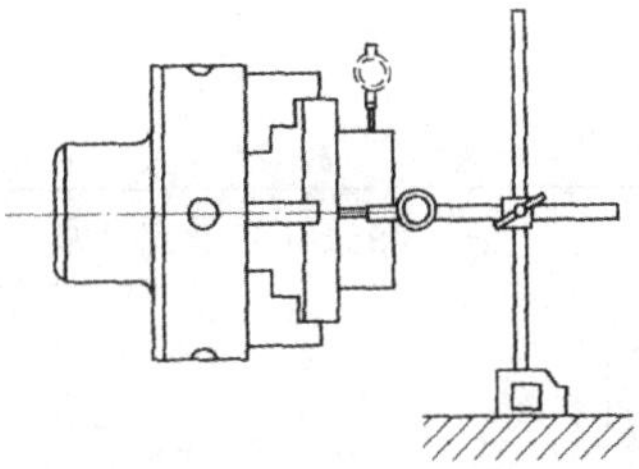	用百分表校正工件外圆和端面
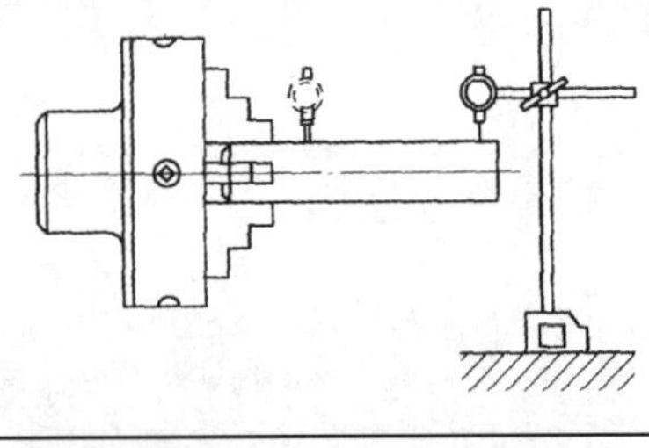	用百分表校正工件外圆

（3）注意事项

工件安装时应注意：

①装夹完工件后卡盘扳手随手取下，以防开车后飞出伤人。

②观察工件找正时，需要耐心，勤加练习逐步掌握。

③工件夹紧时，操作者的站位姿势要正确，以防卡盘扳手滑脱后摔倒伤人。

④工件夹紧时，夹紧力要合适，以防夹紧力不够使工件在车削过程中受力产生位移。

2. 数控车刀的安装

（1）常用数控车刀及使用方法

①常用数控车刀。

23

表 1-2-3　数控车刀

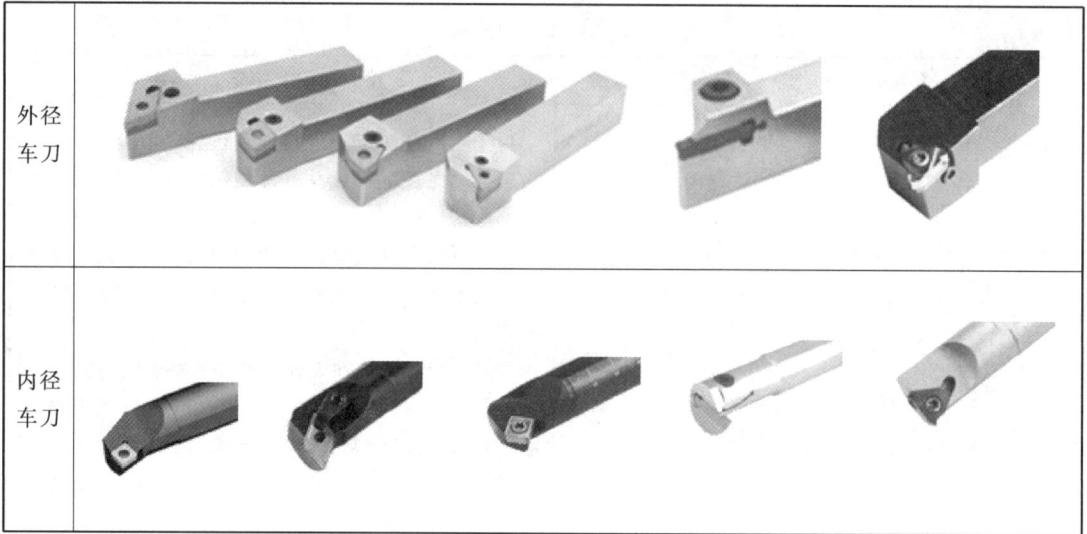

外径车刀	
内径车刀	

②数控车刀使用方法。

表 1-2-4　数控车刀使用方法

操作图	相关知识及操作要点
	车刀形状与加工性能的相应关系
（a）楔块上压式夹紧　（b）杠杆式夹紧　（c）螺钉上压式夹紧	可转位刀片的刀具有刀片、定位元件、夹紧元件和刀体所组成。常见可转位刀片的夹紧方式有楔块上压式、杠销式、压板式等。左图列举了各种夹紧方式，是一般加工工序较为合适的夹紧方式
	90°外圆加工用车刀

操作图	相关知识及操作要点
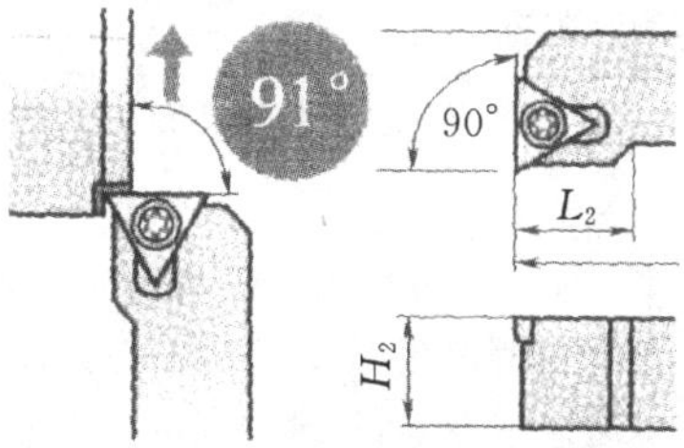	端面加工用车刀
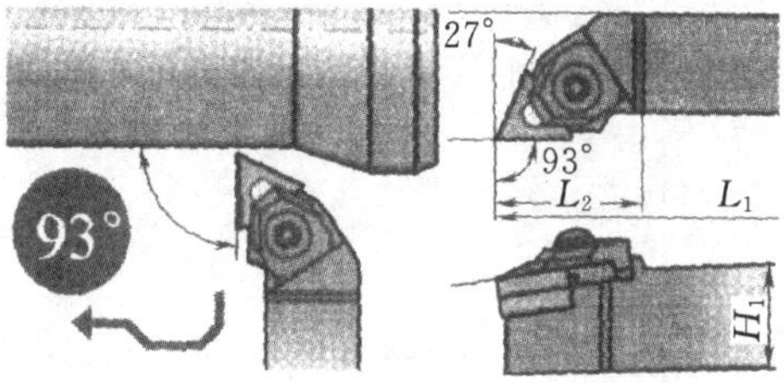	93°外圆加工用车刀
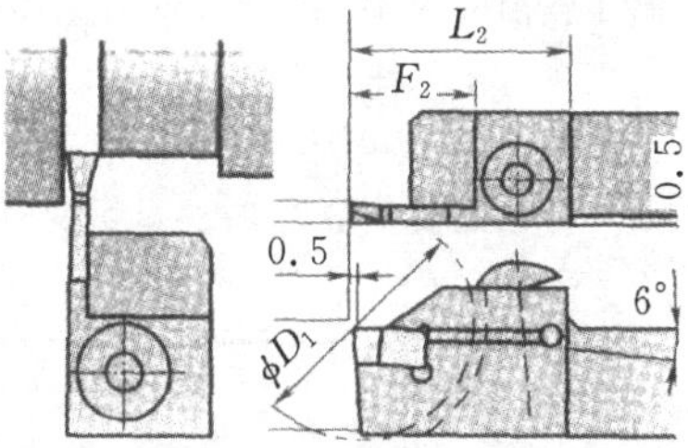	切槽、切断加工用车刀
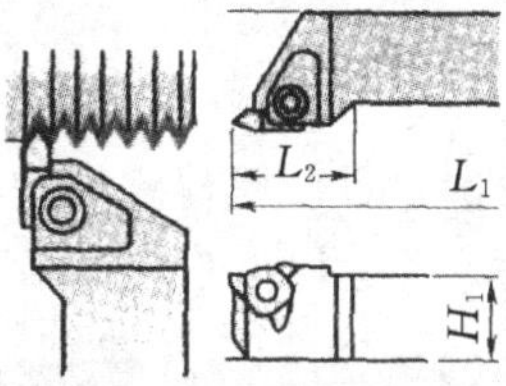	外螺纹加工用车刀
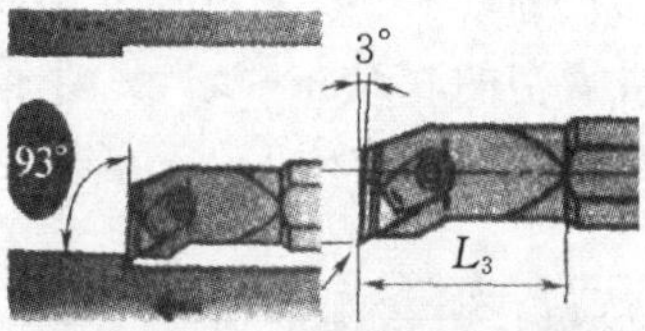	93°内孔加工用车刀
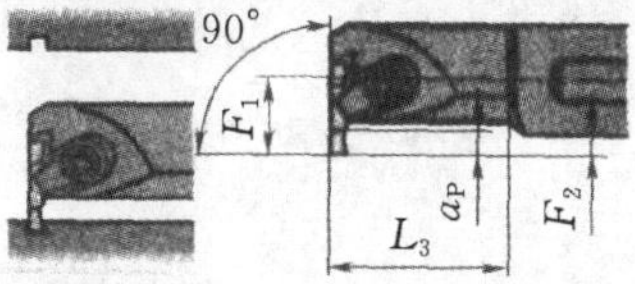	内孔挖槽加工用车刀
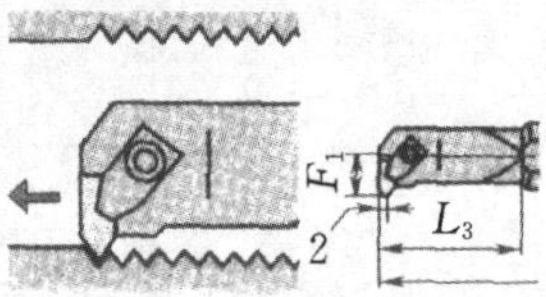	内螺纹加工用车刀

（2）数控车刀的装夹　车刀安装正确与否，直接影响车削的顺利进行和加工质量。数控车床刀具的装夹方式如表 1-2-5 所述。

表 1-2-5　刀具的装夹方式

操作图	相关知识及操作要点
	车刀刀杆应该与进给方向垂直，以保证主偏角和副偏角不变。刀杆应靠刀架外侧对齐安装。车刀伸出的长度尽量短，一般为刀杆厚度的 1.5 倍；内孔车刀伸出的长度要略大于加工孔的深度。刀具装夹要用两个压紧螺钉交替压紧
	车刀安装必须做到：刀尖对准工件中心，保证工作前角和后角不变，否则会影响加工质量。刀尖低于工件中心时，车削端面，工件中心会留下凸头，容易损坏刀尖。 　　方法是调整垫片厚度，试切端面对准中心

2.2.5　数控车床对刀

1.　对刀概念及方法

（1）概念　数控程序一般按工件坐标系编程，对刀的过程就是建立工件坐标系与机床坐标系之间关系的过程。下面具体说明数控车床对刀的方法，其中将工件右端面中心点设为工件坐标系原点，将工件上其他点设为工件坐标系原点的方法与对刀方法类似。

（2）对刀方法　刀具试切对刀法是通过对刀将刀偏值写入参数从而获得工件坐标系。这种方法操作简单，可靠性好，通过刀偏与机械坐标系紧密的联系在一起，只要不改变刀偏值，工件坐标系就会存在且不会变，即使断电，重启后回参考点，工件坐标系还在原来的位置。

2.　对刀步骤

（1）在 MDI 方式下输入 M03S400 按"循环启动"键运行启动主轴。

（2）手摇试切工件端面，如图 1-2-14 所示。注意选择"X10"的移动速度切削，避免碰刀。

图 1-2-14　Z 轴对刀示意图　　　　图 1-2-15　X 轴对刀示意图

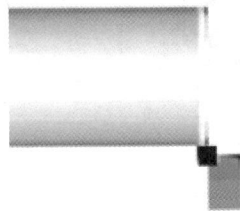

（3）在 OFS/SET 页面里的补正/形状中,把光标移动到对应刀号 Z 向输入"Z0"按"测量"键,完成 Z 向设定。

（4）手摇试切工件外圆表面,如图 1－2－15 所示。切削深度一般在 0.5～1mm 较为合适,切削长度一般约 10mm 便于测量和观察。

（5）沿着＋Z 方向退刀,不能移动 X 轴,主轴停转。

（6）用量具测量已车外圆的直径值。把实测值输入到 OFS/SET 页面里的补正/形状对应刀号 X 向,按"测量"键,完成 X 向设定。即把工件坐标系设定在工件端面的中心处。

2.2.6　常用量具及使用方法

（1）常用量具及用途　掌握量具的组成和在零件测量中的正确测量方法是保证零件加工质量的重要环节。

常用量具:游标卡尺、外径(内径、深度、螺纹)千分尺、百分表、万能角度尺等。

用途:游标卡尺是车床应用最多的通用量具;千分尺是生产中最常用的一种精密量具;百分表主要用于测量工件的形状和位置精度,测量内孔及找正工件在机床上的安装位置。

（2）常用量具的使用方法

表 1－2－6　常用量具的使用方法

操作图	相关知识及操作要点
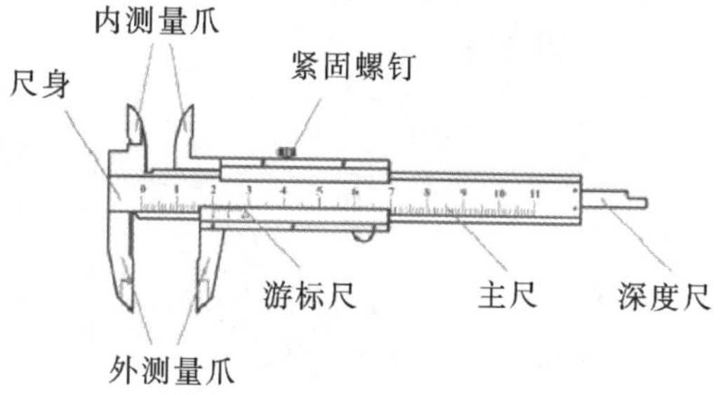	游标卡尺主要由尺身和游标尺组成。 外测量爪主要用于测量外圆直径和长度,内测量爪主要用于测量内孔直径和槽宽,深度尺主要用于测量孔的深度和台阶的高度。 测量前先对零,如有误差计入测量值。常用游标卡尺一般分度值为 0.02mm,量程为 0～150mm
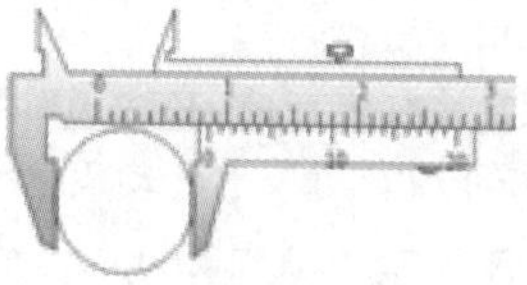	擦干净测量表面,左手捏住尺身,右手握住游标尺滑动测量,与测量面垂直。用力要合适,不宜过大。在夹住时度数,垂直观察
 内径测量	内孔测量时注意内测量爪与被测表面贴实
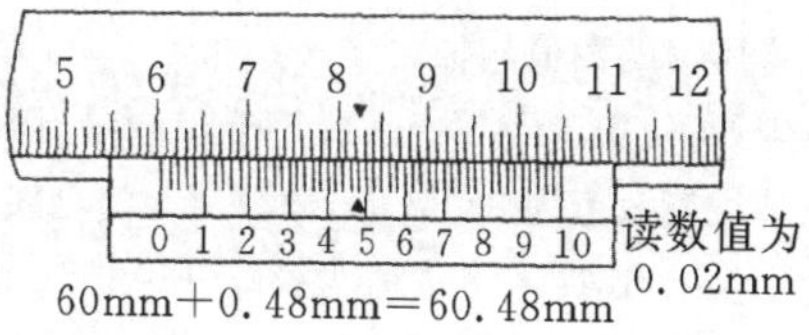 60mm＋0.48mm＝60.48mm	读数时,先读出游标零线左边在尺身上的整数毫米数,接着在游标上找到与尺身刻线对齐的刻度,并读出小数值。然后将所读的数值相加。例如:使用分度值为 0.02mm 的游标卡尺测量,车身上的整数值为 60mm,游标卡尺的小数值为 0.48mm,此时实际测量值为:60mm＋0.48mm＝60.48mm

操作图	相关知识及操作要点
	轴向长度测量,卡尺与回转中心平行
	游标卡尺测量孔深尺寸的方法
	游标卡尺测量孔中心距尺寸的方法测量尺寸架孔径即为孔的中心距
	外径千分尺量程分为 0～25mm;25～50mm;50～75mm;75～100mm 四种。 外径千分尺由尺架 1、座 2、测微螺杆 3、锁紧装置 4、微分筒 5 组成。 外径千分尺在测量前,必须先对零位。如果零位不准确,可用专用扳手转动固定套管。当零位偏差过大时,可松开紧固螺钉,使测微螺杆 3 与微分筒 5 转动,再转动微分筒,对准零位
	外径千分尺的读数分三步:先读出微分筒左边固定套管中露出刻线整数与半毫米值,接着读出微分筒上与固定套管上基线对齐刻线的数值,然后将所读的数值相加。 例如:使用 25～50mm 的千分尺测量,固定套管上刻线读数值为 32.5mm,微分筒上的刻线读数值为 0.35mm,实际测量值为:32.5mm＋0.35mm＝32.85mm

操作图	相关知识及操作要点
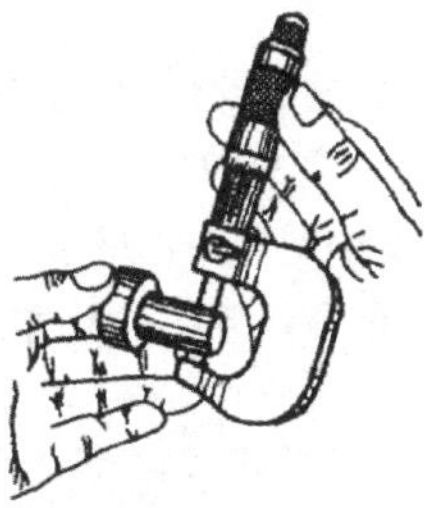	外径千分尺测量小零件尺寸的方法
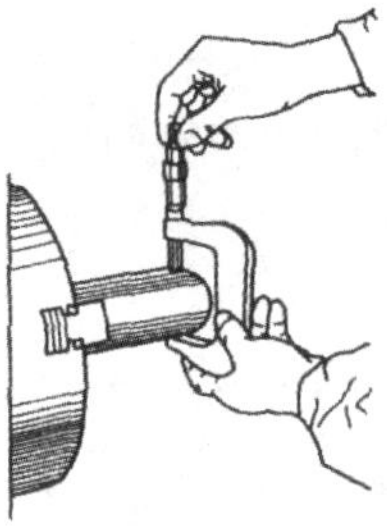	外径千分尺在车床上测量零件尺寸的方法
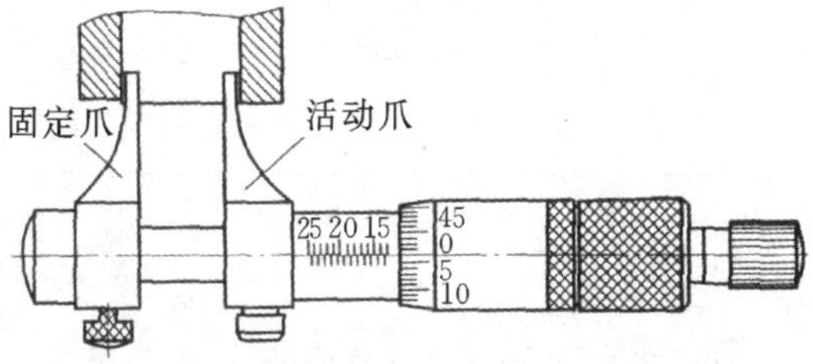	内测千分尺测量孔径尺寸的方法
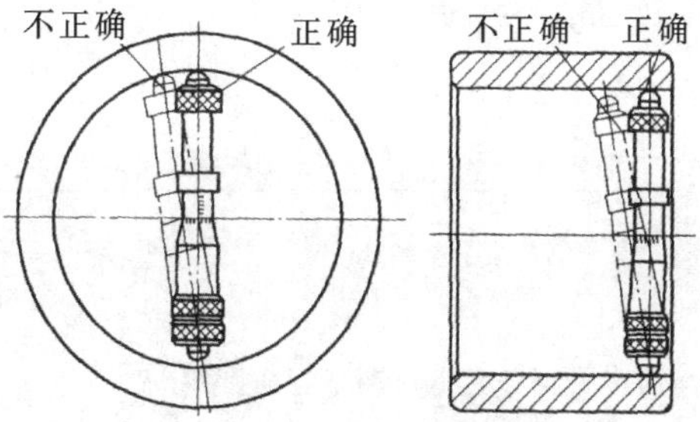	用内径千分尺测量孔径时,内径千分尺应在孔壁内摆动,径向摆动找出最大值,轴向摆动找出最小值,这两个重合尺寸,就是孔的实际尺寸。 内径千分尺的刻线方向与外径千分尺相反,顺时针转动微分同时,活动抓向右移动,测量值增大
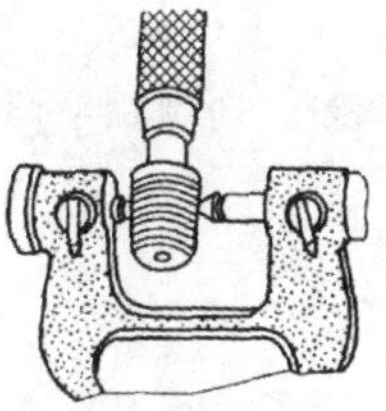 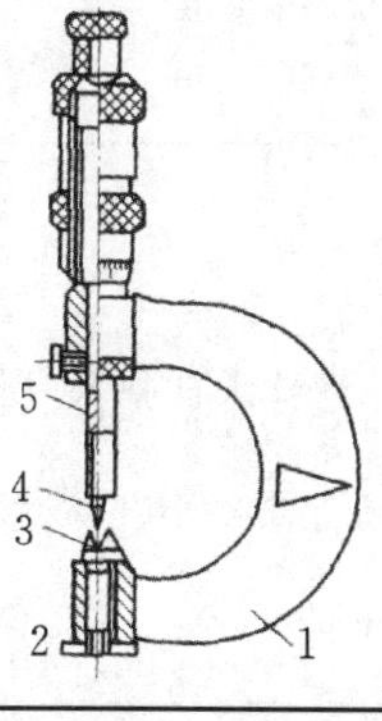	螺纹千分尺一般用来测量三角螺纹的中径。 螺纹千分尺由尺架 1、固定螺母 2、下测量头 3、上测量头 4、测微螺杆 5 组成

操作图	相关知识及操作要点
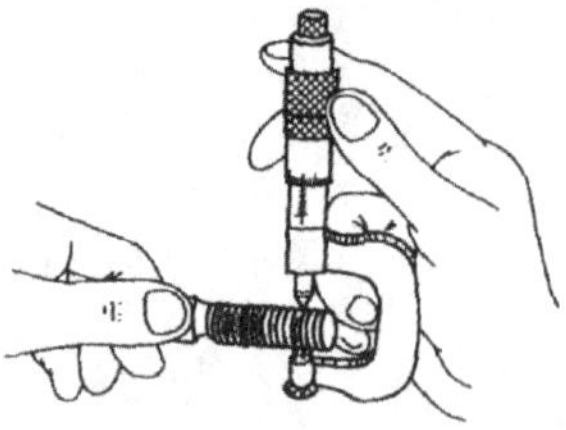	螺纹千分尺测量螺纹尺寸的方法 测量时选用一套与螺纹牙型角相同的上、下两个测量头,让两个测量头正好卡在螺纹的牙侧上,此时螺纹千分尺的读数就是螺纹的中经尺寸
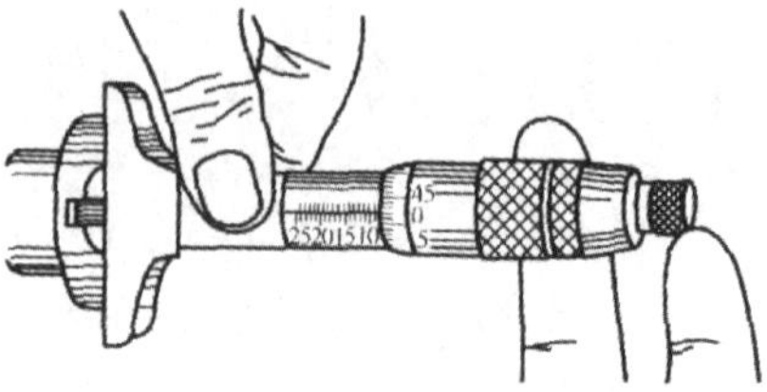	深度千分尺测量深度尺寸的方法
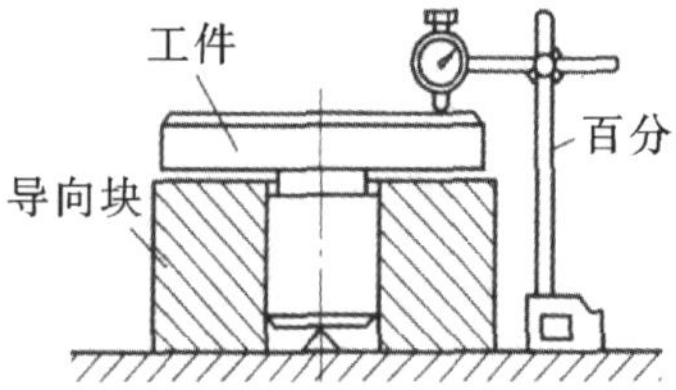	钟表式百分表可以测量端面垂直度
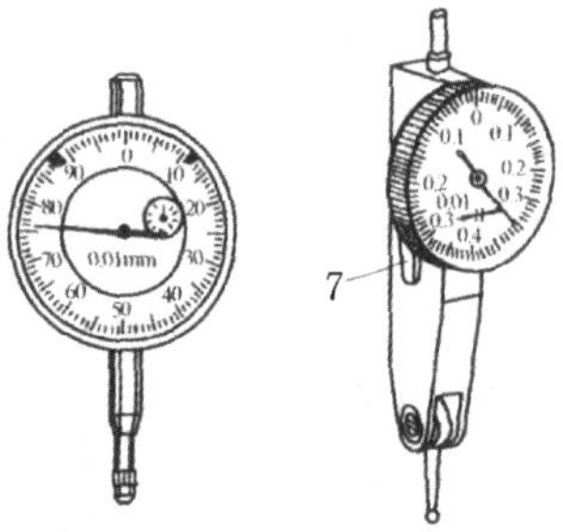	百分表主要用于测量工件的形状和位置精度 常用的百分表有钟表式和杠杆式测量范围分为0～3mm;0～5mm;0～10mm
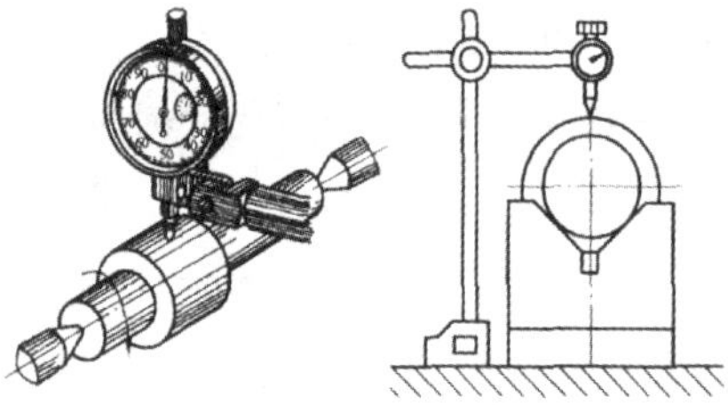	钟表式百分表可以测量径向圆跳动
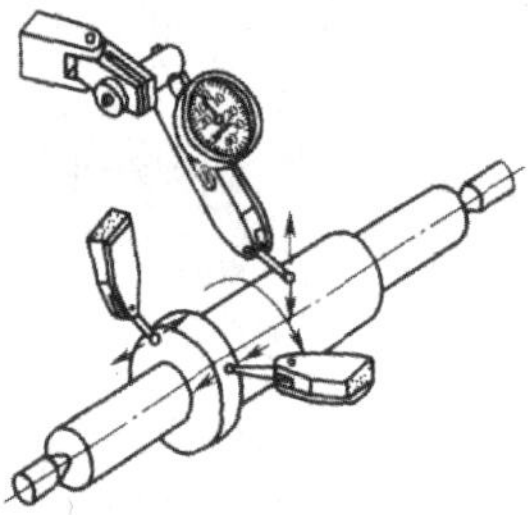	杠杆式百分表可以测量径向圆跳动和端面圆跳动

操作图	相关知识及操作要点
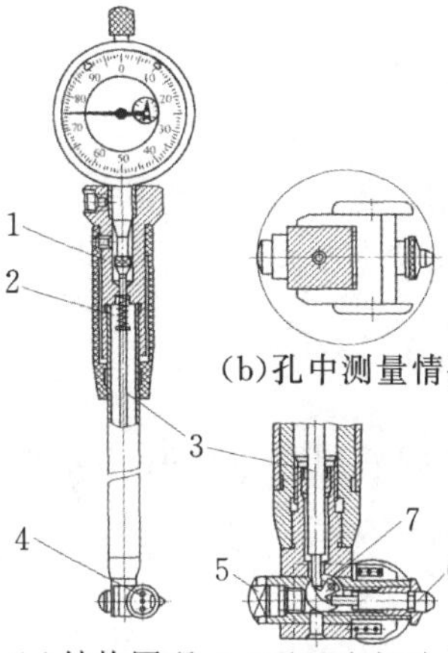 (b)孔中测量情况 (a)结构原理　(c)测量头部放大图	内径百分表是将百分表装夹在侧架 1 上,触头 6 通过摆动块 7、杆 3 将测量值 1∶1 传递给百分表。测量前,应该使百分表对准零位。 　　使用百分表进行测量时,必须左右摆动百分表,测量所得的最小数值就是孔径的实际尺寸,内径百分表主要用于测量精度较高而又深的孔
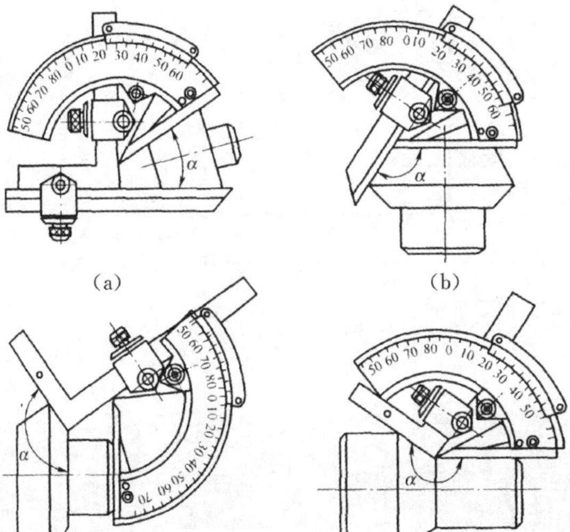 　(a)　　　　　(b) 　(c)　　　　　(d)	万能角度尺可以测量 0°～360°范围内的任何角度。 　　测量时,根据零件角度的大小,选用不同的测量装置。 　　测量 0°～50°范围的角度选用图(a)所示装置。 　　测量 50°～140°范围的角度选用图(b)所示装置。 　　测量 0°～50°,40°～230°范围的角度选用图(c)所示装置。 　　测量 230°～320°范围的角度选用图(d)所示装置。

第3章 数控车削加工实例

3.1 实例一 阶梯轴加工

3.1.1 任务描述

使用数控车床对图 1-3-1 所示零件进行加工,以掌握外圆类零件编程格式、加工工艺、加工方法及检测分析。毛坯尺寸 $\phi25\times82$mm,铝棒牌号 2A12。

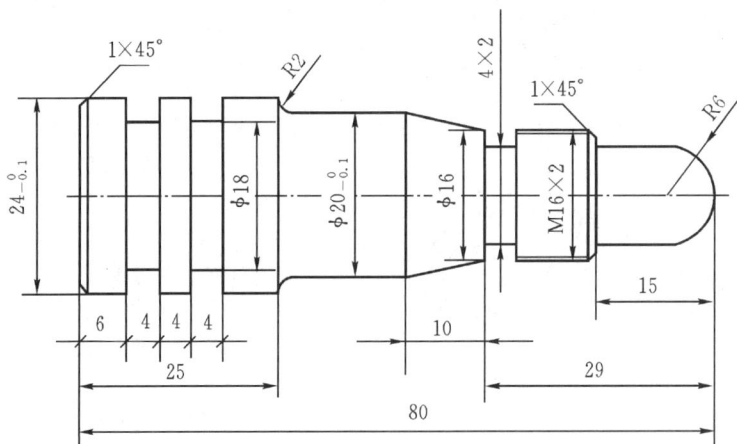

图 1-3-1 阶梯轴加工实例图

3.1.2 相关知识

1. 工艺性分析

(1)零件的装夹 采用三爪自定心卡盘定位装夹。

(2)刀具的选择和切削方式的确定 粗加工时采用 90°外圆车刀,刀尖圆弧为 R0.8。选择外圆粗车固定循环车削,精加工采用 35°外圆车刀,刀尖圆弧为 R0.3。槽加工采用 4mm 宽切槽刀,刀尖圆弧为 R0.2。螺纹刀为 60°公制螺纹车刀,刀尖圆弧为 R0.3。

(3)切削用量的选择

表 1-3-1 切削用量的选择

切削用量 切削表面	主轴转速 S(r/min)	进给速度 F(mm/r)	背吃刀深度 Ap(mm)
粗车	500	0.2	1
精车	800	0.1	0.2

2. 加工误差分析

（1）外表面加工误差分析　数控车床在加工过程中遇到各种各样的加工问题，以下对外表面加工中较常出现的问题、产生的原因、预防及解决方法进行了分析。

表 1 - 3 - 2　外圆误差分析

问题现象	产生原因	预防消除
工件尺寸超差	1. 对刀参数不准确 2. 切削用量不合理产生让刀 3. 程序错误	1. 调整或重新设定数据 2. 合理选择切削用量 3. 检查、修改加工程序
表面粗糙度太差	1. 切削速度太低 2. 刀具中心高度误差大 3. 切屑状态控制不佳 4. 刀尖产生切屑瘤	1. 调高主轴转速 2. 调整刀具中心高度 3. 调整走刀路线优化切削参数 4. 修改切削参数，使用切屑液
出现扎刀	1. 进给量过大 2. 工件装夹不合理 3. 刀具角度不合理	1. 减小进给量 2. 检查工件装夹提高装夹刚性 3. 正确选择刀具或修磨刀具
圆度超差或产生锥度	1. 车床主轴间隙过大 2. 程序错误 3. 工件安装不合理	1. 调整车床主轴间隙 2. 检查、修改加工程序 3. 检查工件装夹提高装夹刚性
端面中心处有凸台	1. 程序错误 2. 刀具中心过高 3. 刀具损坏	1. 检查、修改加工程序 2. 调整刀具中心高度 3. 更换刀片
端面不平整	1. 车床主轴间隙过大 2. 刀具角度不合理	1. 调整车床主轴间隙 2. 选择合适的刀具

（2）槽加工误差分析　在数控车床上进行槽加工时经常遇到的加工误差有多种，其问题现象、产生原因、预防和消除措施如下。

表 1 - 3 - 3　槽加工误差分析

问题现象	产生原因	预防消除
槽的侧面出现小台阶	刀具数据不准确或程序错误	重新设定数据、修改程序
槽底出现倾斜	主切削刃和进给方向不垂直	正确安装刀具或修磨刀具
槽的侧面呈现凹凸面	刀具角度不对称	1. 正确安装刀具 2. 重新刃磨刀具
槽的两侧面倾斜	刀具磨损	重新刃磨刀具或更换刀片
槽底有振纹	1. 工件装夹不正确 2. 刀具安装不正确 3. 切削参数不正确 4. 程序延时时间太长	1. 检查工件安装,提高安装刚性 2. 调整刀具安装位置 3. 提高或降低切削速度 4. 缩短延长时间

33

问题现象	产生原因	预防消除
切槽过程中出现扎刀、断刀	1.进给量过大 2.切屑阻塞	1.降低进给量 2.采用断、退屑方式切入
切槽过程中出现较强震动，产生谐振，停机检查	1.工件装夹不正确 2.刀具安装不正确 3.进给速度过低	1.检查工件安装，提高安装刚性 2.调整刀具安装位置 3.提高进给速度

（3）螺纹加工误差分析　螺纹加工一直是初学者的难点，要做出合格的螺纹需要解决许多问题，其问题现象、产生原因、预防和消除措施如下。

表 1-3-4　螺纹加工误差分析

问题现象	产生原因	预防消除
切削过程中出现振动	1.工件装夹不正确 2.切削参数不正确	1.检查工件安装，提高安装刚性 2.提高或降低切削速度
螺纹牙顶呈刀口状	1.刀具角度选择错误 2.螺纹外径尺寸过大 3.螺纹切削过深	1.选择正确的刀具 2.检查并选择合适的工件外径尺寸 3.减小工件切削深度
螺纹牙型过平	1.刀具中心有误 2.螺纹切削深度不够 3.刀具牙型角度过小 4.螺纹外径尺寸过小	1.选择合适的刀具并调整刀具中心的高度 2.计算并增加切削深度 3.适当增大刀具牙型角 4.检查并选择合适的工件外径尺寸
螺纹牙型底部过宽	1.刀具选择错误 2.刀具磨损严重 3.螺纹有乱牙现象	1.选择正确的刀具 2.重新刃磨或更换刀片 3.检查程序中有无导致乱牙的原因 4.检查主轴脉冲编码器是否松动、损坏 5.检查Z轴丝杠是否有窜动现象
螺纹牙型半角不正确	刀具安装角度不正确	调整刀具安装角度
螺纹表面质量差	1.刀具角度不合理 2.刀具中心过高 3.切削控制较差 4.刀尖产生积屑瘤	1.修磨角度或更换刀片 2.调整刀具中心高度 3.选择合理的进刀方式及切深 4.使用切削液
螺距误差	1.伺服系统滞后效应 2.加工程序不正确	1.增加螺纹切削升、降速段的长度 2.检查、修改程序

3.1.3　任务实施

1. 操作步骤

(1)毛坯尺寸为 $\phi25\times82$mm,先加工图示左端,工件伸出卡盘长度为 35mm,装夹。

(2)安装刀具 T01 为 90°外圆车刀,T02 为 35°外圆车刀,T03 为切槽刀,T04 为螺纹刀。

(3)采用试切法对刀,设定工件坐标系。对刀完成后将刀架移到安全位置。

(4)输入加工程序,检查无误后方可加工。

(5)选择编辑方式打开程序,按复位键,按自动工作方式,单段运行,移动速度选择 25%。

(6)注意观察刀具定位到循环起点 X26 Z3 处,判断对刀是否正确,再继续运行程序。

(7)程序运行结束后,转换到编辑工作方式较为安全,再测量工件。

2. 零件程序

(1)

左端外表面程序	注　释
O0001;	程序名,1 号程序
G99 T0101 M03 S500;	每转进给选用 1 号 90°外圆车刀,主轴正转 500r/min。
G00 X26 Z3;	快速定位在 $\phi26$mm、距离端面 3mm 处
G90 X24.2 Z—26 F0.2;	外圆粗车固定循环,直径粗车到 $\phi24.2$mm,长度为 26mm 给精车径向留 0.2mm 余量,粗加工进给量为 0.2mm/r
G00 X100 Z100;	快速退刀到换刀位置
T0202;	选用 2 号 35°外圆车刀
M03 S800;	主轴正转,转速 800 转
G00 X26 Z0;	快速定位
G01 X0 F0.1;	端面切削
X22;	直线切削
X24 Z—1;	倒角
Z—26;	直线切削
X26 F0.2;	退刀
G00 X100 Z100;	快速移动到安全位置
M05;	主轴停转
M30;	程序结束并返回到程序开头

(2)

左端切槽程度	注　释
O0002;	2 号程序
T0303 M03 S400;	选用切槽刀,主轴正转,400r/min。

35

续表

左端切槽程度	注 释
G00 X26 Z3;	快速定位在φ26mm、距离端面 3mm 处
Z−10;	快速定位到 X26 Z−10 处
G01 X18 F0.05;	直线进给切槽
G04 X2.0;	槽底暂停 2 秒
X25 F0.2;	退刀
Z−18;	移动到 Z−18 处
G01 X18 F0.05;	切第二个槽
G04 X2.0;	槽底暂停 2 秒
X25 F0.2;	退刀
G00 X100 Z100;	快速移动到 X100 Z100 刀具远离工件便于观测
M05;	主轴停转
M30;	程序结束并返回到程序开头

工件掉头,先保证总长。以 φ24 外圆表面定位,工件伸出 60mm 装夹,设定工件坐标系。

右端台阶表面程序	注 释
O0003;	3 号程序
G99 T0101 M03 S500;	每转进给、选用 1 号 90°外圆车刀,主轴正转,500r/min。
G00 X26 Z3;	快速定位在φ26mm、距离端面 3mm 处
G71 U1.5 R0.5;	外圆粗车固定循环,每次车 1.5mm 深,退刀量 0.5mm 精加工从 N10 段开始 N20 段结束,给精车径向留 0.2mm 余量,轴向留 0.1mm 余量,粗加工进给量为 0.2mm/r
G71 P10 Q20 U0.2 W0.1 F0.2;	精车从 N10 段开始 N20 段结束,径向留 0.2mm 余量轴向留 0.1
N10 G00 X0;	精车起始段 N10,快速定位在回转中心、距端面 3mm 处
G01 Z0 F0.1;	直线切削走刀至端面中心处,X0 Z0,X0 可以省略
G03 X12 Z−6 R6;	圆弧切削
G01 Z−15;	直线切削
X14;	直线切削
X15.8 Z−16;	倒角
Z−29;	直线切削
X20 Z−39;	锥面切削
Z−53;	直线切削
G02 X24 Z−55 R2;	圆弧切削

右端台阶表面程序	注　释
N20 G01 X25.5 F0.2；	精车程序结束段号20，直线退刀
G00 X100 Z100；	快速退刀至 X100 Z100
T0202 M03 S800；	选用2号35°外圆车刀，主轴正转，转速800转。
G00 X26 Z3；	快速定位在 X26 Z3 处
G70 P10 Q20；	精加工固定循环，跳转到 N10 开始运行到 N20 结束
G00 X100 Z100；	快速退刀至 X100 Z100
M05；	主轴停止
M30；	程序结束并返回到程序开头

（3）

右端切槽程序	注　释
O0004；	4号程序
T0303 M03 S400；	选用切槽刀，主轴正转，400r/min。
G00 X18 Z3；	快速定位在 X18 Z3
Z−29；	快速定位到 Z−29
G01 X12 F0.05；	直线进给切槽
G04 X2.0；	槽底暂停2秒
X18 F0.2；	退刀
G00 X100 Z100；	快速移动到 X100 Z100 刀具远离工件便于观测
M05；	主轴停转
M30；	程序结束并返回到程序开头

（4）

右端切槽程序	注　释
O0005；	5号程序
T0404 M03 S300；	选用螺纹刀，主轴正转，300r/min。
G00 X18 Z3；	快速定位在 X18 Z3
Z−12；	快速定位到 Z−12
G92 X15.8 Z−27 F2；	螺纹加工固定循环
X15；	第一刀切深0.8mm
X14.5；	第二刀车0.5mm

续表

右端切槽程序	注　释
X14.1;	第三刀车 0.4mm
X13.8;	第四刀车 0.3mm
X13.6;	第五刀车 0.2mm
X13.5;	第六刀车 0.1mm
X13.4;	第六刀车 0.1mm 车到小径
X13.4;	修光
G00 X100 Z100;	快速移动到 X100 Z100 刀具远离工件便于观测
M05;	主轴停转
M30;	程序结束并返回到程序开头

3.2　实例二　轴类综合件加工

3.2.1　任务描述

使用数控车床对图 1-3-2 所示零件进行加工,以掌握轴类零件编程格式、加工工艺、加工方法及检测分析。毛坯尺寸 $\phi35\times62$mm,铝棒牌号 2A12。未注倒角 C0.5,$\phi24$ 和 $\phi30$ 台阶面为配合面表面粗糙度 Ra1.6。

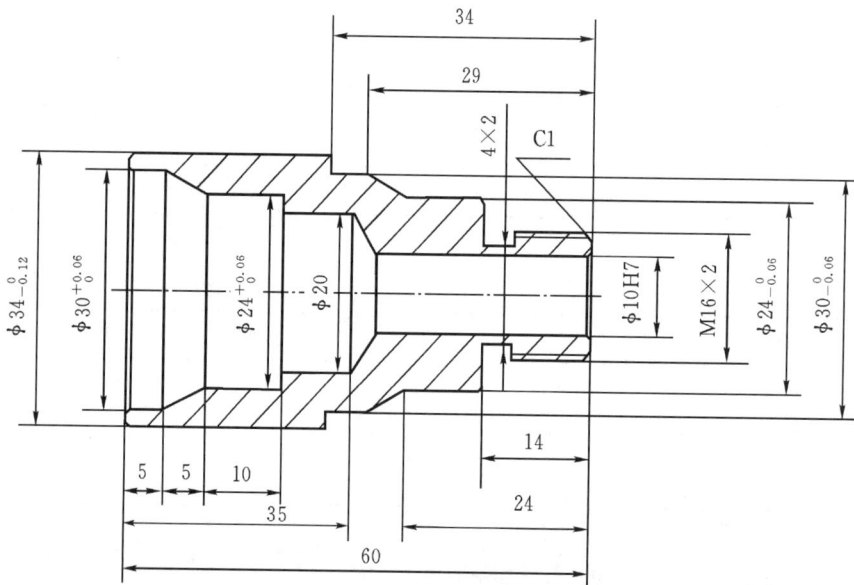

图 1-3-2　圆弧曲面实例图

3.2.2　相关知识

1. 工艺分析

(1)零件的装夹　采用三爪卡盘定位装夹,工件伸出长度要比加工的长度长 3～5mm,需要掉头装夹,应先考虑清楚加工顺序,选好定位装夹表面。

(2)刀具的选择和切削方式的确定　外圆粗加工时采用 90°外圆车刀,刀尖圆弧为 R0.5。精加工采用 35°外圆车刀,刀尖圆弧为 R0.2,外槽加工采用 4mm 宽切槽刀,外螺纹加工采用 60°螺纹刀,孔加工采用 90°内孔镗刀,以及钻头、铰刀。

(3)切削用量的选择　参照实例一的切削参数

2. 加工误差分析

根据实例一中的加工误差分析来判断综合零件加工时出现的问题。

3.2.3　任务实施

1. 操作步骤

(1)工序一

①先加工左端,工件伸出 35mm 长装夹。

②平端面,车外圆 φ34 长 30mm。

③打中心孔,钻孔 φ20 深 35mm。

④车内孔表面:C0.5 倒角、φ30、锥面、φ24 及台阶面。

(2)工序二

①工件掉头,以 φ34 外圆表面定位,工件伸出 40mm 长装夹。

②平端面保证总长,车外圆各台阶面。

③切退刀槽 4×1.5。

④车螺纹 M16×2。

⑤打中心孔,钻通孔 φ9.8,口部倒角 C1。

⑥铰孔 φ10。

2. 零件程序

(1)工序一程序

左端程序	注　释
O0001;	
G99 T0101 M03 S500;	90°外圆车刀
G00 X37 Z3;	循环起点
G90 X34.2 Z−30 F0.2;	外圆粗车固定循环
G00 X100 Z100;	快速移动的换刀点
T0202 M03 S800;	35°外圆车刀
G00 X37 Z0;	定位到和端面平齐位置
G01 X18 F0.1;	平端面

左端程序	注　释
X33；	进给到倒角起点
X34 Z－1；	车 C1 刀角
Z－30；	车外圆
X36 F0.3；	退刀
G00 X100 Z100；	快速移动的换刀点
T0303 M03 S500	内孔车刀,注意车孔前必须先钻孔。
G00 X18 Z3	循环起点
G71 U1 R0.5；	粗车固定循环
G71 P10 Q20 U－0.2 W0.1 F0.15；	其中 U－0.2 表示给 X 负方向留余量
N10 G00 X31；	快速定位到轮廓线的第一个点
G01 Z0 F0.1；	直线切入
X30 Z－0.5；	倒角
Z－5；	直线进给
X24 Z－10；	锥面
Z－20；	直线进给
N20 X19；	退刀
G70 P10 Q20 S800；	精车固定循环
G00 Z100；	快速远离
X100；	
M05；	主轴停转
M30；	程序结束

（2）工序二程序

右端程序	注　释
O0002；	
T0101 M03 S500；	90°外圆车刀
G00 X36 Z3；	定位到循环起点
G71 U1 R0.5；	粗车固定循环
G71 P10 Q20 U0.2 W0.1 F0.2；	
N10 G00 X0；	快速定位到轮廓线的第一个点
G01 Z0 F0.1；	直线切入

续表

右端程序	注　释
X12.8；	平端面
X15.8 Z−1.5；	倒角
Z−14；	车外圆
X23；	车台阶面
X24 W−0.5；	C0.5 倒角
Z−24；	直线进给
X30 Z−29；	车锥面
Z−34；	直线进给
X33；	车台阶面
X34 W−0.5；	倒角
N20 X35.5 F0.3；	退刀
G00 X100 Z100；	快速移动的换刀点
T0202 M03 S800；	35°外圆车刀
G00 X36 Z3；	定位到循环起点
G70 P10 Q20；	精加工固定循环
G00 X100 Z100；	快速移动的换刀点
T0303 M03 S400；	切槽刀
G00 X26 Z3；	快速移动到工件附近
Z−14；	定位到切槽的位置
G01 X13 F0.05；	切槽
X26 F0.2；	退刀
W1；	正向移动 1mm
X15.8 F0.1；	进给到外圆表
X14 W−1；	切倒角
X26 F0.3；	退刀
G00 X100 Z100；	快速移动的换刀点
T0404 M03 S300；	螺纹车刀
G00 X20 Z4；	循环起点
G92 X15.8 Z−12 F2；	螺纹加工固定循环
X15；	第一刀车 0.8mm
X14.5；	第二刀车 0.5mm

右端程序	注　释
X14.1；	第三刀车 0.4mm
X13.8；	第四刀车 0.3mm
X13.6；	第五刀车 0.2mm
X13.5；	第六刀车 0.1mm
X13.4；	第六刀车 0.1mm 车到小径
X13.4；	修光
G00 X100 Z100；	快速远离工件
M05；	主轴停转
M30；	程序结束

第 2 篇 （SIEMENS）数控铣床操作与加工

第1章 数控铣床基本知识

1.1 任务描述

了解数控铣床的结构组成、工作原理、应用及分类,掌握数控铣床的相关参数和保养润滑等基本知识。

1.2 相关知识

1.2.1 数控铣床的结构、组成及工作原理

1.数控铣床的结构及组成

数控铣床主要由床身、铣头、纵向工作台、横向床鞍、升降台、电气控制系统等组成。能够完成基本的铣削、镗削、钻削、攻螺纹及自动工作循环等工作,可加工各种形状复杂的凸轮、样板及模具零件等。数控铣床的床身固定在底座上,用于安装和支承机床各部件,控制台上有彩色液晶显示器、机床操作按钮和各种开关及指示灯。纵向工作台、横向溜板安装在升降台上,通过纵向进给伺服电机、横向进给伺服电机和垂直升降进给伺服电机的驱动,完成 X、Y、Z 坐标的进给。电器柜安装在床身立柱的后面,其中装有电器控制部分,如图 2-1-1。

数控铣床一般由控制介质、数控装置、伺服系统、机床本体四部分组成。

图 2-1-1 机床结构及组成

2. 工作原理

数控铣床的工作原理：根据零件形状、尺寸、精度和表面粗糙度等技术要求制定加工工艺，选择加工参数。通过手工编程或利用 CAM 软件自动编程，将编好的加工程序输入到控制器。控制器对加工程序处理后，向伺服装置传送指令。伺服装置向伺服电机发出控制信号。主轴电机使刀具旋转，X、Y 和 Z 向的伺服电机控制刀具和工件按一定的轨迹相对运动，从而实现工件的切削。

1.2.2　数控铣床的应用

数控铣床有着更为广泛的应用范围，能够进行外形轮廓铣削、平面或曲面型腔铣削及三维复杂型面的铣削，如各种凸轮、模具等，若再添加圆工作台等附件（此时变为四坐标），则应用范围将更广，可用于加工螺旋桨、叶片等空间曲面零件。此外，随着高速铣削技术的发展，数控铣床可以加工形状更为复杂的零件，精度也更高。

从数字控制技术特点看，由于数控机床采用了伺服电机，应用数字技术实现了对机床执行部件工作顺序和运动位移的直接控制，传统机床的变速箱结构被取消或部分取消了，因而机械结构也大大简化了。数字控制还要求机械系统有较高的传动刚度和无传动间隙，以确保控制指令的执行和控制品质的实现。同时，由于计算机水平和控制能力的不断提高，同一台机床上允许更多功能部件同时执行所需要的各种辅助功能已成为可能，因而数控机床的机械结构比传统机床具有更高的集成化功能要求。

从制造技术发展的要求看，随着新材料和新工艺的出现，以及市场竞争对低成本的要求，金属切削加工正朝着切削速度和精度越来越高、生产效率越来越高和系统越来越可靠的方向发展。因此要求在传统机床基础上发展起来的数控机床精度更高，驱动功率更大，机械机构动静、热态刚度更好，工作更可靠，能实现长时间连续运行和尽可能少的停机时间。

1.2.3　数控铣床的分类

1. 按主轴位置分

（1）立式数控铣床　立式数控铣床的主轴轴线垂直于水平面，是数控铣床中最常见的一种布局形式，应用范围也最广泛，一般用在中型数控铣床中。

（2）卧式数控铣床　卧式数控铣床与通用卧式铣床相同，其主轴轴线平行于水平面，一般用在中型数控铣床中。

（3）立卧两用数控铣床　立卧两用数控铣床的主轴方向可以更换，能达到在一台机床上既可以进行立式加工，又可以进行卧式加工。

2. 按系统功能分

（1）经济性数控铣床　经济型数控铣床是在普通铣床基础上改造而来，采用经济型数控系统，成本低，机床功能较少，主轴转速和进给速度不高，主要用于精度要求不高的简单平面或曲面类零件的加工。

（2）全功能数控铣床　全功能数控铣床一般采用半闭环或闭环控制，控制系统功能较强，一般可实现四坐标或以上的联动，加工适应性强，应用最为广泛。

（3）高速数控铣床　高速数控铣床主轴转速在 8000～40 000 r/min、进给速度可达 10～30m/min，采用全新的机床结构（主体结构及材料变化）、功能部件（电主轴、直线电机驱动进给)和功能强大的数控系统,并配以加工性能优越的刀具系统,可对大面积的曲面进行高效率的、高质量的加工。

1.2.4 XD-40 机床参数

名称	参数
机床型号	XD-40
数控系统	西门子 802D
工作台尺寸	910mm×400mm
工作台左右行程(X 向)	600mm
工作台前后行程(Y 向)	400mm
主轴箱上下行程(Z 向)	510mm
工作台最大承载重量	300kg
主轴转速	25～5000r/min
X、Y 快移	20m/min
Z 快移	15m/min
最大钻孔直径	ϕ22mm
最大镗孔直径	ϕ100mm

1.2.5 XD-40 数控系统(西门子 802D)主要功能

(1)控制功能　可同时控制 X、Y、Z 三轴联动。

(2)准备功能　用于指示机床运动方式的功能,包括:

①同时控制轴。X、Y、Z 三轴。

②自诊断功能。故障、信息显示。

③编程简化功能。固定循环、对话编程。

④程序检测功能。机床锁住、测试方式。

⑤图形显示功能(模拟)。

⑥DNC 加工功能。

1.3 拓展知识

1.3.1 日常维护

1. 接通电源前

①应检查机床防护门,电气柜门等是否关好。

②应检查冷却液,液压油,润滑油的油量是否充足。

③检查切削槽内的铁屑是否已清理干净。

2.接通电源后

①检查面板上各指示灯是否正常,各按钮是否处于安全位置。

②显示屏报警应及时处理。

③压力表是否在所要求的范围类。

④各控制箱冷却风扇是否运转正常。

⑤检查刀具(柄)是否正确夹紧在主轴或刀库中,刀具是否有损伤。

3.机床运转后的检查

①运转中,机床是否有异常噪声。

②有无异常现象。

1.3.2 每月维护

①清理控制柜内部。

②检查、清洗通风系统过滤网。

③检查各按键及指示灯是否正常。

④检查各电磁和限位开关是否正常。

⑤检查各电器元件及线路接头是否有松动现象。

⑥全面检查润滑及冷却系统。

1.3.3 半年维护

①检查机床工作台水平,检查锁紧螺钉及可调垫铁是否锁紧。

②检查并调整全部传动丝杠负荷,清洗滚动丝杠并涂新油。

③全面检查润滑油路,并更换有问题的油管。对油箱进行清洗换油,疏通油路。并更换滤芯。

④清扫电动机,加润滑脂,检查电机直连轴轴承,并进行更换。

⑤全面清扫机床电器柜,NC控制板及电路板,及时更换存储器电池。

第2章 数控铣床基本操作

2.1 任务描述

了解 XD-40 数控铣床操作面板及其各个功能按键和旋钮的作用和使用方法；熟悉 XD-40 操作系统及其特性；熟练掌握数控铣床的基本操作；掌握 XD-40 数控铣削加工的操作步骤。

2.2 相关知识

2.2.1 认识数控铣床的操作面板

(1)操作面板上半区域为显示屏机床操作区域，如图 2-2-1 所示。

(2)显示屏主要用来显示相关坐标位置、程序、图形、参数、诊断、报警等信息。

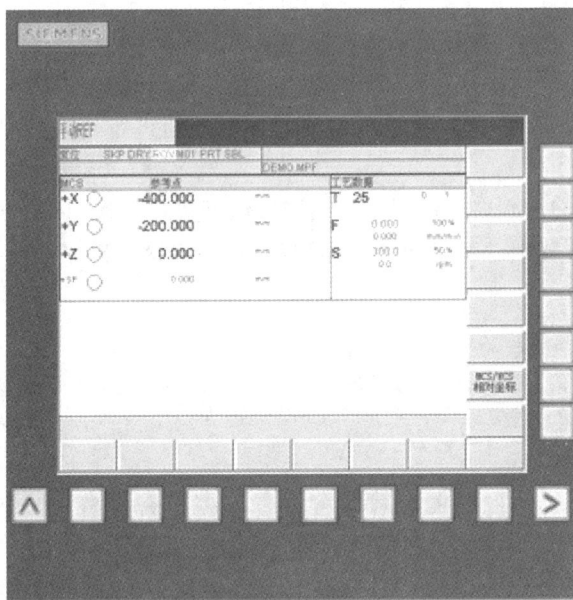

图 2-2-1　显示屏

(3)机床操作区主要进行机床调整、机床运动控制、机床动作控制等，如图 2-2-2 所示。

(4)操作面板下半区域为控制系统操作区域。

(5)控制系统操作区域主要进行手动数据输入、程序输入、以及机床显示页面的切换，如图 2-2-3 所示。

图 2-2-2　机床操作区域

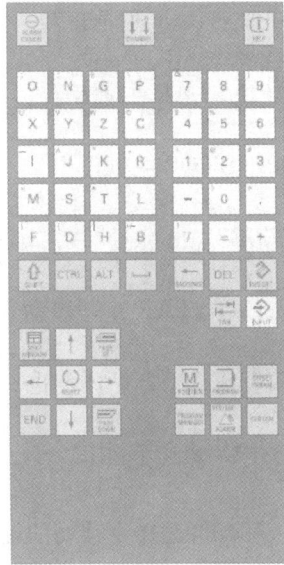

图 2-2-3　控制系统操作区域

数字/字母键用于输入数据到输入区,如图 2-2-4 所示。

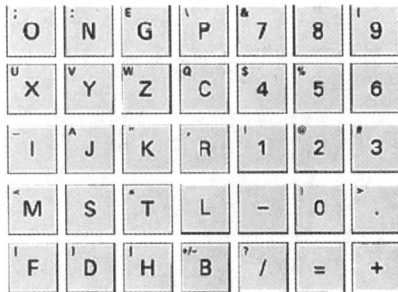

图 2-2-4　数字字母功能键

各功能按键介绍如下。

MDA 用于直接通过操作面板输入数控程序和编辑程序。

AUTO 进入自动加工模式。

JOG 手动模式,手动连续移动各轴。

REF 回参考点模式。

VAR 增量选择。

SINGL 自动加工模式中,单步运行。

SPINSTAR 主轴正转。

SPINSTAR 主轴反转。

SPINSTOP 主轴停止。

RESET 复位键。

CYCLESTAR 循环启动。

CYCLESTOP 循环停止。

RAPID 快速移动。

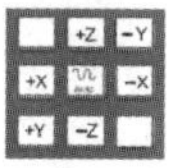

方向键:选择要移动的轴。(XD-40 铣床)。

紧急停止旋钮。 　　　　　　主轴速度调节旋钮。

进给速度(F)调节旋钮。

返回键。 　　　　　　菜单扩展键。

报警应答键。 　　　　通道转换键。

信息键。 　　　　　　上档键。

控制键。 　　　　　　ALT 键。

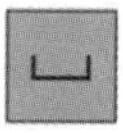

空格键。 　　　　　　删除键(退格键)。

删除键。 　　　　　　插入键。

制表键。 　　　　　　回车/输入键。

加工操作区域键。 　　程序操作区域键。

参数操作区域键。 　　程序管理操作区域键。

报警/系统操作区域键。 　　　未使用。

翻页键。 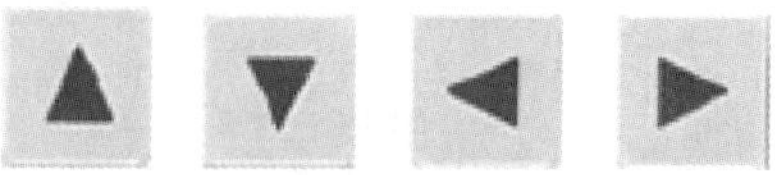　　　　　　▲　▼　◄　►　　　光标键

　　　　　　　　　　　　　　　　　　光标键

50

数字键,上档键转换对应字符。

字母键,上档键转换对应字符。

选择/转换键。

2.2.2 XD-40 数控铣床基本操作

(1)开机

操作步骤：

①检查机床初始状态,急停按钮应处于被按下状态。

②将机床后右侧的电源开关扭到 ON 位置,接通总电源。

③按下操作面板上的绿色 NC 通按钮。

④等待 CRT 显示屏出现正常操作画面后,屏幕会出现 PMC 报警,并且面板上的报警灯(红色)在闪烁,此时应旋开紧急停止并按下 RESET 复位键解除报警信息。

⑤打开伺服使能然后进行操作。

(2)关机

操作步骤：

①检查机床各轴是否处于中间位置。

②清扫机床工作台上铁屑,并清理工具。

③关闭伺服使能并按下急停开关。

④关闭系统电源并关闭机床总电源。

(3)回参考点

接通机床电源,系统启动以后进入"加工"操作区"JOGREF"模式,出现"回参考点窗口"。如图 2-2-5 所示。

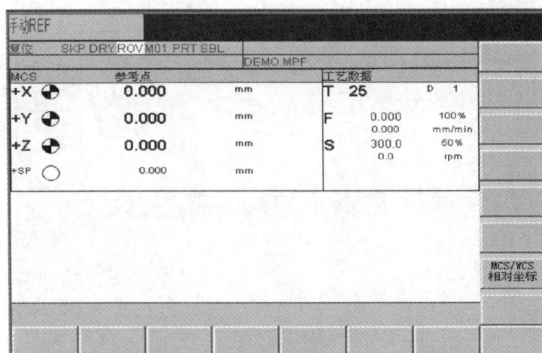

图 2-2-5 回参考点窗口

注意："回参考点"只有在"JOGREF"模式下可以进行。

操作步骤：

①按"REF"键,按顺序点击"＋Z"返回参考点完成后,再点击"＋X、＋Y",即可自动回参

51

考点。

②在"回参考点"窗口中显示该坐标轴是否回参考点,如图2-2-6所示。

○ 坐标未回参考点　　● 坐标已到达参考点

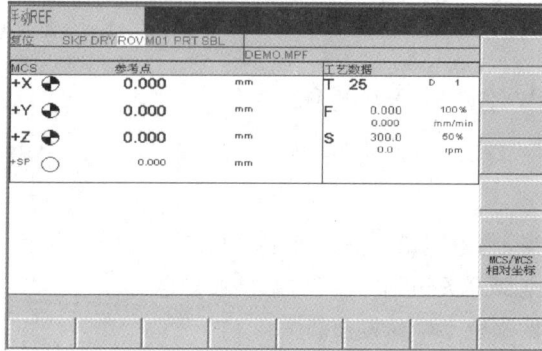

回到参考点状态

图2-2-6　回到参考点状态

(4)手动、手轮操作("JOG"模式——"加工"操作区域键)。

功能:在"JOG"模式中,可以移动机床各轴。

操作步骤:

①选择JOG模式。按方向键"-X、-Y、-Z、+X、+Y、+Z"任意一个便可以移动坐标轴。这时,移动速度由进给旋钮控制。三轴可以同时移动。

②如果同时按下"RAPID"键,则坐标轴快速移动。

③手轮——选择"JOG"模式,使用手轮坐标选择旋钮。打开要移动的坐标轴,并使用手轮倍率调节旋钮调整要移动的倍率,移动机床各个坐标轴。

(5)MDA模式(手动输入)——"加工"操作区,如图2-2-7所示。

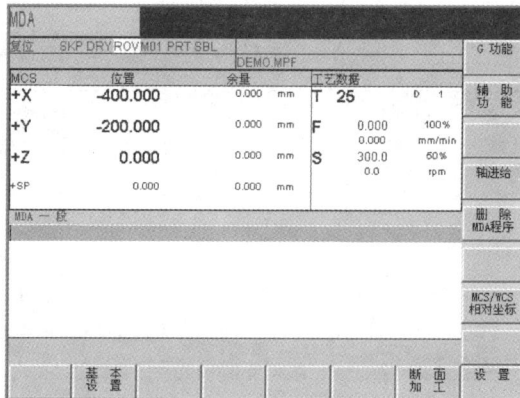

图2-2-7　"MDA"状态图

功能:在"MDA"模式下可以编制一个零件程序段加以执行。

操作步骤:

①选择机床操作面板上的MDA键。

②通过操作面板输入程序段（如：M03 S600）。

③按下循环启动键执行已输入好的程序（注：执行前必须确认机床已返回参考点、程序正确无误）。

2.2.3　XD-40 程序输入、编辑、模拟

（1）程序的输入　按"程序管理操作区域键"，打开"程序"管理器，以列表形式显示零件程序或者循环目录。如图 2-2-8 所示。

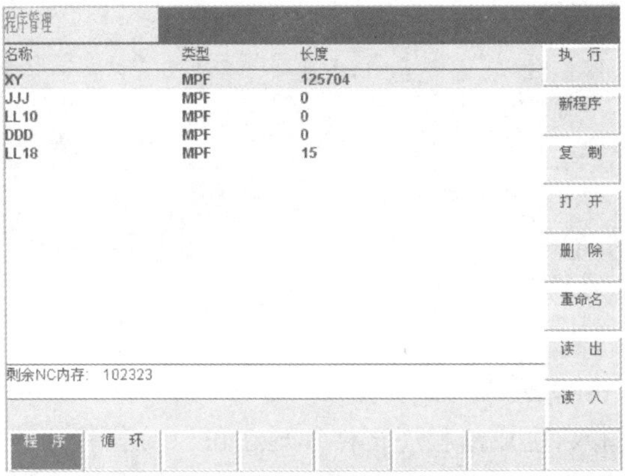

图 2-2-8　程序管理器窗口

在程序目录中用光标键选择零件程序。为了更快地查找到程序，输入程序名的第一个字母，控制系统自动把光标定位到含有该字母的程序前（注：程序名必须以字母开头）。

软键说明：

程序　按程序键显示零件程序目录。

执行　按下此键选择待执行的零件程序。在下次按数控启动键时启动该程序。

新程序　操作此键可以输入新的程序。

复制　操作此键可以把所选择的程序拷贝到另一个程序中。

打开　按此键打开待执行的程序。

删除　用此键可以删除光标定位的程序，并提示对该选择进行确认。按下确认键执行清除功能，按返回键取消并返回。

重命名　操作此键出现一窗口，在此可以更改光标所定位的程序名称。输入新的程序名后按确认键，完成名称更改，用返回键取消此功能。

读出　按此键，通过 RS232 接口对零件程序进行保护。

读入　按此键，通过 RS232 接口装载零件程序。接口的设定请参照"系统"操作区域。零件程序必须以文本的形式进行传送。

循环　按此键显示标准循环目录。只有当用户具有确定的权限时才可以使用此键。

（2）输入新程序，如图 2-2-9 所示。

53

①选择"程序管理"操作区,显示 NC 中已经存在的程序目录。

②按动"新程序"键,出现一对话窗口,在此输入新的主程序和子程序名称。主程序扩展名.MPF 可以自动输入,而子程序扩展名.SPF 必须与文件名一起输入。

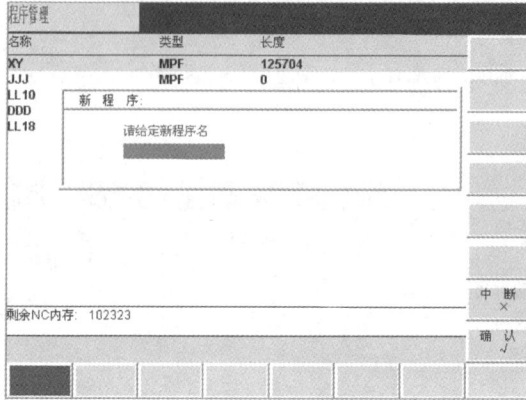

图 2-2-9 新程序输入屏幕格式

③输入新程序名(如:sk01)。

④按"确认"键接收输入,生成新程序文件。现在可以对新程序进行编辑。用"中断"键中断程序的编制,并关闭此窗口。

(3)零件程序的编辑,如图 2-2-10 所示。

①零件程序不处于执行状态时,可以进行编辑。在系统操作面板上输入程序指令。

②在零件程序中进行的任何修改均立即被存储(注:编辑时可采用光标键及翻页键进行查找)。

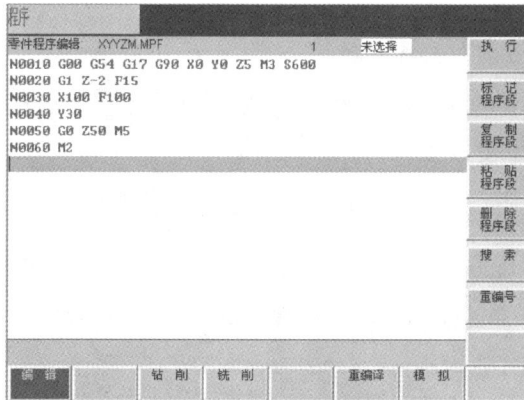

图 2-2-10 程序编辑器窗口

软键说明:

编 辑	程序编辑器。
执 行	使用此键,执行所选择的文件。
标 记 程序段	按此键,选择一个文本程序段,直到当前光标位置。
复 制 程序段	用此键,拷贝一程序段到剪切板。

粘 贴 程序段 用此键,把剪切板上的文本粘贴到当前的光标位置。

删 除 程序段 按此键,删除所选择的文本程序段。

搜 索 用"搜索"键和"搜索下一个"键在所显示的程序中查找一字符串。在输入窗口键入所搜索的字符,按"确认"键启动搜索过程。按"返回"键则不进行搜索,退出窗口。按此键继续搜索所要查询的目标文件。

重编号 使用该功能,替换当前光标位置到程序结束处之间的程序段号。

钻 削 见"钻削应用"。

铣 削 见"铣削应用"。

重编译 在重新编译循环时,把光标移到程序中调用循环的程序段中。使用此功能,译码循环名,并在其屏幕格式中处理相应的参数。如果所设定的参数不在有效范围之内,则该功能会自动进行判别,并且恢复使用原来的缺省值。屏幕格式关闭之后,原来的参数就被所修改的参数取代。(注意:仅仅是自动生成的程序块/程序段才可以重新进行编译)。

(4)程序模拟

①在自动加工模式下,按模拟键进行程序校验(注意:模拟状态下机床应处于锁定状态,PRT 指示灯需打开),进入屏幕显示初始状态。如图 2-2-11。

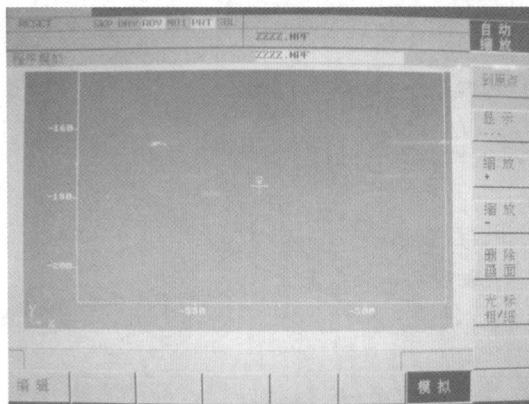

图 2-2-11 模拟初始状态

②按"CYCLESTAR 循环启动"开始模拟所选择的零件程序。

软键说明:

自 动 缩 放 操作此键可以自动缩放所记录的刀具轨迹。

到 原 点 按此键,可以恢复到图形的基准设定。

显 示 ... 按此键,可以显示整个零件。

缩 放 + 按此键,可以放大显示图形。

缩 放 - 按此键,可以缩小显示图形。

删 除 画 面 按此键,可以擦除显示的图形。

光 标粗/细 按此键,可以调整光标的布局大小。

③模拟过程中如果出现报警,则需要检查工件坐标系、刀补值的设定值是否正确,程序的格式是否正确,指令使用是否得当,坐标点计算是否准确,找出问题后可按"复位键"解除报警。

2.3 拓展知识

2.3.1 刀具安装

在数控铣床上使用的刀具主要为铣刀,包括面铣刀、立铣刀、球头铣刀、镗孔刀等,除此以外还有各种孔加工刀具,如钻头(锪钻、铰刀、镗刀等)、丝锥等。

表 2-2-1 数控铣削加工常用刀具

名 称	刀具示意图	用途及特点
中心钻		用途:用于孔加工的预制精确定位,引导麻花钻头进行孔加工,减少加工误差 特点:切削快,排削好
麻花钻		用途:用于孔加工 特点:切削快,排削好
锪孔钻	 A 型、直柄  B 型、锥柄	用途:用于工件圆孔倒棱角或钻 60°、90°、120°的锥孔 特点:可以一次完成孔口倒角加工
丝锥	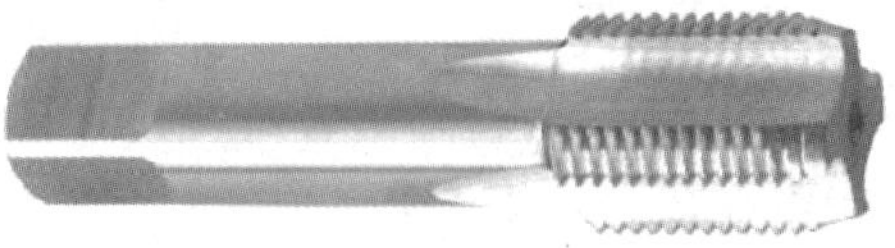	用途:用于加工内螺纹

名 称	刀具示意图	用途及特点
机用铰刀	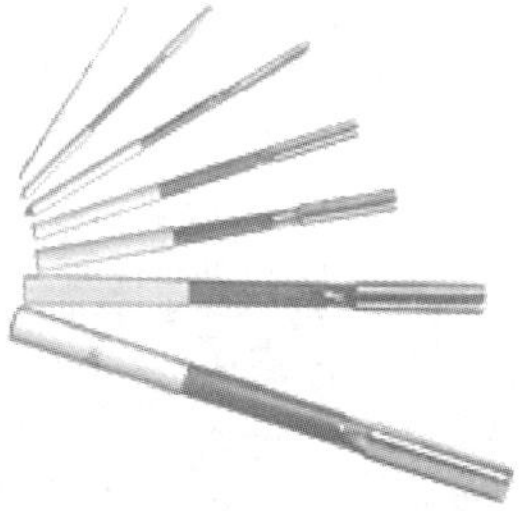	用途:用于铰削已加工孔,提高孔的加工精度及表面质量 特点:齿数多,工作平稳,导向性好
镗刀	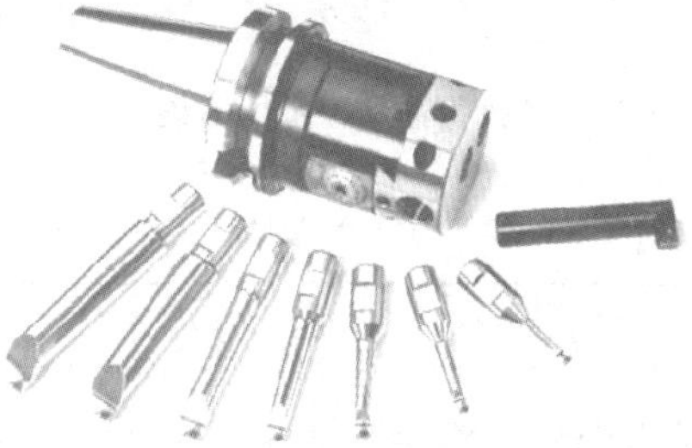	用途:用于对工件上以加工的孔进行精加工,加工孔的范围较大 特点:精度高、位置度好但加工效率较低
立铣刀	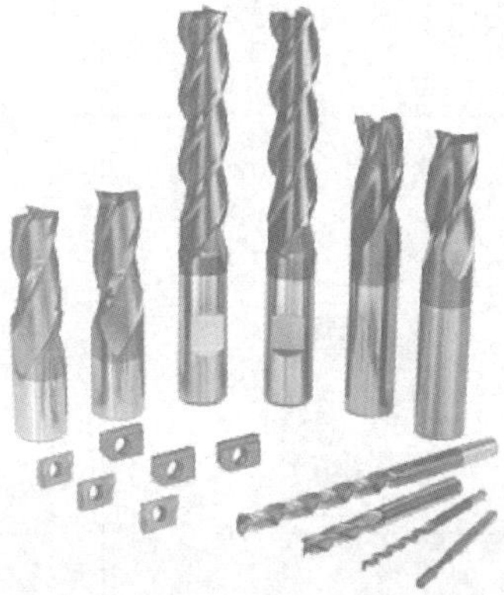	用途:用于加工内、外轮廓 特点:刀具刀刃过中心可垂直下刀
球头铣刀		用途:用于加工复杂曲面及模具型腔
面铣刀		用途:用于平面铣削

数控铣削加工常用刀柄,刀柄和拉钉结构,如图2-2-12所示。

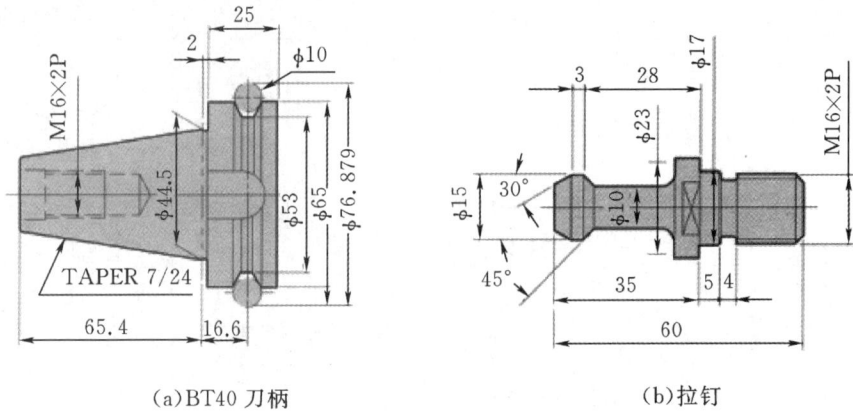

(a)BT40刀柄   (b)拉钉

图2-2-12 数控铣削加工常用刀柄

表2-2-2 刀柄类型

名　称	刀柄示意图	用　途
弹簧夹头刀柄及夹簧		用途:用于安装不同规格的铣削刀具
锥柄钻头刀柄		用途:用于安装莫氏锥度钻头
盘铣刀刀柄		用途:用于安装面铣刀盘
钻夹头刀柄		用途:用于安装直柄钻头

名　称	刀柄示意图	用　途
镗刀刀柄		用途:用于安装镗刀头及镗刀
丝锥刀柄	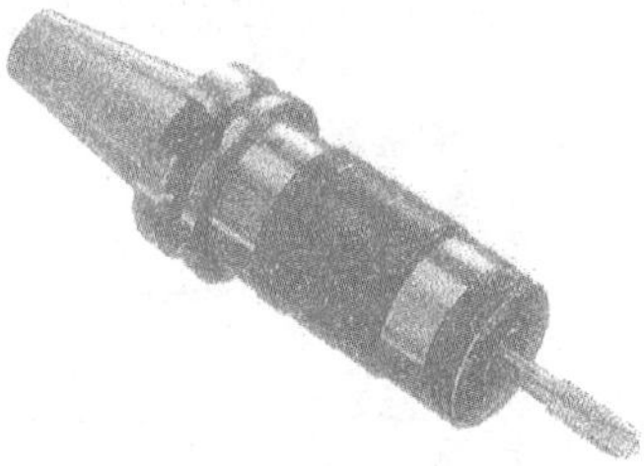	用途:用于安装攻丝刀具

表 2-2-3　数控铣削加工常用辅具

名　称	辅具示意图	用　途
锁刀座及扳手	 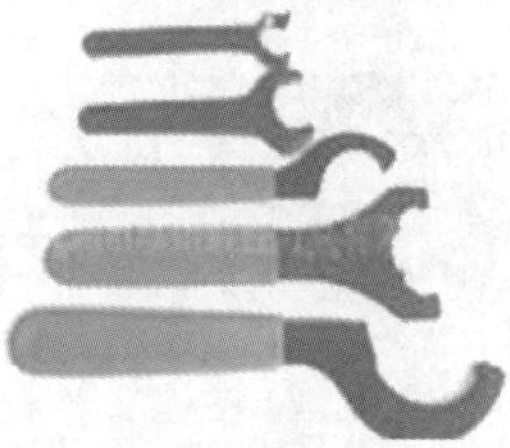	用途:用于刀具系统的安装
寻边器	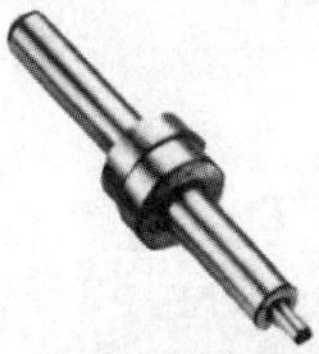 	用途:用于找正工件坐标系 X/Y 轴零点

名　称	辅具示意图	用　途
Z轴设定器		用途:用于精确设定Z轴零点,注意:设定时Z轴设定器标准高度

表 2－2－4　数控铣削加工常用夹具

名　称	夹具示意图	用　途
平口钳	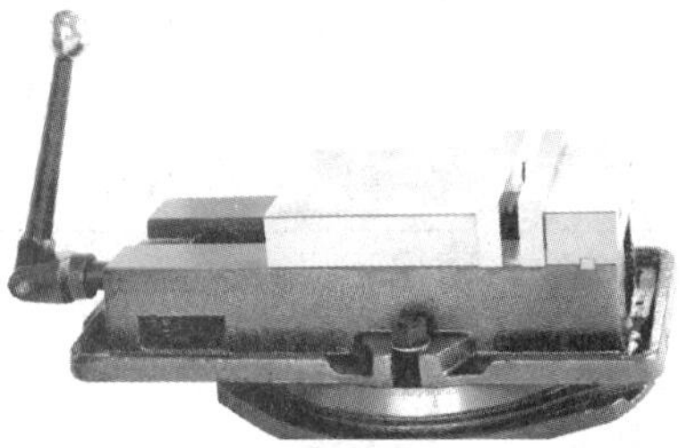	用途:用于装夹规则零件
三爪卡盘	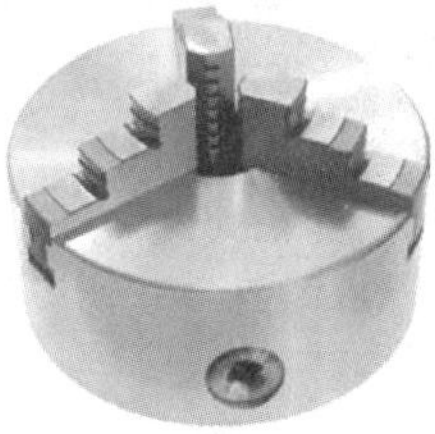	用途:用于装夹回转体零件
组合压板		用途:用于固定夹具及工件

表 2－2－5　刀具安装

名　称	步　骤	示意图
弹簧夹头刀柄	将刀柄放入卸刀座并卡紧	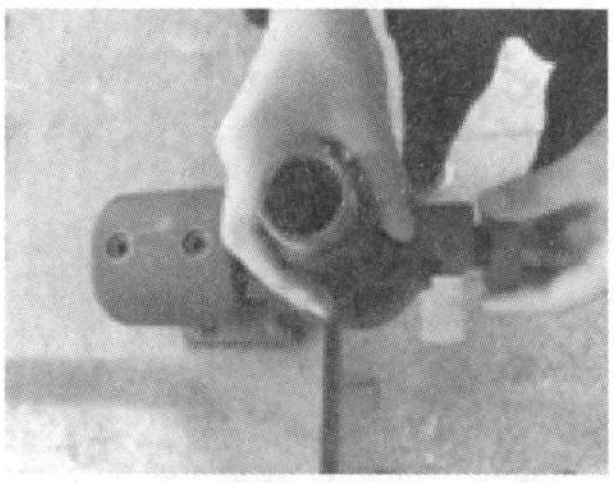
	根据刀具直径尺寸选择相应的卡簧,清洁刀柄及卡簧	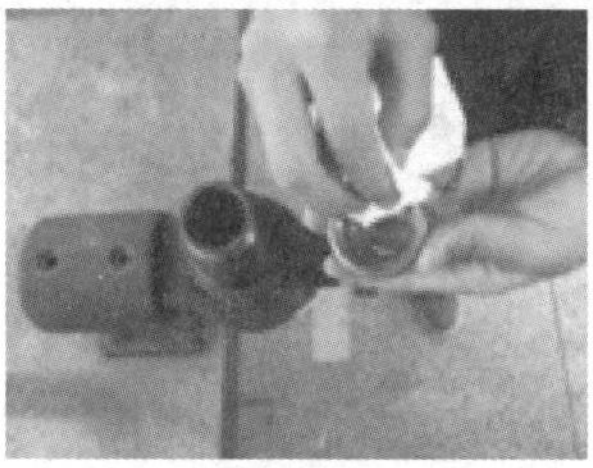
	将卡簧压入锁紧螺母	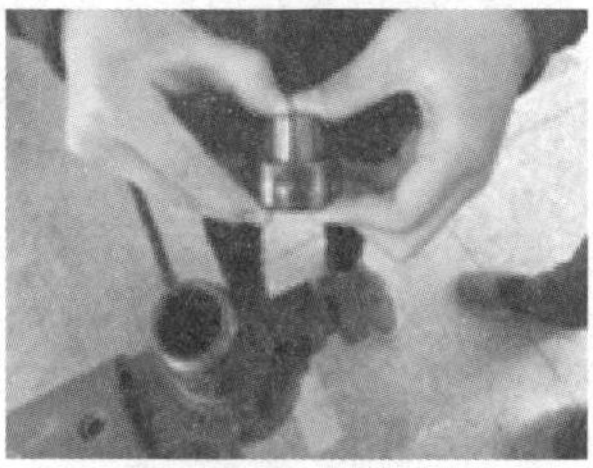
	把卡簧装入刀柄中,并将圆柱柄铣刀装入卡簧孔中,根据加工深度控制铣刀伸出长度,必要使用游标卡尺测量	
	用扳手顺时针锁紧螺母并检查。 (注:当铣刀直径小于 16mm 时,一般可使用普通 ER 弹簧夹头刀柄夹持;当铣刀直径大于 16mm 或切削力很大时,应采用侧固式刀柄、强力弹簧夹头刀柄或者液压夹头刀柄夹持)	

名　称	步　骤	示意图
面铣刀刀柄	将刀柄装入卸刀座	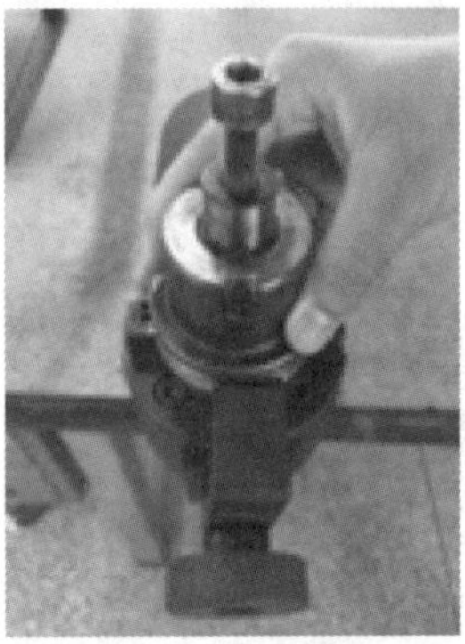
	旋下刀柄端部螺母	
	清洁刀柄和铣刀盘装夹表面	
	将铣刀盘装上刀柄,使铣刀盘的缺口正对刀柄的端面键,旋紧螺母并检查 （注:用于与面铣刀盘配套使用）	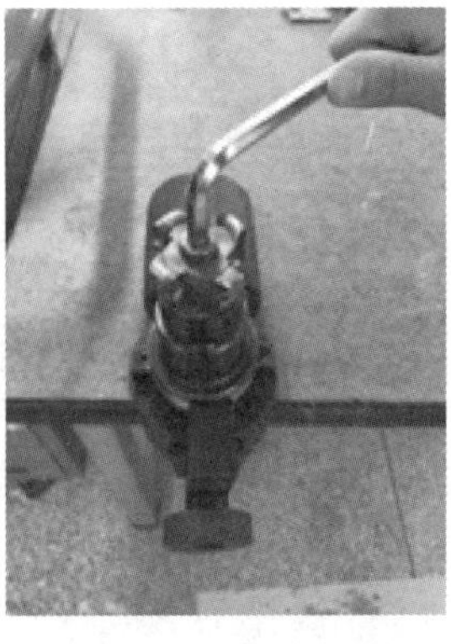

续表 2 - 2 - 5

名 称	步 骤	示意图
钻夹头刀柄	将刀柄装入卸刀座	
	旋开夹头,清洁刀柄和钻头装夹表面。使钻头可装入	
	将钻头放入夹头,旋紧夹头并检查 (注:钻夹头刀柄有整体式和分离式两种,用于装夹直径在 13mm 以下的中心钻、直柄麻花钻等刀具)	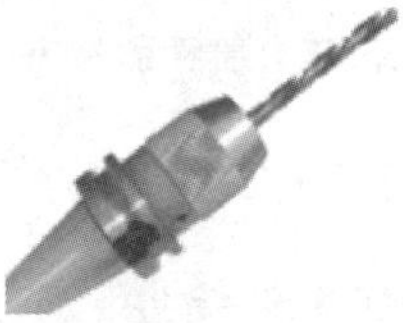

表 2 - 2 - 6 手动换刀

名 称	步 骤	示意图
手动装刀	确认刀具和刀柄的重量不超过机床规定的最大许用重量	
	清洁刀柄锥面和主轴锥孔,主轴锥孔可使用主轴专用清洁棒擦拭干净	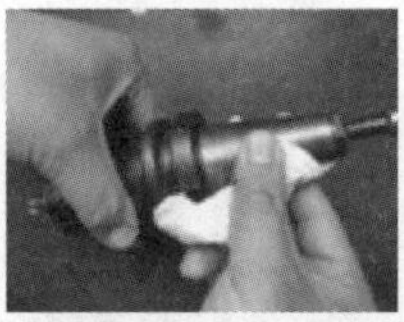
	左手握住刀柄,将刀柄的缺口对准主轴端面键,垂直伸入到主轴内,不可倾斜	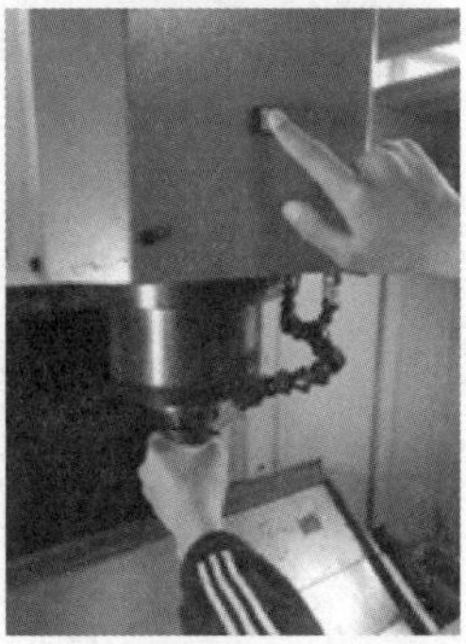
	右手按换刀按钮,压缩空气从主轴内吹出以清洁主轴和刀柄,按住此按钮,直到刀柄锥面与主轴锥孔完全贴合,放开按钮,刀柄即被拉紧	
	确认刀具确实被拉紧后才能松手	

名　称	步　骤	示意图
手动卸刀	先用左手握住刀柄	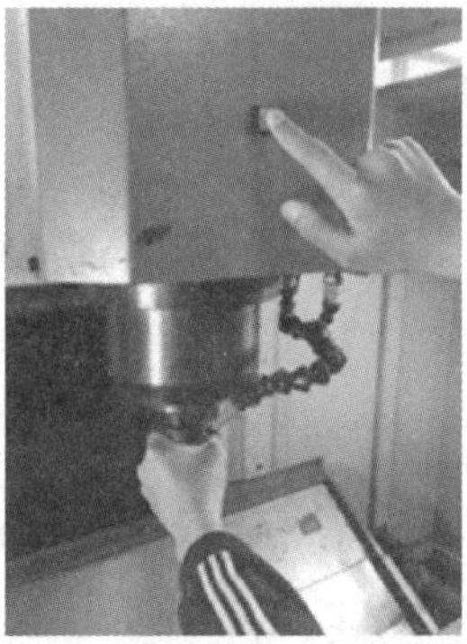
	用右手按换刀按钮(否则刀具从主轴内掉下会损坏刀具、工件和夹具等)	
	取下刀柄 (注:卸刀柄时,必须要有足够的动作空间,刀柄不能与工作台上的工件、夹具发生干涉)	

注意事项:①卸刀柄时,必须要有足够的动作空间,刀柄不能与工作台上的工件、夹具发生干涉;

②换刀过程中严禁主轴运转;

③安装过程中,注意刀具割手;

④刀柄与锥孔一定要保持干净;

⑤安装过程中一定要防止刀具跌落;

⑥刀具安装后,要习惯性的检查并确保刀具安装牢固。

2.3.2　工件安装

1. 数控铣床零件装夹

在数控铣床加工工件时,通常采用通用夹具(平口钳、三爪、压板等)。在选择夹具时要考虑各种因素,尽量采用工艺合理、方便装夹、经济型的夹具。下面以平口钳为例来讲解工件在夹具上的安装步骤。

表 2-2-7　采用平口钳装夹工件

名　称	操作步骤	示意图
采用平口钳装夹工件	清洁机床工作台和虎钳安装表面	
	将虎钳放置在工作台中间位置,钳口与 X 方向大致平行,稍微拧紧锁紧螺母	

名　称	操作步骤	示意图
采用平口钳装夹工件	将百分表吸附主轴上，调整表头靠近钳口 采用手摇脉冲操作方式，沿 Y 方向移动工作台，并使百分表接触钳口，指针转动两圈左右 沿 X 方向移动工作台，观察指针的跳动，调整虎钳位置，使钳口的跳动控制在 0.01mm 之内。	
	将虎钳紧固在工作台上	
	张开虎钳，使钳口略大于工件宽度，清洁钳口和工件表面，将工件放入钳口中，工件基准面与钳口贴紧	
	转动虎钳手柄夹紧工件，同时用铜棒轻微敲击工件，使其与钳口表面贴实	
	用百分表检查工件是否上翘	
	取下百分表	

（2）百分表与杠杆表的安装与使用，如图 2-2-13 所示。

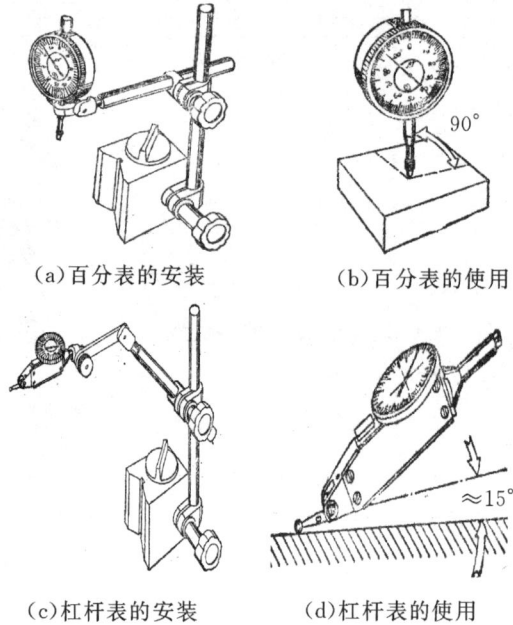

（a）百分表的安装　　　　　（b）百分表的使用

（c）杠杆表的安装　　　　　（d）杠杆表的使用

图 2-2-13　百分表与杠杆表的安装与使用

2. 注意事项

①注意虎钳底面毛刺或凸起要修平，否则影响零件 Z 向平行度。

②紧固螺钉不要伸出太长。

③百分表使用时一定要小心，避免磕、碰、摔。

④零件高出钳口距离要大于每次吃刀深度。

⑤加紧力要保证零件加工过程中零件不发生位移。

⑥注意不要夹伤零件。

2.3.3　刀具预调仪

刀具预调仪又称对刀仪，是一种可预先调整和测量刀尖直径、装夹长度，并能将刀具数据输入加工中心 NC 程序的测量装置。

刀具预调仪系列产品适用于测量数控机床（包括加工中心和柔性制造单元等）上所使用的镗铣类刀具及车刀类刀具切削刃的精确坐标位置，并能检查刀具的刃口质量，测量刀尖角度，圆弧半径及盘类刀具的径向跳动等。仪器的 X 向、Z 向或 Y 向坐标测量系统采用光栅数显读数。数显表具有公、英制转换及刀具半径与直径自动转换功能，并备有 RS 232 接口，配备打印机或使用微机进行数据处理、储存、CRT 显示及与 CNC 系统联机通讯。仪器精密轴系的锥孔锥度为 7:24，适用于安装 ISO40、45、50 的各种刀柄。

（1）使用范围

①可用于测量刀具的直径、长度、圆弧半径、夹角、主偏角、负偏角、跳动、切削刃、记忆与比较、相对坐标测量及合并刀具二维图像。

②适用于测量各类铣刀、镗刀、钻头、螺纹工具、复合刀具以及非标刀具等。

图 2-2-14 刀具预调仪

（2）技术参数

直径:320mm 或 420mm。

高度:400mm 或 500mm 或 600mm。

测量尺寸可根据实际要求任意组合,所有测量范围度包含了额外的 50mm 过主轴中心量程。

总长度:748mm(30)。

宽度:527mm(21)。

高度:890mm(35)w/400mm－Z 轴。

　　　1115mm(44)w/600mm－Z 轴。

平均装箱重量约为:234kg(515lbs)。

（3）工作条件

电源:220V±5％ 50Hz。

气源:0.4~0.6MPa。

温度:－10~ 40℃(建议)。

湿度:≤90％(建议)。

（4）开机启动

①打开显示器;

②打开设备,电源开关位于电源插头的上方;

③在电源打开后屏幕上将显示 Parlec 标识;

④屏幕提示移动 X 轴;

⑤移动 X 轴直到显示器提示变化为移动 Z 轴;

⑥移动 Z 轴直到提示消失。随着位置的改变,窗口显示实际测量值。

（5）使用和操作

1）预调

①把擦拭干净的基准块垂直装入主轴锥孔中;

②调整测量镜头进行基准校正,当零规顶端的影像接近投影屏的中心位置时停止;

③旋转基准块调整到相机聚焦最高点,点选校正基准并保存。如图2—2—15所示。

2)测量

①将两滑架移出测量位置,取出基准块,换上变径套并记清变径套Z值尺寸;

②新建基准输入Z轴数据并保存;

③调用新建基准擦拭并放垂直入被测刀具进入测量菜单,点选测量方式;。

④调整测量镜头;

⑤旋转刀具调整到相机聚焦最高点 点选数据保存;如图2-2-15所示。

⑥打印测量数据粘贴在被测刀具上。

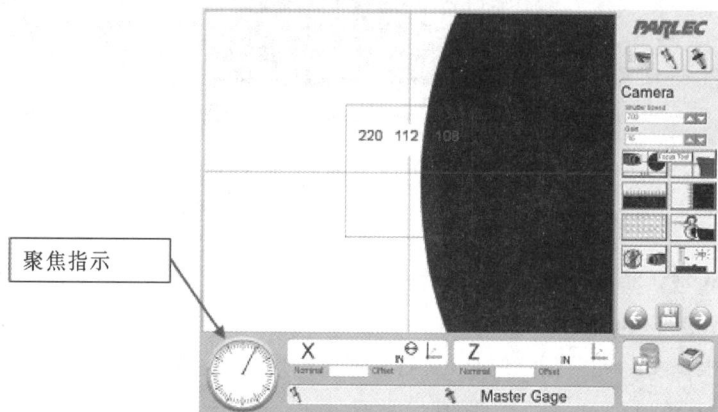

图2-2-15　图相机聚焦

(6)日常保养

①校准零点。推荐每天至少校正基准零点一次,如果在当天有显著温度变化的环境内,有必要进行多次校正。

②水门阀。如果你的设备选配了气动拉紧或微调系统,需要检查一下气阀,必要时将水排出。

(7)月度保养

①棱镜的清洁。推荐最少每月清洁一次。不干净的镜头将会影响测量精度和重复测量精度。可以使用无尘布或镜面擦拭纸来清洁,不需要拆卸棱镜。

②系统升级。建议定期更新Windows系统以保证软件和设备驱动的稳定性。

③机器检测。检查主轴的跳动,立柱的平行度和相机水平度,清洁折叠带和光栅条。

2.3.4　对刀建立工件坐标系

(1)对刀概念及工具　工件坐标系原点亦称编程零点。对于在数控铣床上加工的具体工件来说,必须通过一定的方法把工件坐标系原点(实际上是工件坐标系原点所在的机床坐标值)体现出来,这个过程称为对刀。对刀的准确性直接影响到零件的加工精度。因此所采用的对刀方法要和零件的加工精度相适应。对刀的方法有试切法对刀和辅助工具对刀两种,试切法对刀是利用铣刀与工件相接触产生切屑或摩擦声来找到工件坐标系原点的机床坐标值,它适用于工件侧面要求不高的场合;对于模具或表面要求较高的工件时须采用工具对刀,通常选用偏心式寻边器或光电式寻边器进行X、Y轴零点的确定,利用Z轴设定器进行Z轴零点的确定。光电式寻边器比偏心式寻边器适用于更高精度的场合。

①寻边器。寻边器主要用于精加工确定工件坐标系原点在机床坐标系的 X、Y 值。寻边器主要有偏心式和光电式两种。下面就两种寻边器的用法介绍,如图 2-2-16。

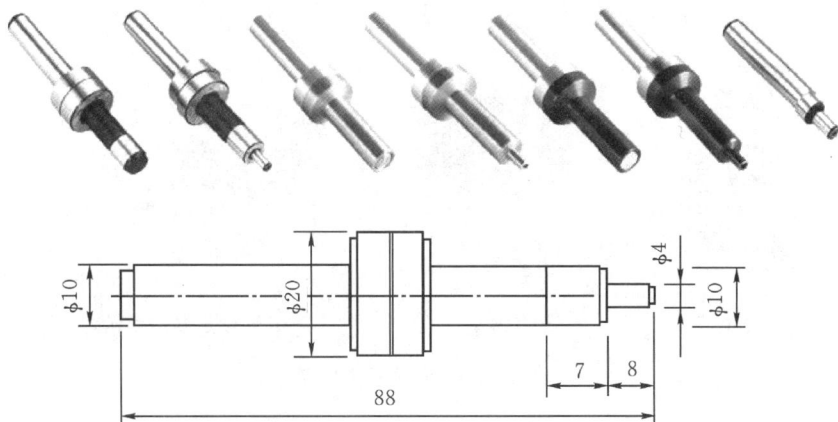

图 2-2-16 偏心式寻边器

1)偏心式。偏心式寻边器由测头部分和夹持部分组成,一般夹持部分直径为 10 mm。使用时将 φ10 mm 的直柄安装在铣削刀柄上,然后用手指轻压测头部分使其与夹持部分偏心并使其以 400~600 rmp 的转速旋转。使测头部分与加工件的端面相接触,一点一点的触碰移动,就会达到全接触状态,测头部分上下同心不会震动,宛如静止的状态接触着。如图2-2-17 所示。

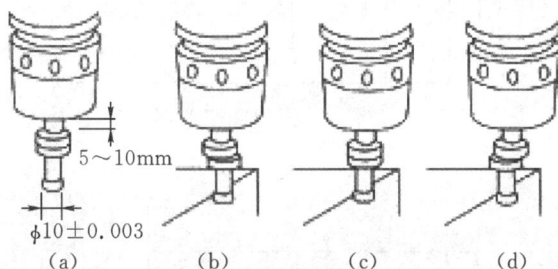

图 2-2-17 偏心式寻边器对刀示意图

2)光电式。光电式寻边器由测头部分和夹持部分组成,不需要回转测量。一般光电式寻边器的测头为 SR10mm 的钢球。使用时使测头接触到工件,电路导通发出光信号及蜂鸣声。如图 2-2-18 所示。

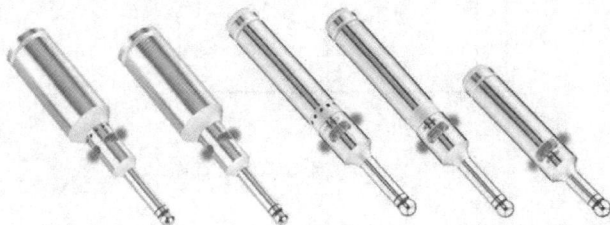

图 2-2-18 光电式寻边器

②Z轴设定器,如图2-2-19所示。Z轴设定器有光电式和指针式两种。主要用于确定工件坐标系原点在机床坐标系Z轴的坐标值。其自身高度一般为50mm或100mm。

(a)光电式　　　　　　　(b)指针式　　　　(c)Z轴设定器使用示意图

图2-2-19　Z轴设定器

(2)对刀操作　数控铣床的对刀操作主要包括基准刀具的对刀和各个加工刀具的对刀。对刀时先对基准刀具,然后分别测出其他加工刀具与基准刀具之间的长度差、半径差等。一般在对刀时如果只有一把刀具进行加工,则只对这把刀具进行对刀,并把所得数据存入机床刀具偏置数据库及零点偏置数据库。下面讲解对刀操作步骤。

正确选用对刀工具,对图2-2-20所示零件进行对刀。

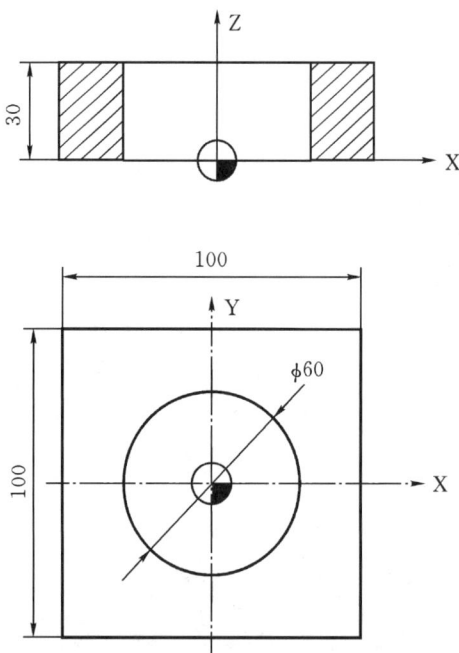

图2-2-20　对刀零件示意图

①试切法对刀。在工件装夹好以后,将机床控制面板上的方式选择开关点选到"MDA方式",按"加工操作区域键"屏幕显示MDA窗口(图2-2-21)。输入主轴旋转指令和主轴转速

（M03 S600），按"循环启动键"，主轴启动。

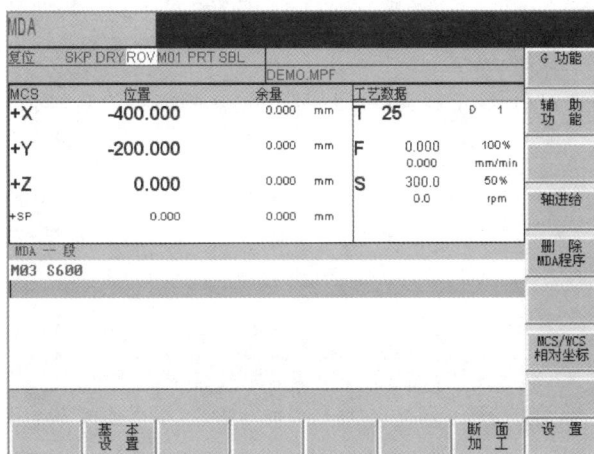

图 2-2-21 MDA 窗口

按"参数操作区域键"，在补偿窗口按"刀具表"软键，在这里设置刀具半径补偿值。如图 2-2-22 所示（注意：设定的刀具数据必须和所对刀的刀具或寻边器半径值相同）。

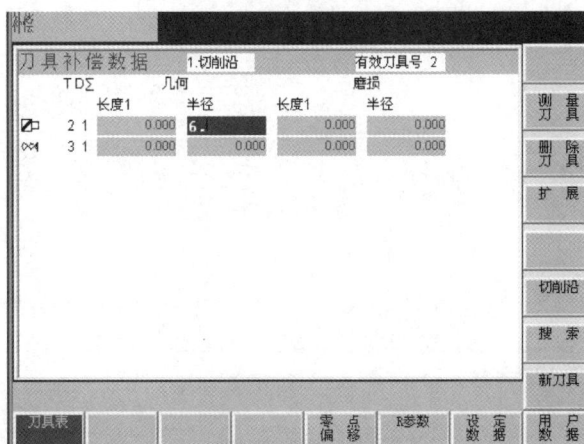

图 2-2-22 "刀具表"窗口

设定工件坐标系（注意：设定前应检查"基本"内所有数据为 0）。

将方式选择开关点选到手动方式，按"参数操作区域键"，在零件偏移窗口（如图 2-2-23）按"零点偏移"软键，在这里可以设置 G54 到 G59 的值。按"测量工件"软键，显示屏显示出"测量工件"窗口。

或者，将方式选择开点选到手动方式，按"加工操作区域键"，按"测量工件"软键，也可以显示出"工件测量"窗口。如图 2-2-24 所示。

打开手轮盒上的开关，并选择要移动的轴，然后调整手轮倍率 100、10 或 1 使刀具靠近工件，并于工件发生微量切削（注意：刀具接近工件时手轮倍率应置 1）。如图 2-2-25 所示。

设置对刀参数，"存储在"选择将要设置的工件坐标系，"方向"选择刀具与工件的位置关系，"设置位置到"输入刀具距离工件原点的长度，按软键"计算"，计算结果将显示在"偏置"里，

图 2 - 2 - 23 "零件偏移"窗口

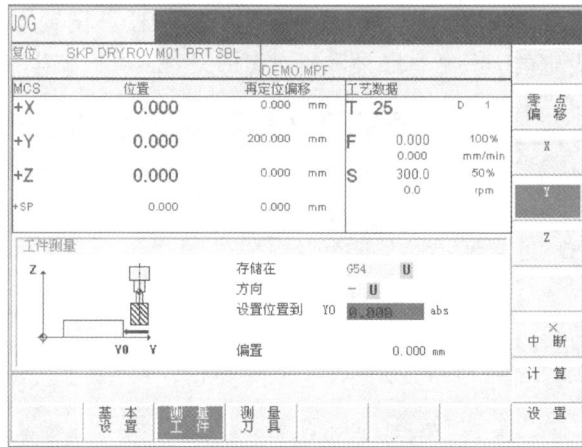

图 2 - 2 - 24 "测量工件"窗口

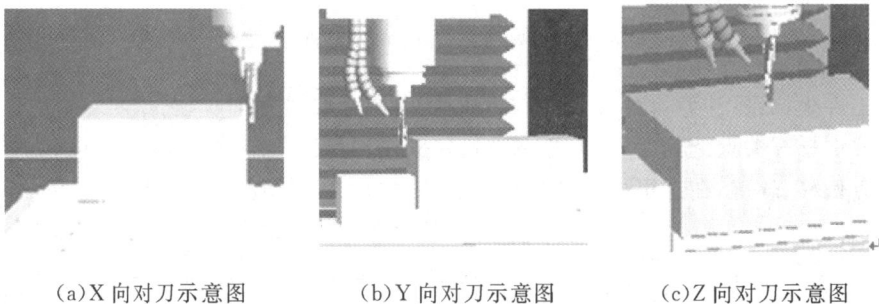

(a)X 向对刀示意图　　　　(b)Y 向对刀示意图　　　　(c)Z 向对刀示意图

图 2 - 2 - 25 对刀示意图

并存储在零点偏置数据库。分别确定工件坐标系 X、Y、Z 方向的坐标零点并存储。

数据设定完毕,在手动方式或手轮方式使刀具退出工件上表面(+Z 向),按复位键停止主轴转动。

②用百分表找正工件中心，如图 2-2-26 所示，在工件装夹好以后，将磁力表座固定在机床主轴上。然后依次调整机床各个坐标轴使百分表接近被找正孔的表面，用手旋转磁力表架观察百分表指针跳动情况。慢慢调整 X、Y 轴的位置，使指针跳动量在允许的公差范围内（一般为 0.01~0.02 mm 内）。此时记下机床坐标系中的 X、Y 值，并将其存入到机床零点偏置数据库。如图 2-2-27 所示。

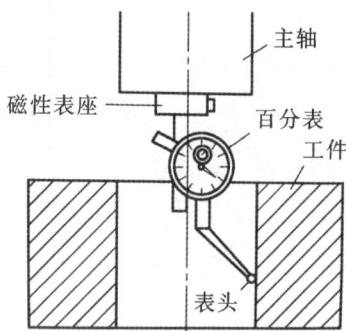

图 2-2-26　百分表找正

图 2-2-27　"零点偏置"窗口

③偏心式寻边器找正工件中心，如图 2-2-28 所示，将机床控制面板上的方式选择开关点选到"MDA 方式"，按"加工操作区域键"屏幕显示 MDA 窗口。输入主轴旋转指令和主轴转速（M03 S400），按"循环启动键"，主轴启动。

使用手轮依次移动机床各个坐标轴，使寻边器移动到工件右侧或左侧上方。然后移动 Z 轴让寻边器下移，最后缓慢移动 X 轴使寻边器测头部分与加工件的端面相接触，并达到全接触状态。此时记录下机床坐标系中的 X 值（如 X 右-300.100）。移动 X 轴让寻边器离开工件表面，用同样的方法测出相对表面的坐标值（如 X 左-150.100）。则 X 轴工件坐标系零点数据为工件对称中心。X 坐标值为 X=[(-300.1)+(-150.1)]/2，将所计算得到的数据存入到机床零点偏置数据库。

使用相同方法,记下工件 Y 轴的前、后侧面的实际坐标值(如:Y 前−200.300,Y 后−400.300)。Y 坐标值为 Y＝[(−200.3)＋(−400.3)]/2,将所计算得到的数据存入到机床零点偏置数据库。

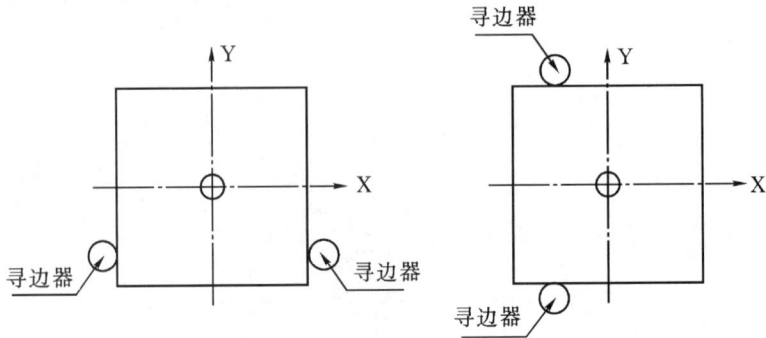

图 2-2-28　寻边器找正工件中心

④Z 轴对刀,如图 2-2-29 所示,将 Z 轴设定器放置在工件上表面上,使用手轮移动机床 Z 轴让刀具靠近 Z 轴设定器上方。调整手轮倍率为 1,慢慢移动 Z 轴使刀具接触 Z 轴设定器,直至设定器表盘指针指到零位。记下此时机床坐标系中的 Z 值(如−230.500)。如果 Z 轴设定器自身高度为 100mm,则工件坐标系 Z 零点为:Z＝−230.500−100。

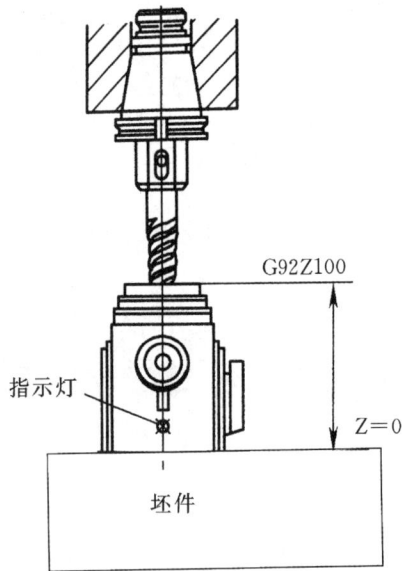

图 2-2-29　Z 轴设定器对刀

2.3.5　自动加工与测量

程序模拟如果没有错误,并且在设置好加工程序相应的工件坐标系及刀具补偿值后,检查切削用量值是否合适,便可执行自动加工。首次执行加工程序使用单一程序段执行,并将机床倍率开关调整到合适的位置才可以进行加工。

（1）将机床控制面板上的方式选择开关点选到自动运行方式，在"程序管理操作区域"把光标移动到被加工程序名下，按"执行"软键。屏幕进入加工操作区域，显示"AUTOMATIC"窗口，包含机床位置、主轴值、刀具值以及当前的程序段等内容。如图 2-2-30 所示。

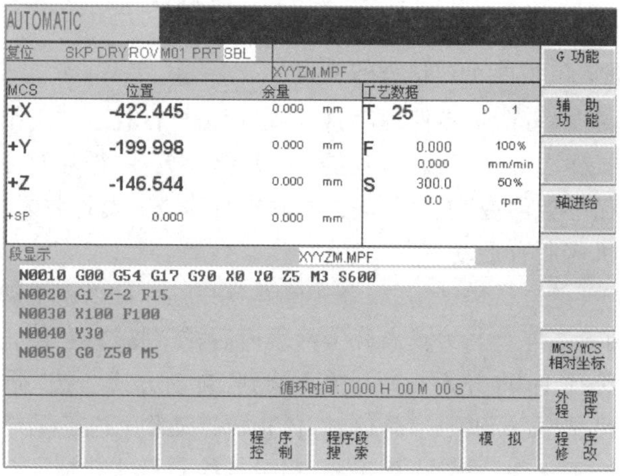

图 2-2-30 "自动方式"窗口

（2）如果需要确定程序运行状态，可以扫"程序控制"软件。如图 2-2-31 所示。

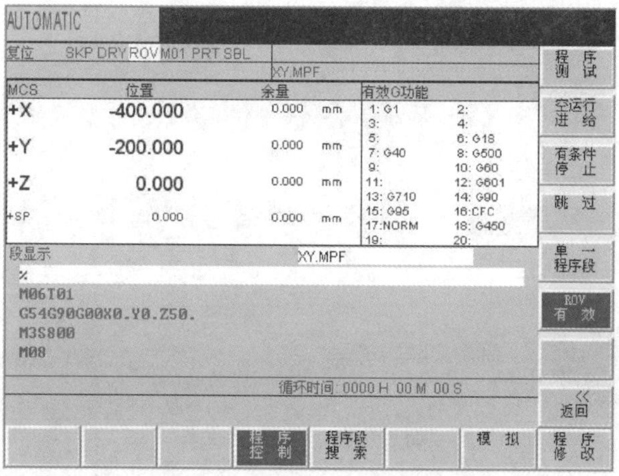

图 2-2-31 "程序控制"窗口

软键说明：

程序控制 按此键显示所有用于选择控制方式的软键（如程序段跳跃，程序测试）。

程序测试 在程序测试方式下所有到进给轴和主轴的给定值被禁止输出，此时给定值区域显示当前运行数值。

空运行进给 进给轴以空运行设定数据中的设定参数运行，执行空运行进给时编程指令无效。

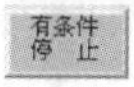

有条件停止 程序在执行到有 M01 指令的程序段时停止运行。

跳过 前面有斜线标志的程序段在程序运行时跳过不予执行。

【单段程序段】 此功能生效时零件程序按如下方式逐段解码,在程序段结束时有一暂停,但在没有空运行进给的螺纹程序段时为一例外,在此只有螺纹程序段运行结束后才会产生一暂停。单段功能只有处于程序复位状态时才可以选择。

【ROV 有效】 按快速修调键,修调开关对于快速进给也生效。

【返回】 按退出键退出当前正在执行的窗口。

(3)按"循环启动键"执行所选零件程序,程序将自动执行直至加工结束。

(4)加工过程中,操作者应观察整个切削过程,手指要放在"循环暂停键"上,如果在加工过程中出现问题,可按"循环暂停键"停止切削进给并进行检查。对即将发生的危险情况,要果断按下"急停键"以关闭机床所有运动。

(5)"中断"之后的再定位。程序用"循环暂停键"中断后,可以用手动方式从加工轮廓沿 Z 轴正向退出刀具,主轴不能停。当刀具离开工件表面后,按"复位键"停止机床动作并进行修改程序或参数。若想继续加工,将方式选择开关点选到"自动方式",按"循环启动键"继续加工。(注:如遇到紧急情况可按"复位键"或"急停键"停止机床动作)。

(6)加工完毕,应卸下工件,去除表面毛刺,用量具检验尺寸和精度。

(7)加工结束后,要根据零件图纸要求选用合适的量具进行测量,记录下加工实际尺寸。

(8)也可以不卸下工件,用特殊的方法结合通用量具进行在线测量。

(9)对加工过程的数据,填写加工报告单(包括加工程序、切削用量、加工尺寸等),备份数据。

第3章 铣床铣削典型零件加工

3.1 任务描述

使用铣床加工图 2-3-1 所示零件。

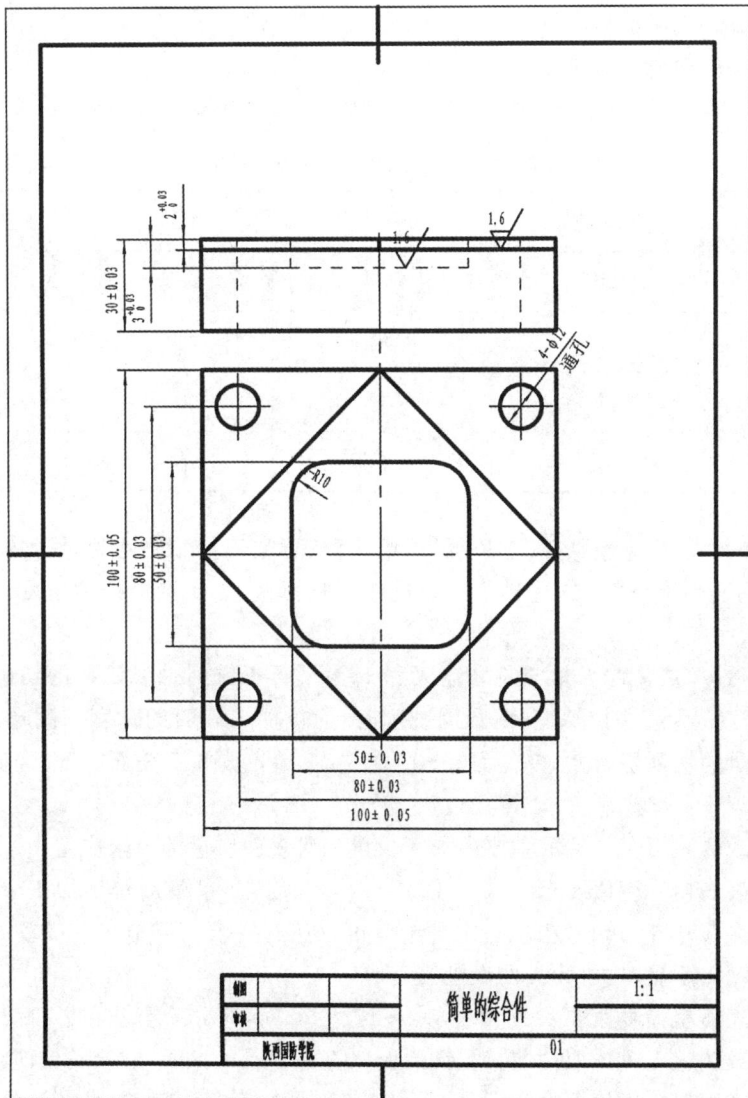

图 2-3-1 零件图

3.2 相关知识

1.零件图样的工艺分析

该工件主要尺寸为 30 ± 0.03mm、50 ± 0.03mm、$2^{+0.03}_{0}$mm 和 $3^{+0.03}_{0}$mm,其余尺寸为未注尺寸,公差要求尺寸比较好控制。加工过程中 $2^{+0.03}_{0}$mm 和 $3^{+0.03}_{0}$mm 尺寸较难控制,需采用粗、精加工来保证。总体加工过程是先铣 100×100 的正方形,保证加工精度;再加工 50×50 的正方形,保证加工精度;再加工菱形;然后钻 $4-\phi12$ 的孔,最后打毛刺。

2.零件装夹方案的确定

零件加工特点:该零件加工形状比较简单,对刀比较容易。装夹时,采用平口钳装夹,工件外露钳口高度应大于加工高度。

3.刀具与切削用量的选择

铣床所用的刀具多采用高速钢和硬质合金刀具。刀具参数请参阅有关手册及产品样本。

表 2 - 3 - 1　常用刀具材料的性能比较

刀具材料	切削速度	耐磨性	硬度	硬度随温度变化
高速钢	最低	最差	最低	最大
硬质合金	低	差	低	大
陶瓷刀片	中	中	中	中
金刚石	高	好	高	小

铣削加工的切削用量包括:切削速度、进给速度、背吃刀量和侧吃刀量。从刀具耐用度出发,切削用量的选择方法是:先选择背吃刀量或侧吃刀量,其次选择进给速度,最后确定切削速度。

(1)背吃刀量 a_p 或侧吃刀量 a_e　背吃刀量 a_p 为平行于铣刀轴线测量的切削层尺寸,单位为 mm。端铣时,a_p 为切削层深度;而圆周铣削时,为被加工表面的宽度。侧吃刀量 a_e 为垂直于铣刀轴线测量的切削层尺寸,单位为 mm。端铣时,a_e 为被加工表面宽度;而圆周铣削时,a_e 为切削层深度。

背吃刀量或侧吃刀量的选取主要由加工余量和对表面质量的要求决定:

①当工件表面粗糙度值要求为 $R_a=12.5\sim25\mu m$ 时,如果圆周铣削加工余量小于 5mm,端面铣削加工余量小于 6mm,粗铣一次进给就可以达到要求。但是在余量较大,工艺系统刚性较差或机床动力不足时,可分为两次进给完成。

②当工件表面粗糙度值要求为 $R_a=3.2\sim12.5\mu m$ 时,应分为粗铣和半精铣两步进行。粗铣时背吃刀量或侧吃刀量选取同前。粗铣后留 $0.5\sim1.0$mm 余量,在半精铣时切除。

③当工件表面粗糙度值要求为 $R_a=0.8\sim3.2\mu m$ 时,应分为粗铣、半精铣、精铣三步进行。半精铣时背吃刀量或侧吃刀量取 $1.5\sim2$mm;精铣时,圆周铣侧吃刀量取 $0.3\sim0.5$mm,面铣刀背吃刀量取 $0.5\sim1$mm。

（2）进给量 f 与进给速度 V_f 的选择　铣削加工的进给量 f（mm/r）是指刀具转一周，工件与刀具沿进给运动方向的相对位移量；进给速度 V_f（mm/min）是单位时间内工件与铣刀沿进给方向的相对位移量。进给速度与进给量的关系为 $V_f = nf$（n 为铣刀转速，单位 r/min）。进给量与进给速度是数控铣床加工切削用量中的重要参数，根据零件的表面粗糙度、加工精度要求、刀具及工件材料等因素，参考切削用量手册选取或通过选取每齿进给量 f_z，再根据公式 $f = Zf_z$（Z 为铣刀齿数）计算。

每齿进给量 f_z 的选取主要依据工件材料的力学性能、刀具材料、工件表面粗糙度等因素。工件材料强度和硬度越高，f_z 越小；反之则越大。硬质合金铣刀的每齿进给量高于同类高速钢铣刀。工件表面粗糙度要求越高，f_z 就越小。每齿进给量的确定可参考表选取。工件刚性差或刀具强度低时，应取较小值。

表 2 - 3 - 2　铣刀每齿进给量参考值

工件材料	f_z/mm			
	粗铣		精铣	
	高速钢铣刀	硬质合金铣刀	高速钢铣刀	硬质合金铣刀
钢	0.10～0.15	0.10～0.25	0.02～0.05	0.10～0.15
铸铁	0.12～0.20	0.15～0.30		

（3）切削速度 V_c　铣削的切削速度 V_c 与刀具的耐用度、每齿进给量、背吃刀量、侧吃刀量以及铣刀齿数成反比，而与铣刀直径成正比。其原因是当 f_z、a_p、a_e 和 Z 增大时，刀刃负荷增加，而且同时工作的齿数也增多，使切削热增加，刀具磨损加快，从而限制了切削速度的提高。为提高刀具耐用度，允许使用较低的切削速度。但是加大铣刀直径则可改善散热条件，可以提高切削速度。

铣削加工的切削速度 V_c 可参考表选取，也可参考有关切削用量手册中的经验公式通过计算选取。

表 2 - 3 - 3　铣削加工的切削速度参考值

工件材料	硬度（HBS）	V_c/(m.min)	
		高速钢铣刀	硬质合金铣刀
钢	<225	18～42	66～150
	225～325	12～36	54～120
	325～425	6～21	36～75
铸铁	<190	21～36	66～150
	190～260	9～18	45～90
	260～320	4.5～10	21～30

4. 拟定加工工序卡片

加工工序			刀具与切削参数					备注
工序号	工步号	工步内容	刀号	半径补偿号	刀量具名称规格/mm	主轴转速/(r/min)	进给速度(mm/min)	
5	5	铣上表面	T01		ϕ12 键槽铣刀	1200	300	
10	5	铣下表面	T01		ϕ12 键槽铣刀	1200	300	
15	5	铣 50×50 的正方形	T01	D01	ϕ12 键槽铣刀	1000	100	
	10	铣菱形	T01	D01	ϕ12 键槽铣刀	1000	100	
	15	钻中心孔	T02		ϕ3.5 中心	800	40	
	20	钻 ϕ12 通孔	T03		ϕ12 钻头	600	30	
20	5	打毛刺						

5. 刀具、附具和量具清单

类别	序号	名称	规格	数量	备注
夹具	1	精密平口钳及扳手	200mm×50mm	1 台	
刀具	2	键槽铣刀	ϕ12mm	1 把	
	3	中心钻	ϕ3.5mm	1 把	
	4	钻头	ϕ12mm	1 把	
刀柄	5	钻夹头铣刀柄	BT40－KPU－16	1 把	
	6	弹簧夹头刀柄	BT40－ER32－100	1 把	
工具	7	弹簧夹头	ϕ12mm	1 个	
	8	什锦锉刀		1 把	
	9	木榔头		1 把	
	10	等高垫铁	30mm×30mm×150mm	2 块	
量具	11	数显游标卡尺	0～150mm	1 把	

3.3 任务实施

3.3.1 选择机床

选择 XD－40 铣床。

3.3.2 数控铣床程序的输入

加工程序

(1)铣 50×50 的方

SK001	程序名
N100 G0 G90 G17	
N110 G00 G90 G54 X0. Y0. M03 S1000	快速定位到 X0 Y0
N120 G00 Z20	快速定位到 Z20
N130 G01 Z-3 F50	刀具切入工件 3mm
N140 G01 G41 D01 X25 Y0 F100	刀具左补偿
N150 G01 X25 Y15	
N160 G03 X15 Y25 CR=10	
N170 G01 X-15 Y25	
N180 G03 X-25 Y15 CR=10	
N190 G01 X-25 Y-15	
N200 G03 X-15 Y-25 CR=10	
N210 G01 X15 Y-25	
N220 G03 X25 Y-15 CR=10	
N230 G01 X25 Y10	刀具切出工件
N240 G01 Z20	抬刀
N250 G40 X0 Y0	取消刀补
N260 G00 Z150	
N270 M05	主轴停止
N280 M02	程序结束

(2)铣菱形

SK002	程序名
N100 G0 G90 G17	
N110 G00 G90 G54 X0. Y0. M03 S1000	快速定位到 X0 Y0
N120G00 Z20.	快速定位到 Z20
N140 G00 G41 D01 X-10 Y-60	刀具左补偿
N150 G01 Z-2 F50	刀具切入工件 2mm
N160 G03 X0 Y-50 CR=10 F100	
N170 G01 X-50 Y0	
N180 G01 X0 Y50	

SK002	程序名
N190 G01 X50 Y0	
N192 G01 X0 Y－50	
N194 G01 X10 Y－60	刀具切出工件
N200 G01 Z20	抬刀
N210 G40 X0 Y0	取消刀补
N220 G00 Z150	
N230 M05	主轴停止
N240 M02	程序结束

（3）钻中心孔

SK003	程序名
N100 G0 G90 G17	
N110 G00 G90 G54 X40. Y40. M03 S800	快速定位到 X40 Y40
N120G00 Z20	快速定位到 Z20
N140 MCALL CYCLE81(10,0,2,－3,0)	调用钻孔循环
N150 X－40 Y40	
N160X－40 Y－40	
N170 X40 Y－40	
N180MCALL	取消钻孔循环
N190 G00 Z150	抬刀
N200 M05	主轴停止
N210 M02	程序结束

（4）钻 12 通孔

SK004	程序名
N100 G0 G90 G17	
N110 G00 G90 G54 X40. Y40. M03 S600	快速定位到 X40 Y40
N120G00 Z20.	快速定位到 Z20
N140 MCALL CYCLE81(10,0,2,－35,0)	调用钻孔循环
N150 X－40 Y40	

SK002	程序名
N160 X－40 Y－40	
N170 X40 Y－40	
N180 MCALL	取消钻孔循环
N190 G00 Z150	抬刀
N200 M05	主轴停止
N210 M02	程序结束

3.3.3 加工工件

实操操作步骤如下：

(1)开机 打开电源→点击绿色 NC 开关→启动数控系统→解除急停→按下复位→点击加载伺服使能。

(2)返回零点 选择手动模式→按下回零按钮→依次按下面板上的＋Z、＋X、＋Y 按钮→等待机床回零标识出现。

(3)安装夹具并找正 清洁机床工作台和虎钳安装表面→将虎钳放置在工作台中间位置，钳口与 X 方向大致平行，稍微拧紧锁紧螺母→将百分表吸附主轴上，调整表头靠近钳口→采用手摇脉冲操作方式，沿 Y 方向移动工作台，并使百分表接触钳口，指针转动两圈左右→沿 X 方向移动工作台，观察指针的跳动，调整虎钳位置，使钳口的跳动控制在 0.01mm 之内→将虎钳紧固在工作台上→张开虎钳，使钳口略大于工件宽度，清洁钳口和工件表面，将工件放入钳口中，工件基准面与钳口贴紧→转动虎钳手柄夹紧工件，同时用铜棒轻微敲击工件，使其与钳口表面贴实→用百分表检查工件是否上翘→取下百分表。

(4)安装刀具 左手握住刀柄，将刀柄的缺口对准主轴端面键→右手按换刀按钮，直到刀柄锥面与主轴锥孔完全贴合→确认刀具确实被拉紧后才能松手。

(5)输入加工程序 选择"程序管理"操作区→按动"新程序"键→输入新程序名(如：sk01)→按"确认"键接收输入，如图 2－3－2 所示。

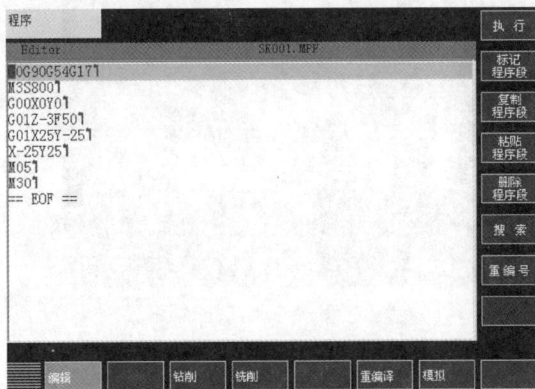

图 2－3－2 刀具轨迹图

（6）模拟　在自动加工模式下,按模拟键进行程序校验(模拟状态下机床应处于锁定状态,PRT 指示灯需打开)进入屏幕显示初始状态→按"CYCLESTAR 循环启动"开始模拟所选择的零件程序,如图 2-3-3 所示。

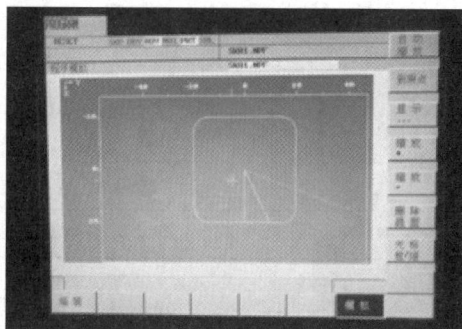

图 2-3-3　刀具轨迹图

（7）试切法对刀　按"参数操作区域键"→设置刀具半径补偿值(设定的刀具数据必须和所对刀的刀具或寻边器半径值相同)→点选到"MDA 方式"→输入主轴旋转指令和主轴转速(M03 S600)→按"循环启动键",主轴启动→按"测量工件"软键→打开手轮盒上的开关→选择要移动的轴→调整手轮倍率 100、10 或 1 使刀具靠近工件,并与工件发生微量切削→设置对刀参数,"存储在"选择将要设置的工件坐标系→"设置位置到"输入刀具距离工件原点的长度→按软键"计算",计算结果将显示在"偏置"里,并存储在零点偏置数据库,分别确定工件坐标系 X、Y、Z 方向的坐标零点并存储→使刀具退出工件上表面(Z+向),按复位键停止主轴转动。

（8）加工　点选到自动运行方式→在"程序管理操作区域"把光标移动到被加工程序名下→按"执行"软键→按"循环启动键"执行所选零件程序→程序将自动执行直至加工结束。

3.3.4　测量记录及装卸工件

（1）加工结束后,根据零件图纸要求合理选用量具进行测量,如图 2-3-4 所示,并记录加工尺寸。

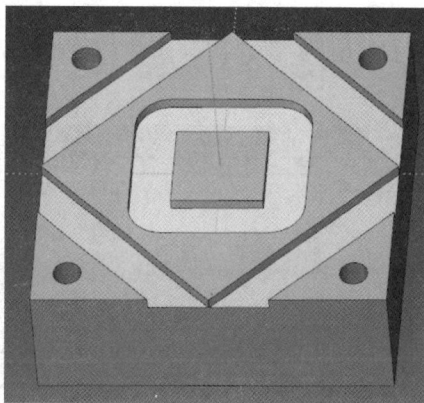

图 2-3-4　加工工件图

（2）根据实际尺寸调整机床。

零件加工合格后,装卸工件并填写加工报告单。

第 3 篇 (FANUC)加工中心操作与加工

第1章 加工中心基本知识

1.1 任务描述

(1)了解加工中心的分类、加工的对象、主要技术参数、组成及 FANUC 数控系统的主要功能;

(2)掌握加工中心操作面板上各功能按钮的含义与用途;

(3)了解加工中心安全文明生产相关知识;

(4)了解加工中心的日常维护及保养。

1.2 相关知识

1.2.1 加工中心的分类、加工的对象、主要技术参数、组成及 FANUC 数控系统的主要功能。

1.加工中心分类

(1)按加工方式分类

①车削加工中心。以车削为主,主体是数控车床,机床上配有刀库。

②镗铣加工中心。主要是铣削、钻削和镗削。

③复合加工中心。主要是在一台设备上完成车削、铣削、镗削和钻削。

(2)按主轴位置不同分类

①立式镗铣加工中心。

②卧式镗铣加工中心。

2.加工中心加工的对象

(1)形状复杂的零件　如凸轮和模具。

(2)箱体类零件　通常要进行钻、扩、铰、攻丝、镗、铣等工序的加工。

(3)异性件　如航空发动机的整体叶轮和螺旋桨。

3.加工中心主要技术参数,如表 3 - 1 - 1 所示。

表 3 - 1 - 1　2033VMC 加工中心主要技术参数

项目	单位	技术参数
X 轴行程(工作台左右移动)	mm	850
Y 轴行程(工作台前后移动)	mm	510
Z 轴行程(主轴箱上下移动)	mm	510

项目	单位	技术参数
主轴鼻端至工作台面距离	mm	150～660
主轴中心至立柱滑轨面距离	mm	550
工作台尺寸	mm	1000×500
工作台 T 型槽(槽数×槽宽×槽距)	mm	5×18×100
主轴转速	rpm	80～8000
快速进给速度(X/Y/Z)	m/min	20/20/18
切削进给速度(X/Y/Z)	mm/min	6000
刀柄形式		BT40
刀库容量	把	20
定位精度（ISO 230－2)	mm	±0.01
重复定位精度(ISO230－2)	mm	±0.005
主轴功率	kw	7.5
数控系统		FANUC－0iMC

4.加工中心的组成

加工中心主要由以下几个部分组成,如图 3－1－1 所示。

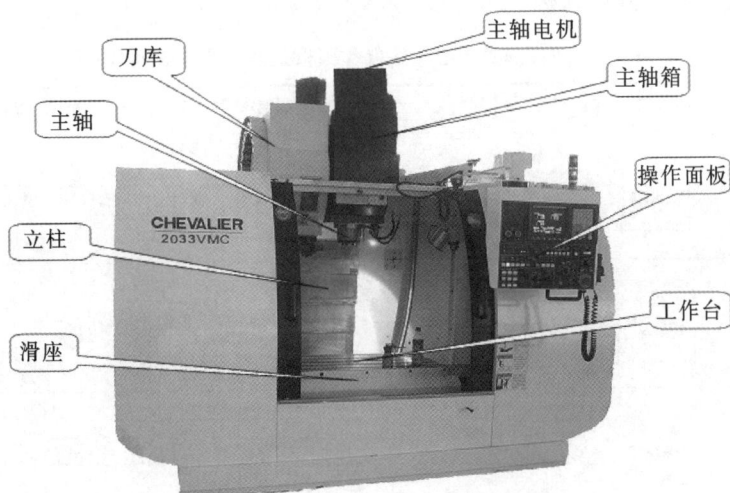

图 3－1－1　加工中心组成

5.FANUC 数控系统及其主要功能

数控系统　FANUC 0I－MC　用户存储容量　256kB

主要功能:

(1)同时控制轴:X、Y、Z、A 四轴。

(2)自诊断功能:故障、信息显示。

(3)编程简化功能:固定循环。

(4)程序检测功能:机床锁住、测试方式。

(5)图形显示功能(模拟)。

(6)DNC 加工功能。

1.2.2 加工中心操作面板上各功能按钮的含义与用途

加工中心的操作面板分为机床操作面板和系统操作面板两大部分。

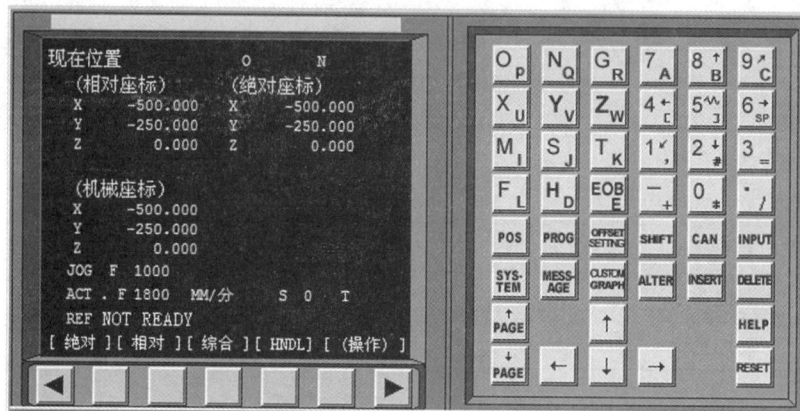

图 3-1-2 加工中心的系统操作面板

1. 加工中心的系统操作面板

表 3-1-2 加工中心系统操作面板上各功能按钮及含义

按键	名称	功能说明
RESET	复位键	解除报警,CNC 复位
HELP	帮助键	具有帮助功能
SHIFT	换挡键	可以在一个键的两个功能之间切换
INPUT	输入键	输入机床参数
POS	位置显示键	可以显示综合坐标,相对坐标系和绝对坐标系

按键	名称	功能说明
 PROG	程序键	显示机床当前所使用的程序内容和机床内存中所有存储的程序目录
 OFFSET SETTING	偏置键	显示工件坐标系、刀具补偿
 SYS-TEM	系统键	显示机床参数
 MESS-AGE	信息键	显示机床的报警信息
 CUSTOM GRAPH	图形显示键	模拟的刀具路径的图形显示
 CAN	取消键	删除输入到缓存区域中的字符
 ALTER	替换键	替换程序中光标所在位置的内容
 INSERT	插入键	把编辑区的内容插入到当前光标之后的位置
 DELETE	删除键	删除光标所在位置的字符或程序
 光标移动键	光标移动键	移动光标
 ↑ PAGE ↓ PAGE	翻页键	用于页面的上下翻动
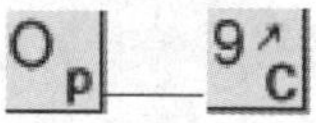 O_p — 9_C	地址和数字键	输入数字、字母等
 ◄ ►	软键	根据不同的界面软键有不同的功能

2. 加工中心的机床操作面板

2033VMC 加工中心的机床操作面板,如图 3 - 1 - 3 所示。

图 3-1-3 一号床子操作面板

表 3-1-3 加工中心机床操作面板上各功能按钮及含义

按键	名称	功能说明
	EDIT	旋钮打至该位置后,系统进入程序编辑状态
	AUTO	旋钮打至该位置后,系统进入自动加工模式
	MDI	旋钮打至该位置后,系统进入 MDI 模式,手动输入并执行指令
	JOG	旋钮打至该位置后,机床处于手动模式,连续移动
	HANDLE	旋钮打至该位置后,机床处于手轮控制模式
	ZERO RETURN	旋钮打至该位置后,机床处于回零模式
	TAPE	旋钮打至该位置后,输入输出资料

按键	名称	功能说明
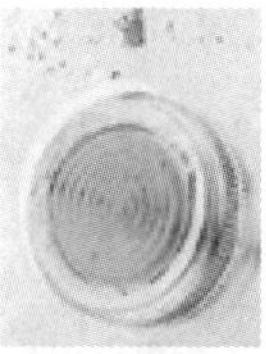	POWER ON	接通电源
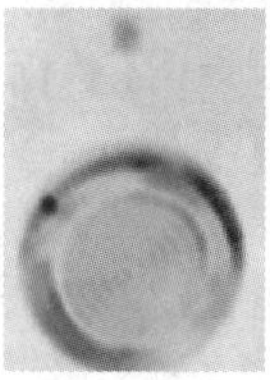	POWER OFF	关电源
	CYCLE START	程序运行开始；系统处于"自动运行"或"MDI"位置时按下有效，其余模式下使用无效
	FEED HOLD	程序运行暂停，在程序运行过程中，按下此按钮运行暂停。按"循环启动"恢复运行
	SINGLE BLOCK	此按钮被按下后，运行程序时每次执行一条数控指令
	BLOCK SKIP	此按钮被按下后，数控程序中的注释符号"/"有效
	DRY RUN	点击该按钮后系统进入空运行状态
	MACHINE LOCK	锁定机床

按键	名称	功能说明
 OPTION STOP	OPTION STOP	此按钮被按下后,"M01/M00"代码有效
 M、S、T 锁定	M、S、T 锁定	按下此键程序当中的 M、S、T 指令不执行
 Z 轴锁定	Z 轴锁定	按下此键程序当中的 Z 指令不执行
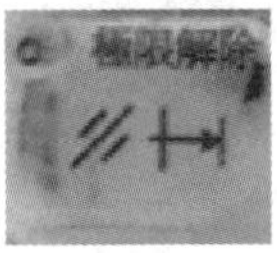 极限解除	权限解除	当 X、Y、Z 超程的时候需按下此键
 RESET	机床复位	复位机床
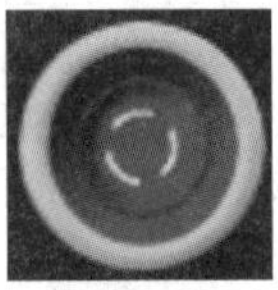 急停按钮	急停按钮	按下急停按钮,使机床移动立即停止,并且所有的输出如主轴的转动等都会关闭
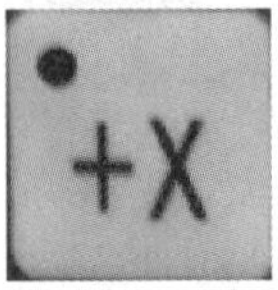 +X	X 正方向按钮	点击该按钮,机床将向 X 轴正方向移动
 -X	X 负方向按钮	点击该按钮,机床将向 X 负方向移动
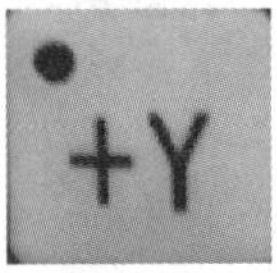 +Y	Y 正方向按钮	点击该按钮,机床将向 Y 正方向移动

按键	名称	功能说明
	Y 负方向按钮	点击该按钮,机床将向 Y 负方向移动
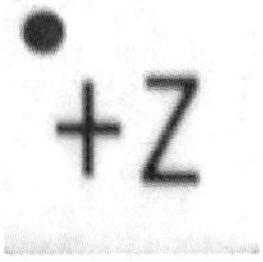	Z 正方向按钮	点击该按钮,机床将向 Z 正方向移动
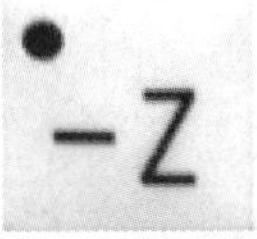	Z 负方向按钮	点击该按钮,机床将向 Z 负方向移动
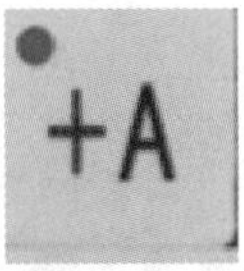	A 正方向按钮	点击该按钮,机床将向 A 正方向转动
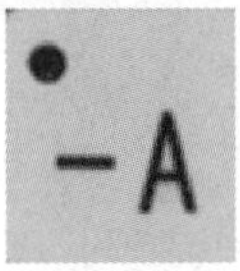	A 负方向按钮	点击该按钮,机床将向 A 负方向转动
	手轮	将光标移至此旋钮上后,通过点击鼠标的左键或右键来转动手轮
	手轮轴选择	在手轮控制模式下选择进给轴
	手轮轴倍率	在手轮控制模式下选择轴的进给倍率
	主轴速率修调	将光标移至此旋钮上后,通过点击鼠标的左键或右键来调节主轴旋转倍率

按键	名称	功能说明
	进给速率修调	调节数控程序运行时的进给速度倍率。
	主轴控制按钮	依次为：CCW（主轴反转）、O（主轴停止）、CW（主轴正转）

1.2.3 加工中心安全文明生产的相关知识

详见附录一《数控实训管理规定》,附录二《数控实训安全操作规程》和附录三《7S 管理知识》。

1.2.4 加工中心日常维护及保养

1.接通电源前

(1)应检查机床防护门,电气柜门等是否关好。

(2)应检查冷却液,液压油,润滑油的油量是否充足。

(3)检查铁削槽内的铁屑是否已清理干净。

2.接通电源后

(1)检查面板上各指示灯是否正常,各按钮是否出于安全位置。

(2)显示屏报警应急时处理。

(3)压力表是否在所要求的范围类。

(4)各控制箱冷却风扇是否运转正常。

(5)检查刀具(柄)是否正确夹紧在主轴或刀库中,刀具是否有损伤。

3.机床运转后的检查

(1)运转中,机床是否有异常噪声。

(2)有无异常现象。

4.每月维护

(1)清理控制柜内部。

(2)检查、清洗通风系统过滤网。

(3)检查各按键及指示灯是否正常。

(4)检查各电磁和限位开关是否正常。

(5)检查各电器元件及线路接头是否有松动现象。

(6)全面检查润滑及冷却系统。

5.半年维护

(1)检查机床工作台水平,检查锁紧螺钉及可调垫铁是否锁紧。

(2)检查并调整全部传动丝杠负荷,清洗滚动丝杠并涂新油。

(3)全面检查润滑油路,并更换有问题的油管。对油箱进行清洗换油,疏通油路。并更换滤芯。

(4)清扫电动机,加润滑脂,检查电机直连轴轴承,并进行更换。

(5)全面清扫机床电器柜,NC 控制板及电路板,及时更换存储器电池。

第2章 加工中心的基本操作

2.1 任务描述

(1)加工中心的正确开机方法

(2)加工中心的正确关机方法。

(3)加工中心各坐标轴回参考点方法。

(4)加工中心的手动及手轮控制的操作方法。

(5)加工中心的 MDI 模式。

(6)加工中心中的程序输入、编辑及模拟。

(7)加工中心上零件的装夹与校正。

(8)加工中心中刀具的安装、手动换刀和自动换刀。

(9)加工中心中的对刀和建立工件坐标系。

(10)加工中心中零件的加工和测量。

2.2 相关知识

2.2.1 加工中心的正确开机方法

(1)将机床后右侧的电源开关扭到 ON 位置,接通总电源。

(2)按下操作面板上的绿色 NC 通按钮。

(3)等待 CRT 显示屏出现正常操作画面后,屏幕会出现 PMC 报警,并且面板上的报警灯(红色)在闪烁,此时应顺时针旋开急停按钮。

2.2.2 加工中心的正确关机方法。

(1)检查机床各轴是否处于中间位置。

(2)清扫机床工作台上铁削,并清理工具。

(3)按下急停开关。

(4)关闭系统电源并关闭机床总电源。

2.2.3 2033VMC 加工中心各坐标轴回参考点方法

2033VMC 加工中心返回参考点的方法有两种:

(1)把方式选择开关置于【ZERO RETURN】方式,再按下【CYCLE START】按钮,相应的参考轴指示灯亮,则表示该轴返回参考点已完成。

(2)把方式选择开关置于【ZERO RETURN】方式,再分别按下【＋Z】、【－X】【＋Y】按钮,机床开始移动,相应的参考轴指示灯亮,则表示该轴返回参考点已完成。

注意:返回参考点时必须先返回 Z 轴,再返回 X、Y 轴。当 X、Y、Z 三轴实际位置小于绝对值 100mm 时,则 X、Y、Z 三轴按相反按键直到满足要求才能返回参考点。返回参考点时的速度与机床操作面板上的快速倍率有关。

2.2.4　加工中心的手动及手轮控制的操作方法。

功能:在"JOG"模式中,可以移动机床各轴。

操作步骤:

(1)选择 JOG 模式。按方向键可以移动四个轴。这时,移动速度由倍率旋钮控制。

(2)如果同时按下 ⎍⎍ Rapid 键,则三轴快速移动。

(3)手轮——选择【HANDLE】模式,使用手轮坐标选择旋钮打开要移动的坐标轴,并使用手轮倍率调节旋钮调整要移动的倍率(×1 倍率每格代表 0.001mm,×10 倍率每格代表 0.01mm,×100 倍率每格代表 0.1mm)。

2.2.5　加工中心的 MDI 模式。

功能:在"MDI"模式下可以编制一个短小零件程序段加以执行。

操作步骤:

(1)选择机床操作面板上的【MDI】键。

(2)通过操作面板输入程序段。如图 3-2-1 所示。

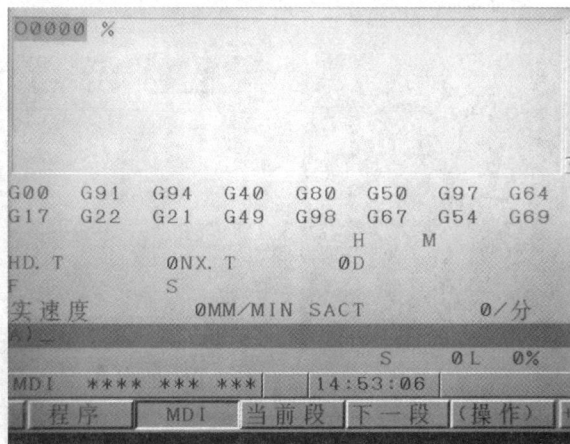

图 3-2-1　MDI 显示屏

(3)按下【CYCLE START】。

执行以输入好的程序(注:执行前必须确认机床已返回参考点、程序正确无误)。

2.2.6　程序输入、编辑及模拟。

1.程序的输入和编辑

(1)程序的输入

①按【PRGRM】键,然后输入程序名(注:以 O 开头后四位为数字,如 O0003)。

②按【INSERT】键,输入程序名(注:程序名为单独的一行必须用【EOB】结束符结束)。

③用键盘输入程序内容:左图键盘每一个键既包含字母又包含数字,每按一次将会出现不同的内容(数字或字母),输入时只需把编好的程序内容按顺序依次输入即可。(注:程序输入完后 NC 将自动保存,程序每输入一句必须用结束符【EOB】";"来结束)。

(2)程序内容的修改

①使用光标键和翻页键【PAGE】查找要修改的程序段。

②然后用【DELETE】键删除错误程序内容,然后输入正确的程序内容进行修改;或输入正确的程序内容用【ALTER】替换键进行修改。

(3)程序的删除

①输入程序名(如 O0003 用删除键进行删除)。

②如果输入错误,可用取消键【CAN】进行取消。

(4)程序的调用

①按【PRGRM】键然后输入程序名(如 O0003)。

②按光标的向下按键调用程序。

注意:以上所有关于程序的操作都需将方式选择开关置于程序编辑【EDIT】位置,面板钥匙置于解除位置。

2. 程序模拟

(1)先调用一个需要模拟的新程序。

(2)功能方式旋钮切换到【AUTO】自动执行。

(3)按下【CSTM】键,切换到如图 3-2-2 所示。

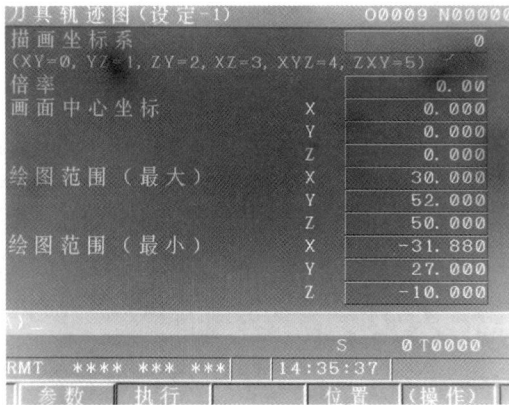

图 3-2-2 刀具轨迹图

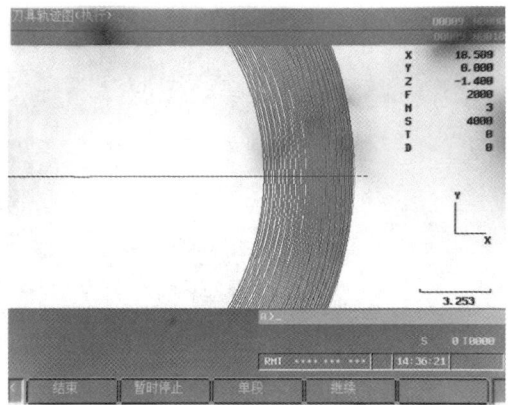

图 3-2-3 刀具轨迹图

(4)按下"执行"—>"开始"将会出现如图 3-2-3 所示。

2.2.7 零件的装夹与校正

1. 加工中心零件装夹

加工中心上加工的零件多数为半成品,利用平口钳装夹的零件尺寸一般不超过钳口的宽度,所加工的部位不得与钳口发生干涉。如图 3-2-4 平口钳安装好后,把零件放入钳口内,并在零件的下面垫上比零件窄、厚度适当且要求较高的等高垫块,然后把零件夹紧。为了使零件紧密地靠在垫块上,应用铜锤或木锤轻轻的敲击零件,直到用手不能轻易推动等高垫块时,最后再将零件夹紧在平口钳内。零件应当紧固在钳口比较中间的位置,装夹高度 5～7mm 为宜,用平口钳装夹表面粗糙度较差的零件时,应在两钳口与零件表面之间垫一层铜皮,以免损坏钳口,并能增加接触面。下图为使用机用平口钳装夹零件的几种情况。如图 3-2-5 所示。

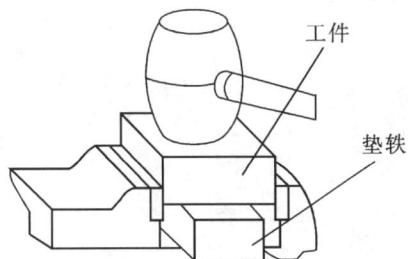

图 3-2-4　平口钳安装

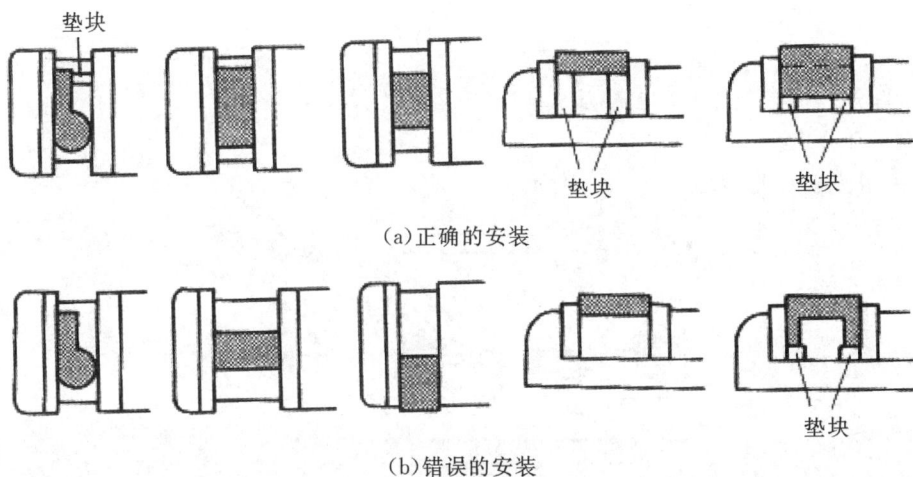

(a)正确的安装

(b)错误的安装

图 3-2-5　平口钳装夹的几种情况

2. 操作步骤(如图 3-2-6 所示)

(1)采用平口钳装夹及平口钳找正

①清洁机床工作台和虎钳安装表面。

②将虎钳放置在工作台中间位置,钳口与 X 方向大致平行,稍微拧紧锁紧螺母。

③将百分表吸附主轴上,调整表头靠近钳口(图(a))。

④采用手摇脉冲操作方式,沿 Y 方向移动工作台,并使百分表接触钳口,指针转动两圈左右。

⑤沿 X 方向移动工作台,观察指针的跳动,调整虎钳位置,使钳口的跳动控制在 0.01mm 之内。

⑥将虎钳紧固在工作台上(图(b))。

⑦张开虎钳,使钳口略大于工件宽度,清洁钳口和工件表面,将工件放入钳口中,工件基准面与钳口贴紧(图(c))。

⑧转动虎钳手柄夹紧工件,同时用铜棒轻微敲击工件,使其与钳口表面贴实(图(d))。

(a) (b) (c)

(d) (e)

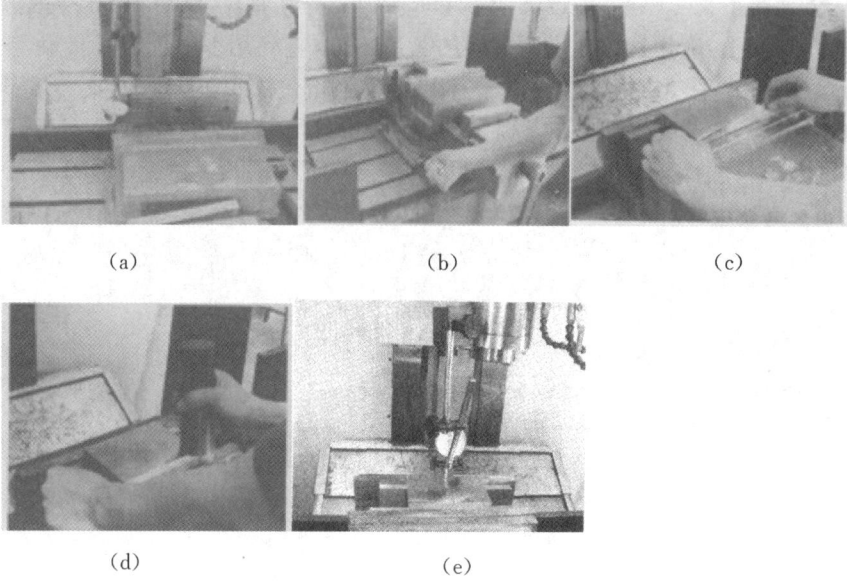

如图 3-2-6 平口钳装夹及找正

⑨用百分表检查工件是否上翘(图(e))。

⑩取下百分表。

(2)采用压板装夹,如图 3-2-7 所示。

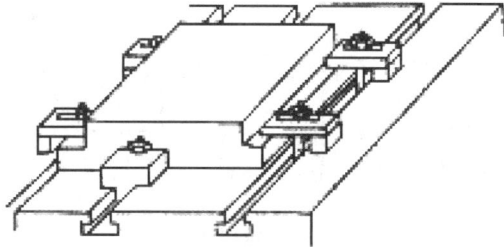

图 3-2-7 压板装夹

(3)采用三爪装夹,如图 3-2-8 所示。

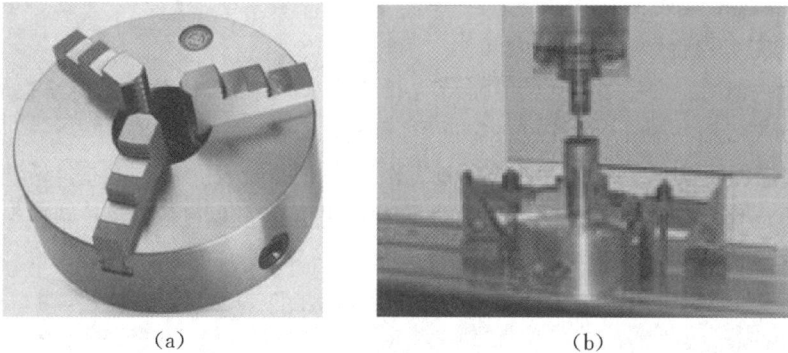

(a) (b)

图 3-2-8 三爪装夹

3. 注意事项

(1)注意虎钳底面毛刺或凸起要修平，否则影响零件 Z 向尺寸平行度。

(2)紧固螺钉不要伸出太长。

(3)百分表使用时一定要小心，避免磕、碰、摔。

(4)零件高出钳口距离要大于每次吃刀深度。

(5)加紧力要保证零件加工过程中零件不发生位移。

(6)注意不要夹伤零件。

(7)零件侧面尽量留出便于找正测量的位置

2.2.8　刀具的安装、手动换刀和自动换刀

1. 详见第二篇第 2 章第 2.3.1 节。

2. 手动及自动换刀

(1)手动换刀　如图 3 - 2 - 9 所示。

①确认刀具和刀柄的重量不超过机床规定的最大许用重量。

②清洁刀柄锥面和主轴锥孔，主轴锥孔可使用主轴专用清洁棒擦拭干净。

③左手握住刀柄，将刀柄的缺口对准主轴端面键，垂直伸入到主轴内，不可倾斜。

④右手按换刀按钮，压缩空气从主轴内吹出以清洁主轴和刀柄，按住此按钮，直到刀柄锥面与主轴锥孔完全贴合，放开按钮，刀柄即被拉紧。

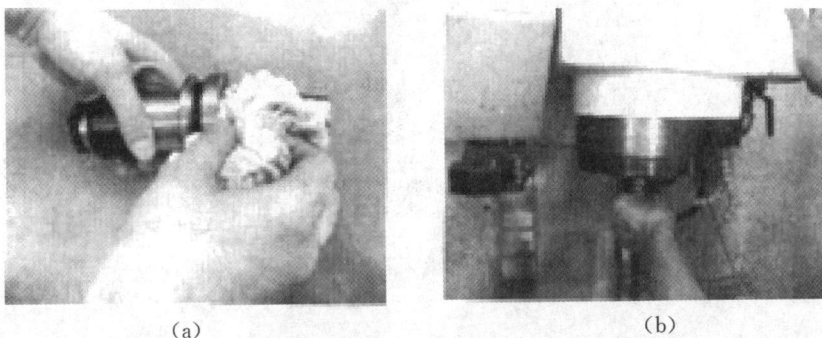

(a)　　　　　　　　　　　　　(b)

图 3 - 2 - 9　手动换刀

⑤确认刀具确实被拉紧后才能松手。

⑥卸刀柄时

1)先用左手握住刀柄。

2)用右手按换刀按钮(否则刀具从主轴内掉下会损坏刀具、工件和夹具等)。

3)取下刀柄。

卸刀柄时，必须要有足够的动作空间，刀柄不能与工作台上的工件、夹具发生干涉。

(2)自动换刀　刀库分为斗笠式刀库和刀臂式刀库。

①斗笠式换刀。斗笠式刀库换刀速度慢、不能实现任意选刀(即刀具号和刀位号一致)。

②刀臂式换刀。刀臂式刀库换刀速度快、可以任意选刀(即刀具号和刀位号不一定一致)，在换刀时应注意输入刀具号而不是刀位号。

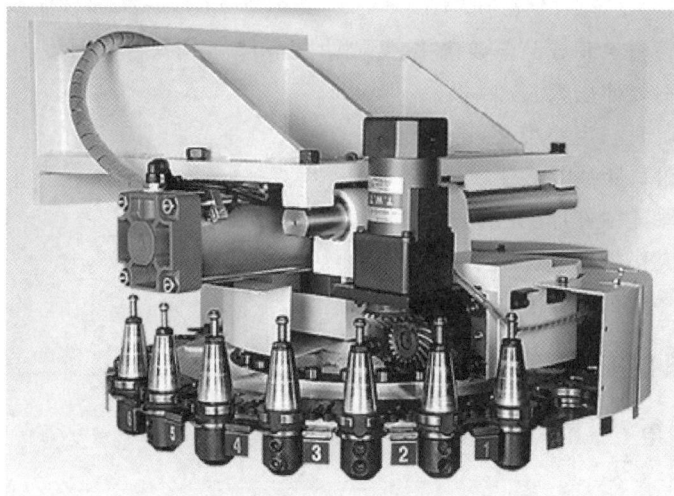

图 3-2-10　斗笠式刀库

图 3-2-11　刀臂式刀库

（3）换刀步骤及程序

①换刀前检查机床应以回参考点，检查气压是否充足。

②在 MDI 方式下输入正确的刀具号及换刀指令（如 T01 M06；）。

注意：主轴上的刀具号不能与所换刀具号重复，否则会有撞刀危险。

③按循环启动进行换刀。

注意：在换刀过程中如无意外情况发生，不能中断整个换刀过程。

（4）注意事项

（1）卸刀柄时，必须要有足够的动作空间，刀柄不能与工作台上的工件、夹具发生干涉。

（2）换刀过程中严禁主轴运转。

（3）安装过程中，注意刀具割手。

（4）刀柄与锥孔一定要保持干净。

(5)安装过程中一定要防止刀具跌落。

(6)刀具安装后,要习惯性的检查并确保刀具安装牢固。

2.2.9 对刀和建立工件坐标系

为了加工方便,需要根据零件图样在工件上建立的一个坐标系,该坐标系称为工件坐标系。为了编程方便,常常在图纸上选择一个适当位置作为程序原点,也叫编程原点或程序零点,而以编程原点为原点建立的坐标系称为编程坐标系。对于在加工中心上加工的工件来说,必须通过一定的方法把工件坐标系原点和编程原点统一起来,这个过程称为对刀。体现的方法有试切法对刀和工具对刀两种,试切法对刀是利用铣刀与工件相接触产生切屑或摩擦声来找到工件坐标系原点的机床坐标值,它适用于工件侧面要求不高的场合;对于模具或表面要求较高的工件时须采用工具对刀,通常选用偏心式寻边器或光电式寻边器进行 X、Y 轴零点的确定如图 3-2-12 所示,利用 Z 轴设定器进行 Z 轴零点的确定如图 3-2-13 所示,光电式寻边器比偏心式寻边器适用于更高精度的场合。

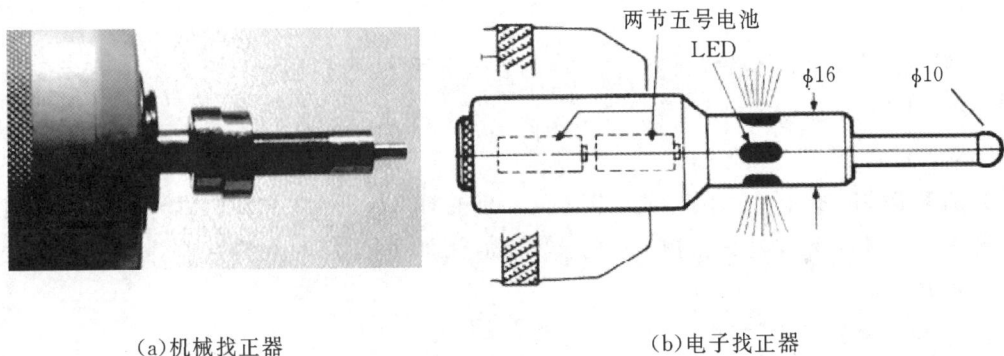

(a)机械找正器　　　　　　　　　(b)电子找正器

图 3-2-12　寻边器

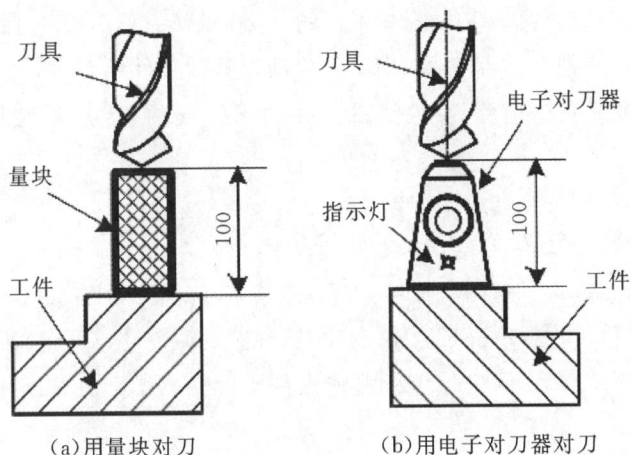

(a)用量块对刀　　　　　　　　　(b)用电子对刀器对刀

图 3-2-13　Z 轴设定器

1. 对刀法①

必须借助工件上的基准面作为对刀面,用试切法进行对刀。然后进行相应的数据处理。例如要准确找到一长方形工件的对称中心,则需要对任意长边和任意短边进行试切,记下机床机械坐标相应的 X 值和 Y 值然后以公式 X±(L/2+r) 和 Y±(W/2+r) 进行数据处理后,分别输入到 ![MENU OFSET] 内的工件坐标中,最后在工件表面进行 Z 值对刀和设定。

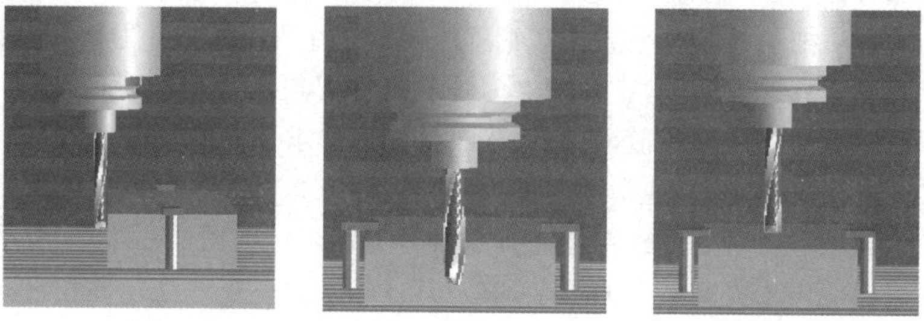

(a)　　　　　　　(b)　　　　　　　(c)

图 3-2-14　对刀法①

注意:根据刀具所处位置,则公式中 X 和 Y 分别用+,否则用-。公式中 L 表示工件中长,W 表示工件总宽,r 表示刀具半径

2. 对刀法②

如加工工件时零件要求不严,则只需要对工件的对刀点进行大概的测量和标识,然后直接在一边进行对刀,最终把机床机械坐标的 x,y,z 值分别输入到工件坐标系中。

3. 对刀法③

(1)按工艺要求装夹工件。

(2)按编程要求,确定刀具编号并安装基准刀具。

(3)启动主轴。若主轴启动过,直接在"手动方式"下→按主轴正转即可;否则在"MDI 方式"下→输入 M03S×××,→再按"循环启动"。

(4)X 轴原点的确定　移动 X 轴到与工件的一边接触(为了不破坏工件表面,操作时可在工件表面贴上薄纸片),把 X 坐标清零;提刀并移动刀具到工件的对边,使其与工件表面接触,再次提刀,把 X 的相对坐标值除以 2,使刀具移动 X/2 位置,该点就是编程坐标系 X 轴的原点。

(5)Y 轴方向用相同的方法可找到原点。

(6)Z 轴原点,移动刀具使刀位点与工件上表面接触。

(7)工件坐标原点设定　对刀完成后,在【综合坐标】页面(如图 3-2-15 所示)中查看并记下各轴的 X、Y、Z 值。按【OFFSET/SETING】键,进入参数设定页面(如图 3-2-16 所示),按【坐标系】软键,把 X、Y、Z 的机械坐标值输入到坐标系的 G54～G59 中,按 X0【测量】、Y0【测量】和 Z0【测量】。

(8)对刀完成后应把 Z 轴抬到一个安全高度,主轴停下。

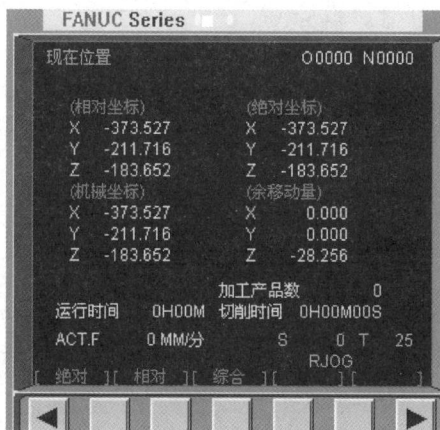

图 3－2－15　工件坐标系设定

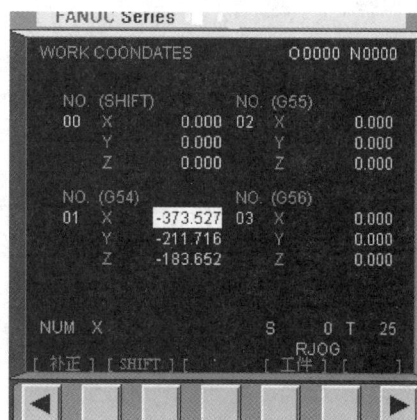

图 3－2－16　工件坐标系设定

4. 徧置量设定的操做步骤

(1)按【OFFSET/SETING】主功能键。

(2)按【OFFSET/SETING】键→按【补正】软键,显示所需要的页面如图 3－2－17 所示。

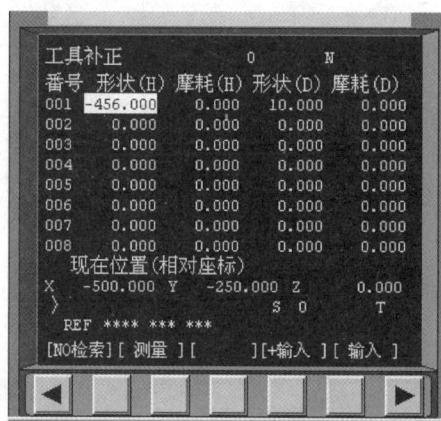

图 3－2－17　补正设定

(3)用数字字母键盘和【INSERT】键输入数据,然后进行检查。如:φ20 的刀具,半径补偿值为形状(D)001 中应输入"10",如长度 Z"－456."则长度补偿为形状（H）001 中应输入"－456."。

2.2.10　零件的加工和测量

1. 程序运行步骤

(1) 选择要运行的程序,检查程序。

(2) 将方式开关置于【AUTO】位置。

(3) 在【PROG】页面按检视软件键。

(4) 打开单程序段开关。

(5) 确保光标处在程序开头,则按循环启动按钮【CYCLE START】,此按钮灯亮,程序开始自动执行。

（6）每执行完一句程序，必须再次按下循环启动按钮。直到程序执行完。

2. 测量记录及装卸工件

（1）加工结束后，根据零件图纸要求合理选用量具进行测量，并记录加工尺寸。

（2）根据实际尺寸调整机床。

零件加工合格后，装卸工件并填写加工报告单。

第 3 章 加工中心铣削典型零件加工

3.1 任务描述

使用 2033VMC 加工中心加工图 3-3-1 所示零件。

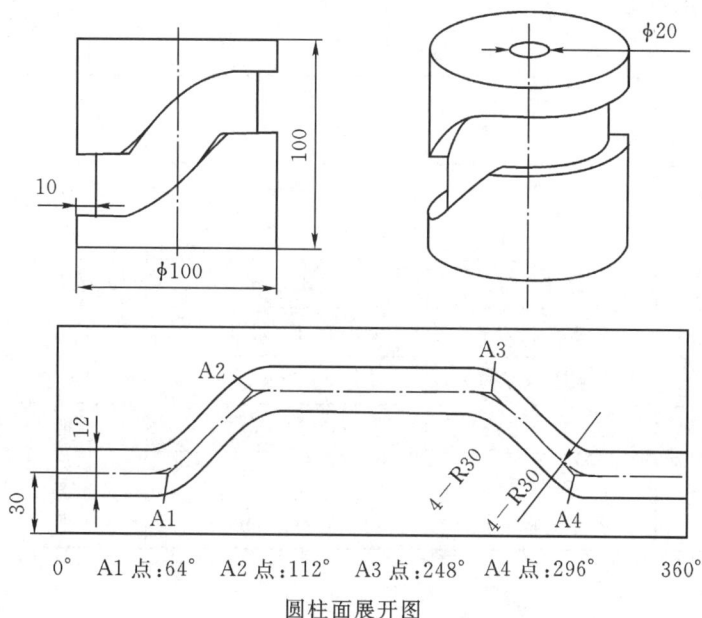

图 3-3-1 零件图

3.2 相关知识

1. 零件图样的工艺分析

图 3-3-1 为圆柱凸轮零件图,毛坯为棒料,其中 $\phi100$ 位外圆,材料为 2A12。要求在 $\phi100$ 圆柱表面完成 12×10 槽的加工。

2. 零件装夹方案的确定

零件加工特点:该零件加工形状比较简单,对刀比较容易。装夹时,采用四轴上的三爪装夹。

3. 刀具的选择

因零件加工比较简单,所以选用 $\phi12$ 高速钢刀具。

4. 拟定加工工序卡片

加工工序			刀具与切削参数					备注
工序号	工步号	工步内容	刀号	半径补偿号	刀量具名称规格/(mm)	主轴转速/(r/min)	进给速度(mm/min)	
5	1	车 $\phi100\times100$ 的外圆						车床
6	1	打中心孔			$\phi3$ 中心钻			钻床
10	1	钻 $\phi20$ 的孔			$\phi20$ 的钻头			钻床
15	1	铣圆柱凸轮			$\phi12$ 键槽铣刀	1200	80	加工中心
20	1	打毛刺						

5. 刀具、附具和量具清单

类别	序号	名称	规格	数量	备注
夹具	1	三爪一套		1台	
刀具	2	键槽铣刀	$\phi12$mm	1把	
刀柄	3	弹簧夹头刀柄	BT40－ER32－100	1把	
工具	4	弹簧夹头	$\phi12$mm	1个	
	5	什锦锉刀		1把	
	6	木榔头		1把	
量具	7	数显游标卡尺	0~150mm	1把	

3.3 任务实施

3.3.1 选择机床

选择 2033VM 加工中心进行加工。

3.3.2 选择开机

(1)将机床后右侧的电源开关扭到 ON 位置,接通总电源。

(2)按下操作面板上的绿色 NC 通按钮。

(3)等待 CRT 显示屏出现正常操作画面后,屏幕会出现 PMC 报警,并且面板上的报警灯(红色)在闪烁,此时应顺时针旋开急停按钮。

3.3.3 返回参考点

把方式选择开关置于【ZERO RETURN】,再按下【CYCLE START】按钮,相应的参考轴指示灯亮,则表示该轴返回参考点已完成。

3.3.4 试切法对刀

1. 对刀法

(1)按工艺要求使用 φ20 芯轴装夹工件。

(2)按编程要求,确定刀具编号并安装基准刀具。

(3)启动主轴。若主轴启动过,直接在"手动方式"下按主轴正转即可;否则在"MDI 方式"下输入 M03S600,再按"循环启动"。

(4)X 轴原点的确定　移动 X 轴到与工件的一边接触(为了不破坏工件表面,操作时可在工件表面贴上薄纸片),把 X 坐标清零;提刀,X 轴再往正方向移动 6mm,该点就是编程坐标系 X 轴的原点。

(5)Y 轴原点的确定　移动 Y 轴到与工件的一边接触(为了不破坏工件表面,操作时可在工件表面贴上薄纸片),把 Y 坐标清零;提刀并移动刀具到工件的对边,使其与工件表面接触,再次提刀,把 Y 的相对坐标值除以 2,使刀具移动 Y/2 位置,该点就是编程坐标系 Y 轴的原点。

(6)Z 轴原点,移动刀具使刀位点与工件上表面接触。

(7)工件坐标原点设定　对刀完成后,在【综合坐标】页面(图 3-3-2)中查看并记下各轴的 X、Y、Z 值。按【OFFSET/SETING】键,进入参数设定页面(图 3-3-3)→按【坐标系】软键→把 X、Y、Z 的机械坐标值输入到坐标系的 G54～G59 中,按 X0【测量】、Y0【测量】和 Z0【测量】,注意在 Z 坐标基础上再减上圆柱的半径值。

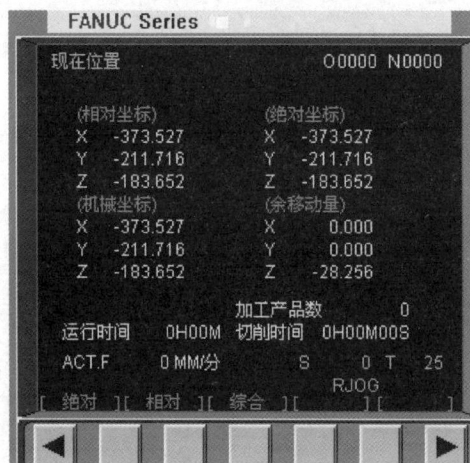

图 3-3-2　工件坐标系设定　　　　图 3-3-3　工件坐标系设定

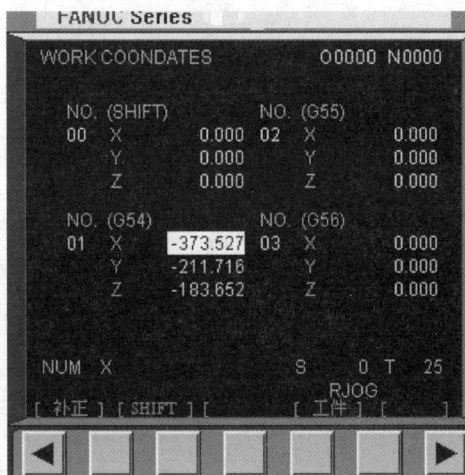

(8)对刀完成后应把 Z 轴抬到一个安全高度,主轴停下。

2. 工件原点的验证

(1)选择机床操作面板上的 MDI 键。

(2)通过操作面板上的【PROG】键输入程序段。如图 3-3-4 所示。

(3)按下【CYCLE START】执行以输入好的程序(注:执行前必须确认机床已返回参考点、程序正确无误)。

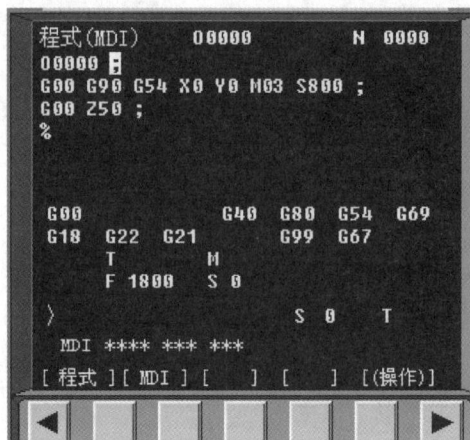

如图 3-3-4 MDI 显示屏

3.3.5 加工中心加工程序

程序内容	说明
O0001；	
G40G49 G80 G21	取消半径补偿、长度补偿和钻孔循环、定义公制
G00 G90G54 X－70. Y13.69 A0.0 S1600 M03	快速移动到X－70. Y13.69 A0,主轴正传,每分钟 1600 转
G00 Z100	快速移动到 Z100
Z60 M08	快速移动到 Z60,冷却液开
G01 Y13.61 Z59.974 F80.	
Y12.742 Z56.424	
Y11.968 Z54.764	
……	
A47.711	A 轴移动到 47.711°
A50.222	
X－69.913 A52.841	
X－69.652 A55.444	
……	
Y－13.61 Z52.474	
Y－13.69 Z54.303	
G00 Z100	快速移动到 Z100
M05	主轴停止
M30	程序结束

3.3.6 加工中心加工工件

程序在线加工运行步骤：

(1)机床的方式选择旋钮,选择【TYPE】程序传输功能。

(2)然后按下程式执行【CYCLE START】按钮。

(3)电脑已运行 CAXA-DNC 软件,选择机床。

(4)选择【发送文件】→选择程序→确定,如图 3-3-5 所示。

(5)直到程序执行完,如图 3-3-6 所示。

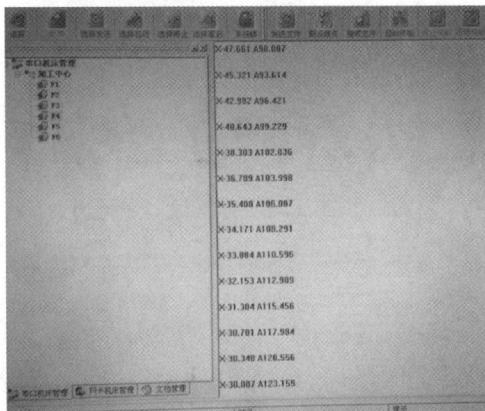

图 3-3-5　发送程序图

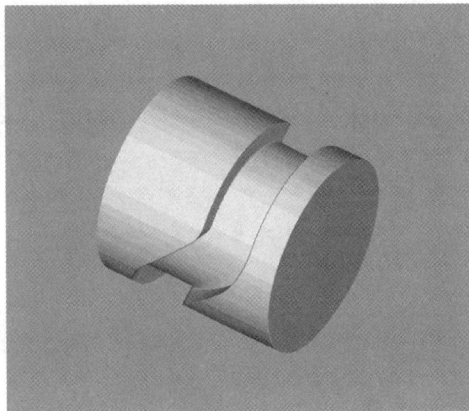

图 3-3-6　加工工件图

3.3.7 测量记录及装卸工件

(1)加工结束后,根据零件图纸要求合理选用量具进行测量,并记录加工尺寸。

(2)根据实际尺寸调整机床。

零件加工合格后,装卸工件并填写加工报告单。

第4篇 五轴机床的操作

第1章　五轴机床的基本知识

1.1　任务描述

本章主要以 MIKRON HEM 500U 机床为例，了解五轴加工中心结构布局、性能特点、机床基本参数及日常维护与保养应该注意的事项。

1.2　相关知识

MIKRON HEM 500U 五轴加工中心以其高功率及通用性实现了复杂零件的高效率自动化加工。具备高刚性、高精度、高稳定型，五轴五联动，数字式交流伺服系统、伺服主轴。

MIKRON HEM 500U 五轴加工中心可进行三维复杂型面到五面体加工、复杂曲面叶片、叶轮、螺旋桨的铣削。

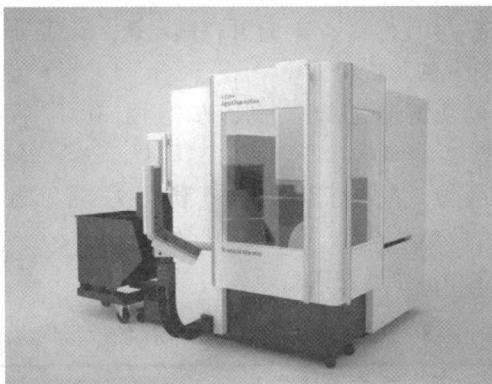

图 4-1-1　米克朗 500U（MIKRON HEM 500U）型五轴加工中心

1.五轴加工中心主机概述

本机床采用 C 型结构，主要由底座、立柱、中拖板、Y 轴滑枕、Z 轴滑枕、桥架和工作台组成。中拖板安装在立柱上，实现 X 轴移动；Y 轴滑枕安装在中拖板上，实现 Y 向移动；Z 轴滑枕安装在 Y 轴滑枕上，实现 Z 轴的上下移动。桥架具有两端支撑受力，主要受力端支撑在立柱上，尾架支撑在底座上，实现 B 轴摆动；工作台安装在桥架上，实现 C 轴旋转运动。B,C 旋转轴带动工件运动，同时 X,Y,Z 轴带动刀具运动。各个轴的定义如下：X 轴水平并且平行于外防护前门，Y 轴水平并且垂直于 X 轴，Z 轴垂直于 X,Y 轴形成的平面，高刚性的结构能保证各轴快速精确运动。摆动轴 B 轴垂直于 Y 轴，旋转轴 C 轴垂直于 Z 轴坚固的铸铁结构能确保切削力及机床本身的重力能够被机床很好地吸收，从而保证了加工的高精度。

本机床接通机床电源之后的主要开机步骤为：

①接通主开关。机床控制系统执行自动检查和启动 iTNC 530。［电源中断］消息。

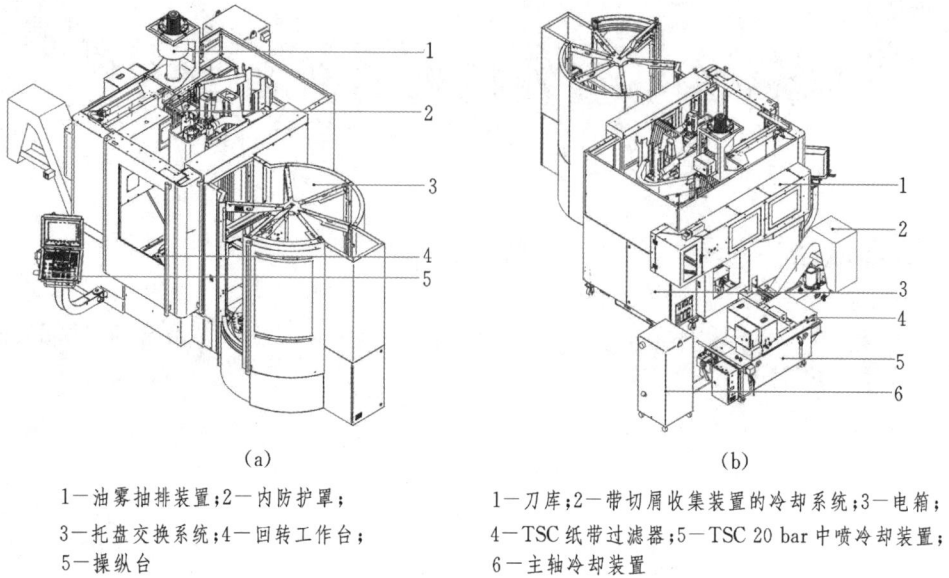

（a）
（b）

1—油雾抽排装置；2—内防护罩；
3—托盘交换系统；4—回转工作台；
5—操纵台

1—刀库；2—带切屑收集装置的冷却系统；3—电箱；
4—TSC 纸带过滤器；5—TSC 20 bar 中喷冷却装置；
6—主轴冷却装置

图 4-1-2　五轴加工中心主要机床部件示意图

②执行检查程序。紧急停止是否已解锁？机床的压缩气源是否存在？

③用［CE］键确认信息。［自行测试］，［打开控制电压］消息。

④关闭防护门。关闭打开的防护门。

⑤按下［锁定保护门］功能键。指示灯点亮：防护门上锁。

⑥用［CE］键确认信息。

⑦按下［控制电压打开］键。指示灯点亮：传动装置被接通，［自行测试］。

⑧仅用于 5 轴设备：前进参考点。

2. HEM 500U 五轴加工中心主要技术参数表

表 4-1-1　HEM 500U 五轴加工中心主要技术参数表

型号		HEM 500U	轴数	5
工作区域	X 轴		mm	500
	Y 轴			450
	Z 轴			400
	B 轴		0	－65/＋110
	C 轴			n×360
进给驱动	X－/ Y－/ Z－轴最大进给力		kN	2/ 2/ 2
	X－/ Y－/ Z－轴快速进给		m/min	30/ 30/ 30
	B－/ C－轴快速进给		rpm	17/ 28
	X－/ Y－/ Z－轴加速性能		m/s^2	4/ 4/ 4
	B－/ C－轴加速性能		rad/s^2	22/ 28

型号	HEM 500U	轴数	5
质量特性	X,Y,Z 轴不带光栅		
	定位精度 A X－/ Y－/ Z 轴	μm	15
	位置偏差 M X－/ Y－/ Z 轴	μm	12
	反向差值 B X－/ Y－/ Z 轴	μm	5
	重复定位精度 R+ X－/ Y－/ Z 轴	μm	8
	重复定位精度 R－ X－/ Y－/ Z 轴	μm	8
	B 轴带圆光栅		
	定位精度 A	mm	14"
	位置偏差 M	mm	8
	反向差值 B	mm	5"
	重复定位精度 R+	mm	8"
	重复定位精度 R－	mm	8"
	C 轴带圆光栅		
	定位精度 A	mm	10"
	位置偏差 M	mm	5"
	反向差值 B	mm	4"
	重复定位精度 R+	mm	5"
	重复定位精度 R－	mm	5"
机床控制系统	CNC 控制系统		Heidenhain iTNC 530 FS
平衡性能	符合 ISO 1940－1：2003		
	用于最高转速 3000min^{-1}	G	6.3
	用于最高转速 3000min^{-1}	G	2.5
主轴	最大速度	min^{-1}	12000
	主轴锥度		BT40
			ISO40
	最大刀具 ϕ	mm	150
	长度	mm	300
	重量	kg	8
	S1/ S6 下的动力 (40% ED, t_s＝2 min)	kW	13/ 20

型号		HEM 500U	轴数	5
主轴	S1／S6 下的扭矩 （40％ ED，t_s＝2 min）		Nm	56/75
	S1／S6 下的动力 （40％ ED，t_s＝2 min）		kW	13／20
	S1／S6 下的扭矩 （40％ ED，t_s＝2 min）		Nm	56/75
	刀具中心内冷装置（TSC）			—
	速度范围		min^{-1}	10～12000
	轴承系统			陶瓷混合体
	润滑			油脂
刀库 CT	主轴锥度			BT40,ISO40,HSK－A63
	刀库容量			
	屑－屑转换时间			60
	换刀时间		s	7
				60HZ：1.77
				50HZ：2.11
	最大刀具长度		mm	300
	最大刀具直径（相邻刀位有刀）		mm	75
	最大刀具直径（相邻刀位无刀）		mm	140
	最大刀具重量 （BT40/ISO40/HSK－A63）		kg	8/8/8
刀库 DT	主轴锥度		BT40,ISO40	
	刀库容量		30	
	屑－屑转换时间		7	
	换刀时间		s	60HZ：1.3
				50HZ：1.5
	最大刀具长度		mm	300
	最大刀具直径 （相邻刀位有刀）		mm	76
	最大刀具直径 （相邻刀位无刀）		mm	150
	最大刀具重量 （BT40/ISO40/HSK－A63）		kg	8/8/8

型号	HEM 500U		轴数	5
激光测量系统	最大刀具直径	mm		100
	最小刀具直径	mm		0.6
	最大刀具长度	mm		300
	最小刀具长度	mm		60
	激光类型	nm		630～700
		mW		＜1
	激光等级			2
	重复定位精度 2σ	μm		±2
接触式刀具测量系统	最大刀具直径	mm		150
	最小刀具直径	mm		0.6
	最大刀具长度	mm		260
	最小刀具长度	mm		60
工作台	尺寸	mm		φ500
	T 型槽数量		7×(14 H8)	
	T 型槽宽	mm		14
	T 型槽间距	mm		63
旋转工作台	旋转轴 C			
	旋转范围	°		n×360
	旋转速度	min⁻¹		28
	旋转角加速度	Rad/s²		28
	旋转扭矩	Nm		120
	夹紧扭矩	Nm		525
	摆动轴 B			
	摆动范围	°		－65/110
	摆动速度	min⁻¹		17
	摆动角加速度	Rad/s²		22
	摆动扭矩	Nm		400
	夹紧扭矩	Nm		1092

1.3 五轴加工中心的维护保养与润滑

1.3.1 维护计划

五轴加工中心维护计划详见表 4－1－2。

表 4－1－2　五轴加工中心维护保养计划表

部件	维修间隔
刀具主轴	6 个月
刀具主轴冷却回路：Motorex COOL－CORE READY	4 年
循环滚珠丝杆正常操作 循环滚珠丝杆短振动	2000 小时或 1 年 600 小时或 4 个月
更换冷却润滑剂乳化液	2000 小时或 1 年
更换聚碳酸酯观察屏	2 年
旋转观察窗	请参考测试标牌
由 GF 阿奇夏米尔服务部进行年度维护	1 年

1.3.2 日常检查

五轴加工中心日常检查见表 4－1－3。

表 4－1－3　五轴加工中心日常检查项目

部件	日常工作任务
冷却润滑剂系统,纸带过滤器,切屑传送器	检查冷却润滑剂液面。润滑剂箱应始终是满的,必要时加液
	检查手持式喷枪的管道和连接件是否有泄漏。修复一切泄漏
	检查油水分离器及盘式油水分离器的接油盒,必要时倒空
气动系统	检查压力表上的数值是否与标定的刻度匹配
	检查油雾器油位,必要时加注润滑油
	检查维护装置上的观察窗。必要时放出冷凝液
液压系统	检查油位。必要时添加液压油
	检查工作压力
集中润滑系统	检查油位。必要时加油
主轴,主轴锥孔	检查冷却回路
	检查液位。必要时加液
微量冷却润滑系统	检查油位。必要时加油

部件	日常工作任务
换刀装置 TC	目视检查:刀具椎柄是否清洁和正确的插入
托盘交换系统 WPC	目视检查:提升轴丝杠润滑情况。必要时加脂
观察窗和防护罩	清洁内部。特别是清除角落中的切屑
	检查内部照明系统
	清洁伸缩防护罩
激光测量系统	在操作温度下校准系统
配电柜	检查热交换器不应振动

第2章　五轴机床的面板基本认识

2.1　任务描述

本章主要讲述 MIKRON HEM 500U 高效立式加工中心在进行五轴联动加工中的操作面板的基本认识,通过讲解使操作者尽可能详细地了解并掌握其各个按键的功能与意义,为完成复杂零件的加工打下坚实的基础。

2.2　面板基本认识

五轴加工中心的各个面板如图 4-2-1、4-2-2、4-2-3、4-2-4 所示,对应各按键的含义同编号的表格所示。

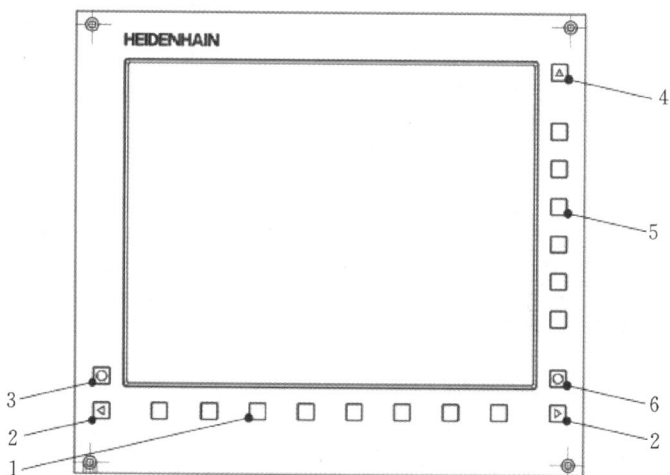

图 4-2-1　显示屏幕

表 4-2-1　显示屏幕按键说明

序号	按键名称	说明
1	软键	水平(由 Heidenhain 定制)
2	切换软键	水平
3	屏幕布局的选择键	屏幕布局的选择
4	切换软键	垂直
5	软键	垂直(GFAC 编程)
6	转换键	在机床模式和编程模式之间转换控制面板

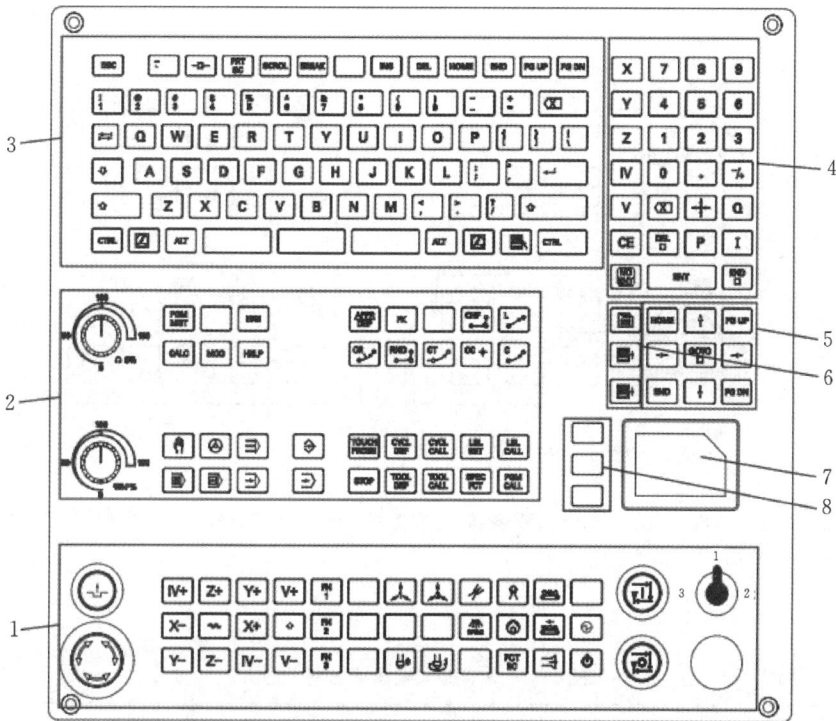

图 4-2-2　控制台面板

表 4-2-2　控制台面板案件说明

序号	按键名称
1	机床控制面板
2	机床编程区
3	标准键盘
4	数字输入和轴的选择
5	箭头键和跳转指令
6	智能 T.NC 按键
7	触摸板
8	鼠标按钮

图 4-2-2 中,4、5、6 区主用功能键说明如下:

4 区:数字键;五个坐标轴键;ENT:回车键;END:结束键;NO ENT:不输入键;DEL:删除整行键;CE:清除报警键;P:极坐标编程键;I:增量编程键;Q:Q 参数编程键;像十字的是捕捉键,这些都主要用在编程中。

5 区:箭头键,GOTO 跳转键,可以在程序中上下左右移动和跳转。

6 区:smarT.NC 浏览键,可以切换到 smarT.NC 编程模式下以独立的系列加工步骤来编写结构化的对话格式程序。

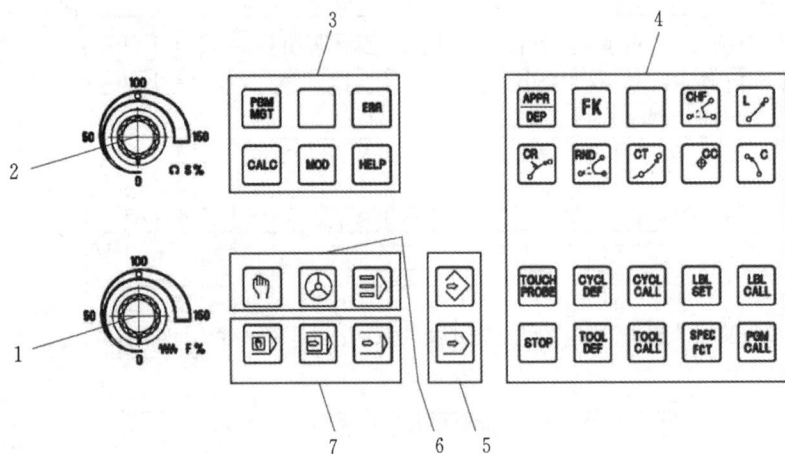

1—进给速率电位器;2—刀具主轴速度电位器;3—程序数据管理、TNC 功能;4—编程对话;5—编程模式;
6—手动操作模式;7—自动操作模式

图 4-2-3　机床编程区

表 4-2-3　机床编程区按键说明

序号	按键说明
1	进给速率电位器
2	刀具主轴速度电位器
3	程序数据管理、TNC 功能
4	编程对话
5	编程模式
6	手动操作模式
7	[CLAMP THE CLAMPING CHUCK]（夹紧卡盘）键

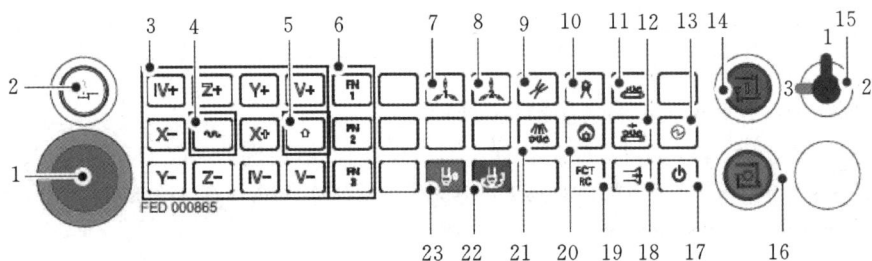

图 4-2-4　机床操作面板

122

表 4-2-4　机床操作面板按键说明

序号	按键说明
1	[EMERGENCY STOP](紧急停止)按键
2	[LOCK PROTECTIVE DOOR] (锁定防护门)键
3	轴向键
4	[RAPID TRAVERSE](快速移动)键
5	[SHIFT] 键(第二 F 功能)
6	F 功能键
7	[CLAMP THE CLAMPING CHUCK] (夹紧卡盘)键
8	[RELEASE THE CLAMPING CHUCK] (松开卡盘)键
9	[SPRAY GUN] (喷射枪)键
10	[COOLING LUBRICANT NOZZLE] (冷却液喷嘴)键
11	[CHIP CONVEYOR ON] (排屑器打开)键
12	[CHIP CONVEYOR BACK] (排屑器后退)键
13	[ENABLE] (启用)键
14	[NC-START] (NC- 启动)按键
15	钥匙开关 符合 EN 12417 的工作模式 黑色键：工作模式键 1+2　红色键：工作模式 1+2+3
16	[NC-STOP](NC- 停止)键
17	[CONTROL VOLTAGE ON] (控制电压打开)键
18	[ALL COOLANTS OFF] (冷却液全部关闭)键
19	[COOLANT](冷却液) 按键
20	[THROUGH-SPINDLE COOLING] (主轴中心冷却)键
21	[FLUSHING NOZZLES SYSTEM](冲洗喷嘴系统)键
22	[TOOL SPINDLE START] (刀具主轴启动)键
23	[TOOL SPINDLE STOP] (刀具主轴停止)键

第 3 章　五轴加工中心基本操作

3.1　任务描述

本章是在第 1 章、第 2 章的基础上,详细地介绍利用五轴联动加工中心进行典型零件加工的一般方法和步骤,旨在使读者通过学习,掌握基本的五轴加工知识和技能。使用(HEIDEN-HAIN)五轴加工中心加工典型零件的工作步骤及工作过程。

3.2　相关知识

1. 红外测量头的功能与操作

在手动操作界面按探测功能键,可以执行相应的探测功能,在这里可以选择探测 X/Y/Z 某一个面的坐标,可以探测一个面和 X 轴的夹角,某一个角的坐标,圆的中心坐标等。

只需要将测头移动到被测表面 10mm 左右的位置,然后按循环开始键就自动开始探测,探测完成后可以按设定原点键把当前探测的位置存入零号原点表,也可以用键入预设表键把结果存入你所指定的原点表的某一行里。

2. 设定工件坐标系(对刀)方法与步骤

用测量头在工件上探测相应的 X/Y/Z 坐标,把相应的坐标存入到你所指定的原点表的某一行里,生效你所选定的原点表的某一行,原点表的这一行就是当前工件的工件坐标系。在显示器的左下角可以看到当前生效的原点号。

3. 程序传输方式与详细操作步骤

用网线连接电脑和 iTNC 530,在电脑上设定好本地连接的网络地址。打开 TNCremoNT 软件,先在 Configure 里设定 iTNC 530 的网络地址,然后按建立联结键后屏幕上会出现两个目录区,一个是电脑目录区,另一个是 iTNC 530 的 TNC 区,这时就可以在两个目录区中进行文件的复制。

4. 利用机床进行刀路模拟操作步骤

在程序编辑操作方式下选择需要的程序后,按 GOTO 键输入 0,然后按 ENT 键,这时按屏幕下面的 RESET/START 软键后开始刀路轨迹模拟。

还可以在程序试运行操作方式下选择需要的程序后,按 GOTO 键输入 0,然后按 ENT 键,这时按屏幕下面的 RESET/START 软键后开始模拟加工。前提是程序开头必须有毛坯定义。

5. 程序执行方法与步骤

在自动运行操作方式下选择需要的程序后,按 GOTO 键输入 0,接着按 ENT 键,然后先把进给倍率旋钮开关转到 0,按循环开始键后再慢慢的把进给倍率旋钮开关转到 100%,这时机床就开始运行加工程序了。

数据交换接口位于控制台后面。接口名称如下：Ethernet 接口，USB 接口。iTNC 530 机床控制系统配备了一个以太网接口卡，这就允许机床控制系统连接到以太网上。网络通信通过 TCP/IP 协议实现。用于数据传输的任何其他形式的装置，例如用于 PC 机和网络服务器的 NFS(网络文件系统)软件程序，如图 4-3-1，标识了该机床控制台上的接口。

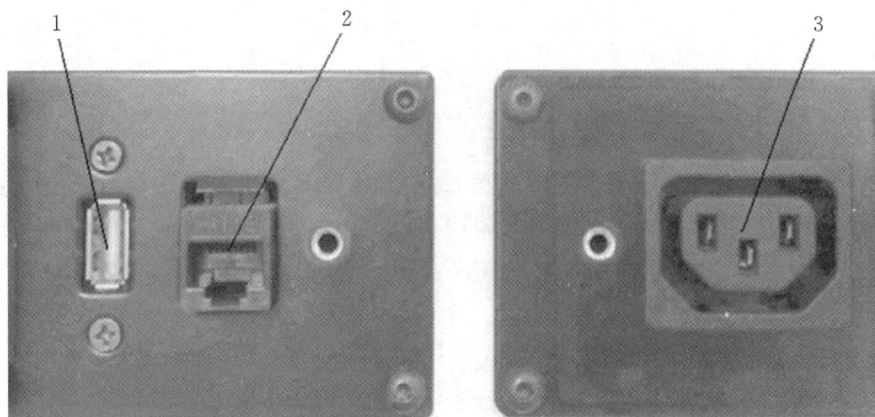

1—USB 接口；2—RJ-45 以太网接口；3—设备插座 230VAC

图 4-3-1　控制台上的接口

在进行程序传输时，具体操作步骤应为：用网线连接电脑和 iTNC 530，在电脑上设定好本地连接的网络地址。打开 TNCremoNT 软件，先在 Configure 里设定 iTNC 530 的网络地址，然后按建立联结键后屏幕上会出现两个目录区，一个是电脑的目录的目录区，另一个是 iTNC 530 的 TNC 区，这时就可以在两个目录区中进行文件的复制。

第4章　整体叶轮加工实例

4.1　任务描述

本章是在第1章、第2章、第3章的基础上,详细地介绍利用五轴联动加工中心进行整体叶轮加工的一般方法和步骤,旨在使读者通过学习,掌握基本的五轴加工知识和技能。使用(HEIDENHAIN)五轴加工中心加工整体叶轮零件,使读者详细了解五轴加工中心工作步骤及工作过程。

4.2　相关知识

整体叶轮模型如图4-4-1所示。

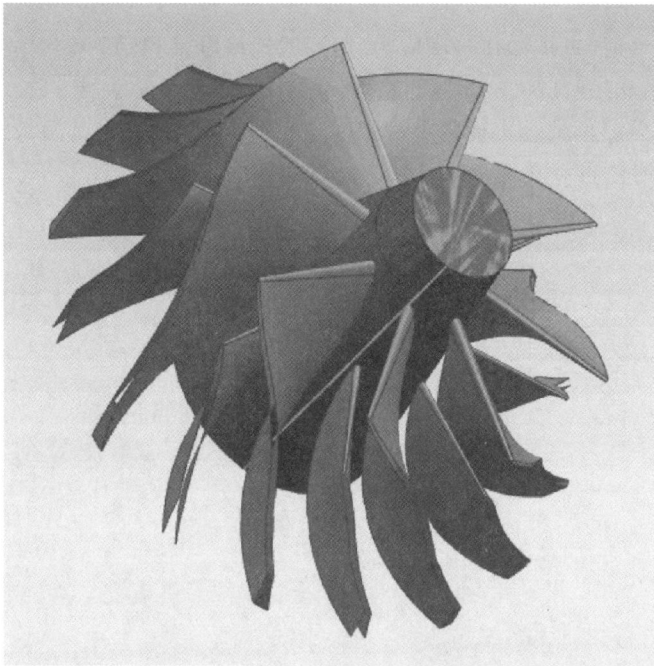

图4-4-1　整体叶轮零件模型图

1.零件装夹方案的确定

零件加工特点:该零件加工形状比较复杂,对刀也比较复杂。装夹时,必须采用专用设计工装进行装夹。

2.毛坯要求

如图4-4-2所示。

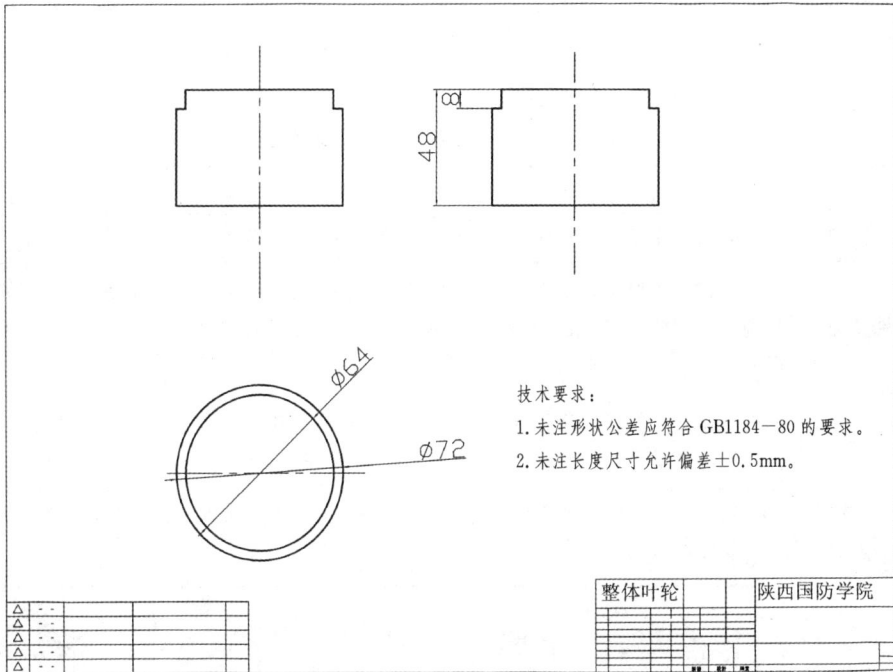

技术要求：

1. 未注形状公差应符合 GB1184—80 的要求。

2. 未注长度尺寸允许偏差±0.5mm。

整体叶轮　　陕西国防学院

图 4 - 4 - 2　整体轮零件毛坯图

3. 工装简图

如图 4 - 4 - 3 所示。

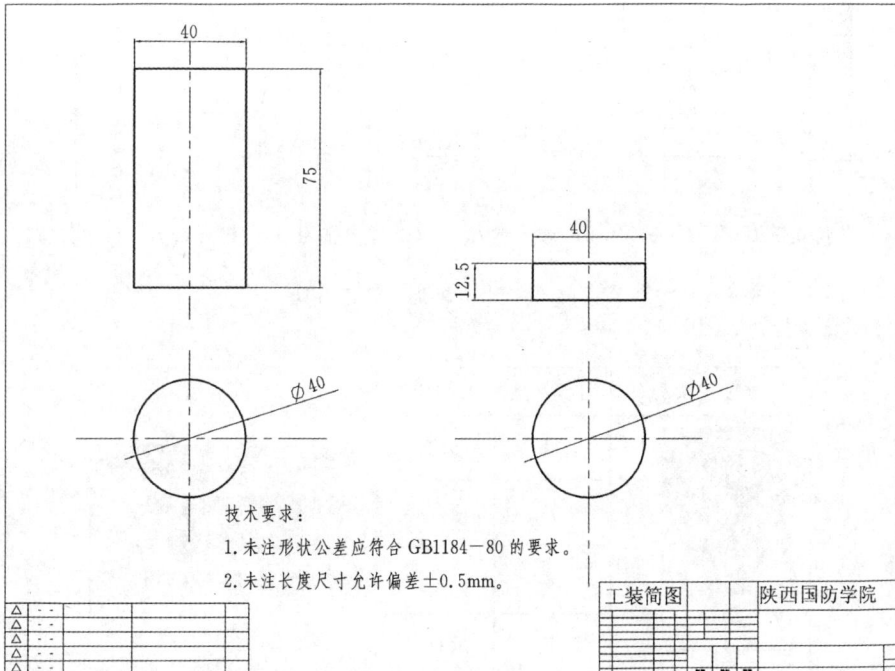

技术要求：

1. 未注形状公差应符合 GB1184—80 的要求。

2. 未注长度尺寸允许偏差±0.5mm。

工装简图　　陕西国防学院

图 4 - 4 - 3　工装简图

根据切削刃的形状和其组合的不同，铣刀可分为平底立铣刀、端铣刀、球头铣刀、环形铣刀、锥形铣刀以及鼓形铣刀等，各种刀具对应的适用范围如表 4 - 4 - 1 所示。其图形如图 4 - 4 -4 所示。

表 4 - 4 - 1　常见铣刀种类及其适用范围

序号	刀具名称	适用范围
1	盘铣刀	一般采用在盘状刀体上机夹刀片或刀头组成，常用于端铣较大的平面
2	端铣刀	端铣刀是数控铣加工中最常用的一种铣刀，广泛用于加工平面类零件，一端铣刀除用其端刃铣削外，也常用其侧刃铣削，有时端刃、侧刃同时进行铣削，端铣刀也可称为圆柱铣刀
3	成型铣刀	成型铣刀一般都是为特定的工件或加工内容专门设计制造的，适用于加工平面类零件的特定形状（如角度面、凹槽面等），也适用于特形孔或台
4	球头铣刀	适用于加工空间曲面零件，有时也用于平面类零件较大的转接凹圆弧的补加工
5	鼓形铣刀	主要用于对变斜角类零件的变斜角面的近似加工

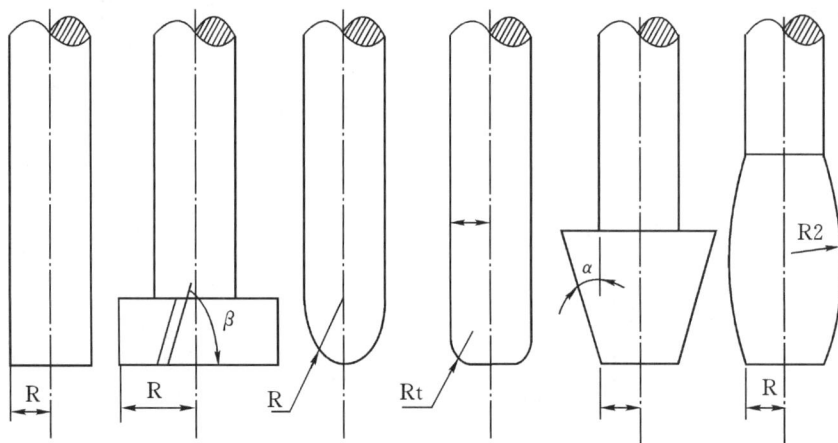

(a)平底立铣刀　(b)端铣刀　(c)球头铣刀　(d)环形铣刀　(e)锥形铣刀　(f)鼓铣刀

图 4 - 4 - 4　五轴加工常见刀具

锥度球头刀	刀具参数	参数说明	
	H	刃高	
	D	顶直径	
	a	刃直角	
	R	球直径	

图 4 - 4 - 5　锥度球头刀

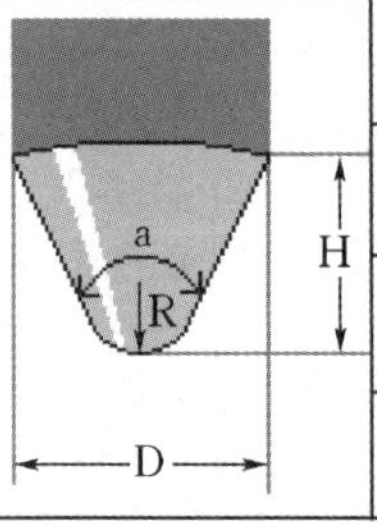

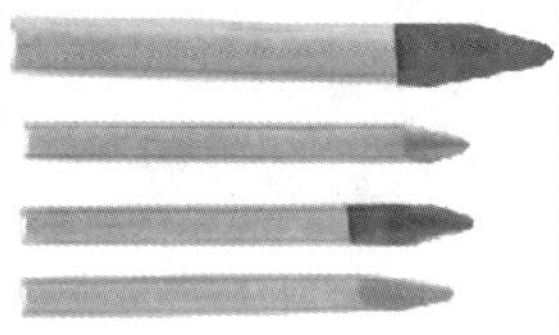

由于整体叶轮是高速高精度的数控加工,曲面加工较多,因此对于刀具的选择十分严格,通常宜选用锥度球头铣刀,见图 4-4-5。

结合实际情况,所采用刀具要求为锥度球刀,圆球直径 3.0,柄径 6.0,锥度 5 或者 3。

说明:刀具采用适合加工铝材质的刀具。铝材质:6061 铝。

4.3　任务实施

4.3.1　开机

详见第 1 章开机步骤,这里不再赘述。

4.3.2　刀库回零

1. 自动移动到参考点

当断开机床电源时,iTNC 530 保存最后的轴位置。重新启动后,iTNC 530 采用参考点重建轴位置与显示的实际位置的关系。轴通常按照 C 和 B 的顺序通过基准点。如果出现碰撞的危险,不能保持 C 和 B 的顺序,则必须手动输入参考点。关于说明,请参考手动基准点。

准备:设备启动

操作模式<参考点模式>说明:

①按下 [NC-START] (NC- 启动)按键。前进 C 轴的基准点。

②按下 [NC-START] (NC- 启动)按键。前进 B 轴的基准点,机床控制系统自动切换至 < 手动操作 >。

2. 手动回参考点

如果由于存在碰撞的风险不能按照预定义的 V、Ⅳ(C、B)顺序执行加工,将手动前进基准点。防止移动到机械轴终点位置,用电位器抑制进给速率,如果一个轴与轴的终点位置的距离大小约 20mm,应以相反的方向回到参考点。

使用直接路径测量系统,按下所需轴的轴向键直到移过参考点为止。移过参考点大约20mm 以后,黄色背景轴显示消失。

准备:<手动操作>工作模式、软键[Approach reference point](前进基准点)。

说明:根据刀具主轴当前的位置,轴向可以正向(+)或负向(-)返回。假设:希望以 X、Z 和 Y 的顺序返回参考点,每个轴都是以正向返回的。

①按下[X+]键。移过 X 轴参考点。

②按下[Z+]键。移过 Z 轴参考点。

③按下[Y+]键。移过 Y 轴参考点。控制系统自动切换至<手动模式>。

3. 设定工件坐标系

利用红外测头的探测功能设定工件坐标系。

4.3.3　UG 建模及编程

在 UG 软件中,进行叶轮的三维建模并生成刀具路径文件如图 4-4-6 所示。

建模完成后,选择该机床定制的专用后置处理模块,生成 NC 代码程序。

图 4 - 4 - 6　UG 建模编程图

4.3.4　VERYCUT 程序验证及仿真

整体叶轮形状复杂,各个叶片型面扭曲较大,各叶片型面与分流叶片之间随着叶轮直径的变化流道空间也相应变窄,实际加工中难度大,极易遇到干涉、过切、欠切及撞机等现象。为了防止加工时刀具与工件、刀具与机床之间发生干涉,通常在多轴加工前要用仿真验证软件(如 verycut 软件)建立与实际机床一致的仿真模型,进行仿真校验,经过仿真校验的程序才能用于多轴加工。具体的仿真验证流程如图 4 - 4 - 7 所示。经检验仿真无误的 NC 程序才能传输到五轴机床上进行加工。

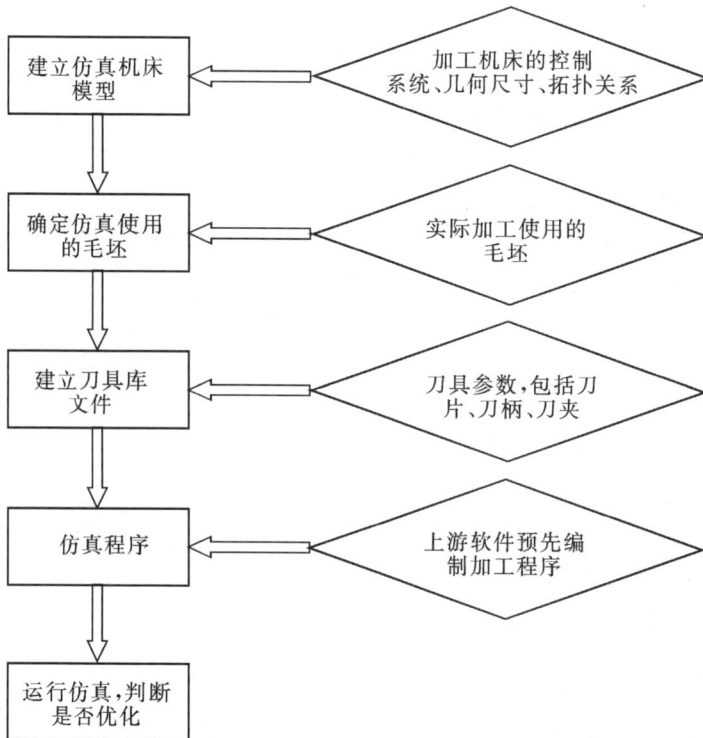

图 4 - 4 - 7　Verycut 软件仿真验证流程图

4.3.5　五轴加工中心程序的传输

将仿真验证无误的 NC 程序根据加工工序逐个传输到机床 iTNC530 相应的文件夹里。

4.3.6　整体叶轮自动加工

程序模拟仿真无误,且在设置好加工程序相应的工件坐标系及各刀具对应的补偿值后,检查切削用量值是否合适,便可执行自动加工。首次执行加工程序使用单一程序段执行,并将机床倍率开关调整到合适的位置才可以进行加工。

4.3.7　叶轮加工工艺

叶轮加工主要包括,叶轮流道开粗加工、叶轮叶片粗加工、叶轮流道开精加工、叶轮叶片精加工、叶轮清根加工等工序,各道工序所使用刀具见表 4-4-2。

表 4-4-2　整体叶轮加工工艺简表

整体叶轮加工工艺			
工序号	工序内容	刀具名称	主轴转速(r/min)
05	叶轮流道开粗加工	立铣刀	6500
10	叶轮叶片粗加工	立铣刀	6500
15	叶轮流道开精加工	球头刀	8000
20	叶轮叶片精加工	球头刀	8000
25	叶轮清根加工	球头刀	8000

叶轮加工过程图片见图 4-4-8。

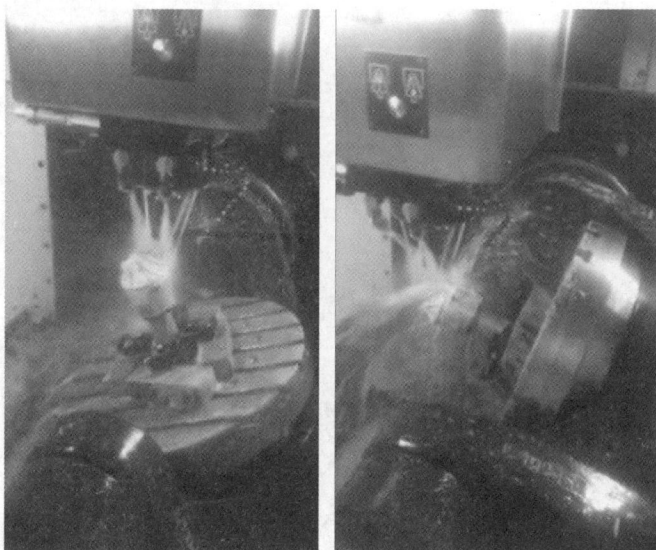

图 4-4-8　加工工件过程图

4.3.8　测量记录

加工结束后,等机床完全停止运行,卸掉专用夹具及工件,如图4-4-9所示。

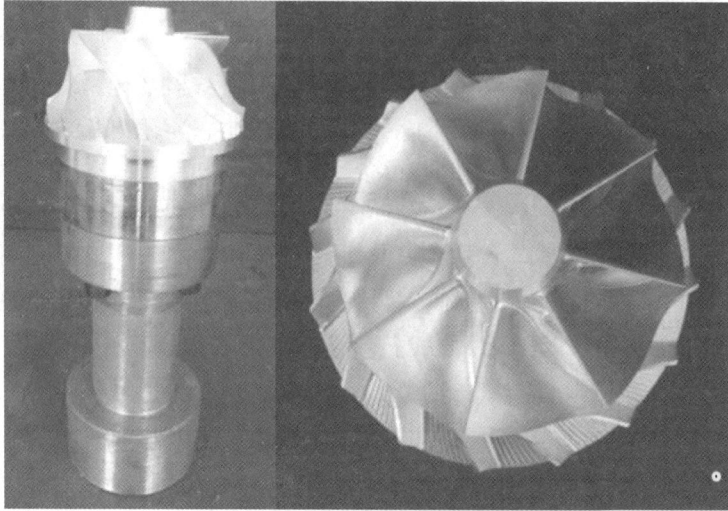

图4-4-9　小叶轮加工后零件图

根据零件图纸要求,选三坐标测量仪进行各曲面精度测量,并如实记录加工实际尺寸,填写加工报告单。

第5篇 数控机床仿真加工

第1章 宇龙数控加工仿真软件基本操作

1.1 任务描述

了解数控加工仿真软件的功能、特点,掌握宇龙数控加工仿真软件的基本操作方法。

1.2 相关知识

1.2.1 软件环境与认识

20世纪90年代初源自美国的虚拟现实技术是一种富有价值的工具,可以提升传统产业层次、挖掘其潜力。虚拟现实技术在改造传统产业上的价值体现于:用于产品设计与制造,可以降低成本,避免新产品开发的风险;用于产品演示,可借多媒体效果吸引客户、争取订单;用于培训,可用"虚拟设备"来增加员工的操作熟练程度。数控加工仿真系统是一种基于虚拟现实环境技术的仿真软件。

1. 软件功能简介

数控仿真软件就是模拟真实数控机床的操作,学习数控技术、演示讲解数控操作编程、检验数控程序防止碰刀提高效益的工具软件。通过在 PC 机上操作该软件,能在很短时间内掌握各种系统数控车床、数控铣床及加工中心的操作。

国际上最高水平的数控加工仿真软件为 VERICUT。国内代表性的产品有宇航、宇龙、斯沃等数控仿真系统,一些数控系统生产商也推出了自己的仿真软件。

《宇龙数控加工仿真软件》是由上海宇龙软件工程有限公司研制开发。该系统可以实现对数控铣和数控车加工全过程的仿真,其中包括定义毛坯,夹具、刀具选用,工件坐标系设定,数控程序输入、编辑及调试,加工仿真以及各种错误的检测。具有以下功能。

(1)教学功能 该软件具备对数控机床操作全过程和加工运行全环境仿真的功能。可以进行数控编程的教学,能够完成整个加工操作过程的教学。由于仿真软件不存在安全问题,学生可以大胆地、独立地进行学习和练习。该软件不仅在局域网上具有双向互动的教学功能,还具有基于互联网进行双向互动的远程教学功能。

(2)考试功能 该软件的考试功能会记录整个操作过程及考试的最后结果。还具有工件的自动测量功能,能够对仿真软件上加工完成后的工件进行完全自动的、智能化的测量。

(3)多种数控系统模拟功能 该软件产品仿真的数控系统已经包括 Fanuc 0 系统、Fanuc 0-I 系统、Fanuc PowerMate 0 系统、Siemens 810D 系统、Siemens 802C 系统、Siemens 802D 系统、PA 8000 系统、三菱 60 系统、大森数控系统、华中数控系统和广州数控系统。机床包括数控车床、数控铣床、立式和卧式加工中心以及数十种机床面板。

2. 软件运行环境要求

(1)采用客户机—服务器结构,运行于局域网系统,安装有 TCP/IP 协议;

(2)主机:CPU PⅡ 350 以上、主内存 64MB、显存 8MB、显示分辨率 1024 × 768;

(3)操作系统:中文版 Windows 98,Windows 2000,Windows XP。

3. 虚拟仿真加工特点

(1)真实、全面的图形操作功能

①真实再现机床形状,并能在数控系统和机床面板的操作时移动、旋转相应的机床形体;

②能进行缩放、平移和分别沿 X、Y、Z 轴旋转机床,操作方便;

③可以使机床呈透明或隐藏状态,以突出显示零件;

④基准辅助视图将毛坯与基准进行局部放大,帮助完成对刀过程;

⑤可以真实显示铁屑图像和音效;

⑥三维视图全屏显示模式;

⑦鼠标操作三维视图平移、旋转、缩放的便捷设置功能,即通过系统选项设置后不再通过菜单切换即可用鼠标完成平移、缩放、旋转等三维视图操作;

⑧除零件可突出显示外,对车床零件还可进行全剖(显示 1/2 工件)、半剖(显示 3/4 工件)等显示设定。

(2)能够全面仿真数控机床的加工过程　可仿真模拟从手工编程、毛坯准备、刀具准备、刀具安装、基准对刀、工件安装和虚拟数控加工的全过程。除此以外还具备以下功能。

①由于实际机床加工速度较慢,有时按实际加工速度运行不便于教学,在软件中增加了一个仿真加速倍率的参数设定,通过设定此参数可减少仿真加工的时间。

②全面的碰撞和机床行程越界检测,碰撞检测要素包括刀柄刀具、夹具、压板、机床以及主轴静态时的工件等。

③仿真数控程序的自动运行和 MDI 运行模式;三维工件的实时切削,刀具轨迹的三维显示;提供刀具补偿、坐标系设置等系统参数的设定。

(3)刀具类型、数量丰富　刀具库含不同材料和形状的车刀、铣刀,车刀和铣刀的数量总量达到了 400 多种。车刀除刀片外,还有 200 种以上的刀柄可供选择,并且支持自定义刀柄。用户还可以根据工艺要求,自定义加粗、接长铣刀刀柄,以及相关特征参数。

(4)加工工艺参数的设定和加工过程的实时监测　可对各种刀具和多种工件材质的加工工艺参数进行设定和在加工过程中进行实时监测:车削可对切削线速度、转速、每转进给量、有效切削刃长等工艺参数进行设置和在线监测;铣削可对切削线速度、切厚、切深等工艺参数进行设置和在线监测;当监测到刀具切削状态超出设定的参数许可范围,具有报警提示功能。能够提供刀具补偿、坐标系设置等系统参数设定。

(5)可进行铣床工件自动测量,车床工件智能测量　铣床工件测量可对复杂三维形状进行实时自动测量;车床测量采用双游标卡尺可对 X、Z 两轴向同时进行智能测量。

1.2.2　基本操作方法

1. 进入数控加工仿真软件

在局域网内使用此软件时,先由指导教师在教师机上启动"加密锁管理程序"。等到教师机屏幕右下方的工具栏中出现"▦"图标后,由学生在学生机上依下述步骤登陆到软件的操作界面。

依次点击"开始"→"程序"→"宇龙数控加工仿真软件 V4.9"→"宇龙数控加工仿真软件V4.9",系统将弹出如图 5-1-1 所示的"用户登录"界面。

图 5-1-1　数控仿真系统登录界面

此时,可以通过点击"快速登录"按钮进入数控加工仿真软件的操作界面或通过输入用户名、密码,再点击"登录"按钮,进入数控加工仿真软件。一般用户名:guest;密码:guest。一般情况下通过点击"快速登录"按钮登录即可。用户登录后的界面,如图 5-1-2 所示。

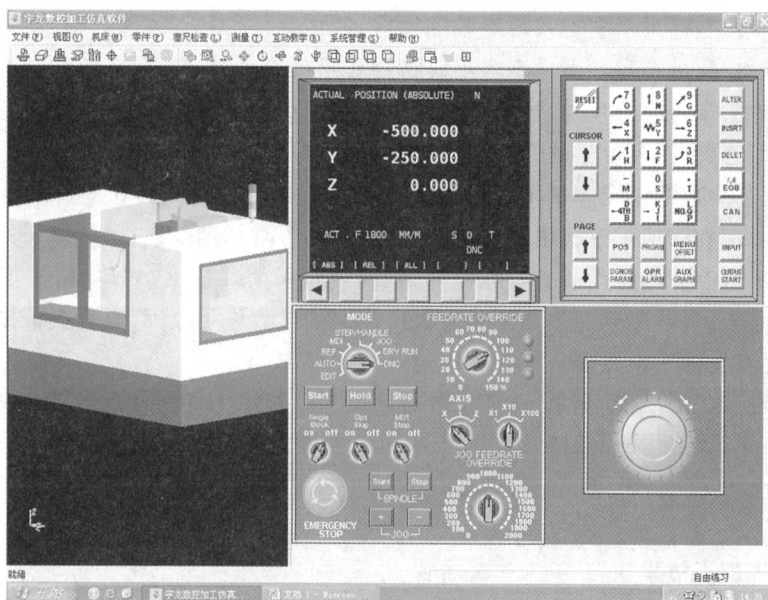

图 5-1-2　登录后初始界面

2. 机床台面操作

机床基本的台面操作有:选择机床、安装工件、安装刀具、启动与机械回零等,下面以数控铣床的基本台面操作为例说明,数控车床、加工中心与之类似。

(1)选择机床类型 依次点击菜单栏中的"机床/选择机床…"(如图 5-1-3 所示),或者通过点击工具条上的小图标""进入到选择机床对话框,在"选择机床"对话框中,分别选择控制系统类型和机床类型,选择完毕后,按"确定"按钮则可以进入相应的机床操作界面(如图 5-1-4 所示)。这里选择 SIEMENS、SIEMENS 802D、铣床、标准。就会转入图 5-1-5 所示界面。

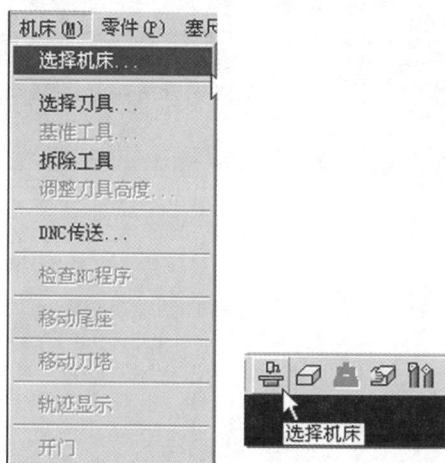

图 5-1-3 机床类型选择菜单及图标

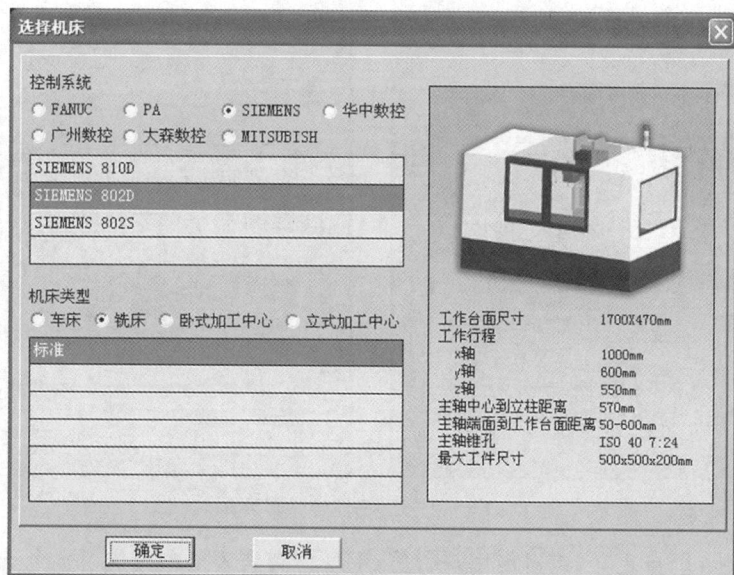

图 5-1-4 选择机床界面

137

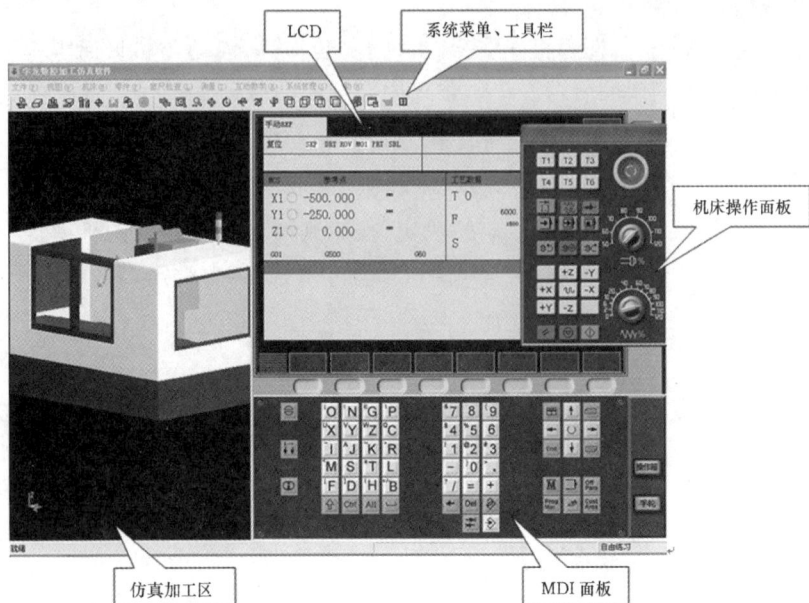

图 5-1-5　SIEMENS 802D 铣床仿真加工系统界面

（2）工件的使用

①定义毛坯。依次点击菜单栏中的"零件/定义毛坯"或在工具条上选择" ⬚ "，系统将弹出如图 5-1-6 所示的"定义毛坯"对话框。

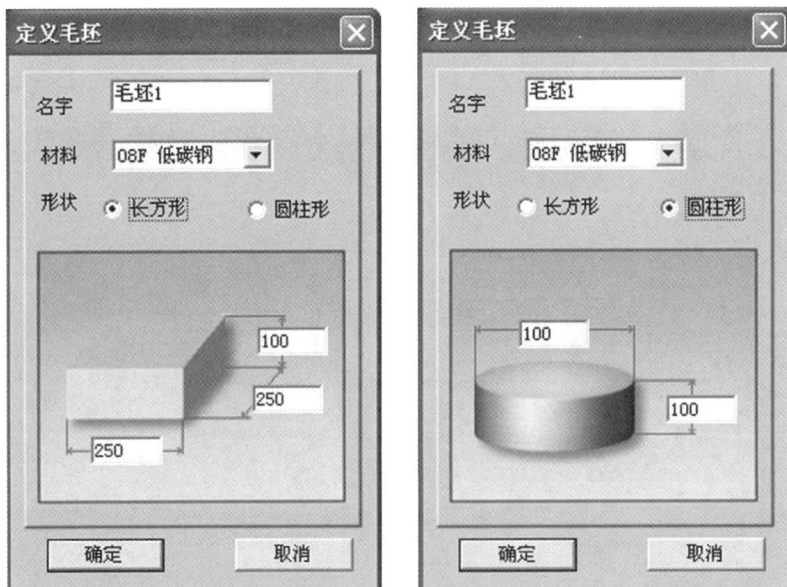

图 5-1-6　毛坯定义界面

毛坯的名字可以自定义，也可使用缺省值；毛坯材料列表框中提供了多个选项（低碳钢、不锈钢、铸铁、铝、45 钢等），可根据需要在"材料"下拉列表中选择。

关于毛坯形状，有两种形状的毛坯供选择：长方形毛坯和圆柱形毛坯。可以在"形状"下拉列表中选择毛坯形状。

关于"毛坯尺寸"输入栏,可在此处输入毛坯尺寸,单位:毫米。

按"确定"按钮,退出本操作,所设置的毛坯信息将被保存。

按"取消"按钮,退出本操作,所设置的毛坯信息将不被保存。

②使用夹具。依次点击菜单中的"零件/安装夹具"或者在工具栏中点击图标 ,系统将弹出"选择夹具"对话框。

在"选择零件"列表框中选择毛坯。在"选择夹具"列表框中选夹具,长方体零件可以使用工艺板或者平口钳,圆柱形零件可以选择工艺板或者卡盘。如图 5-1-7 所示。

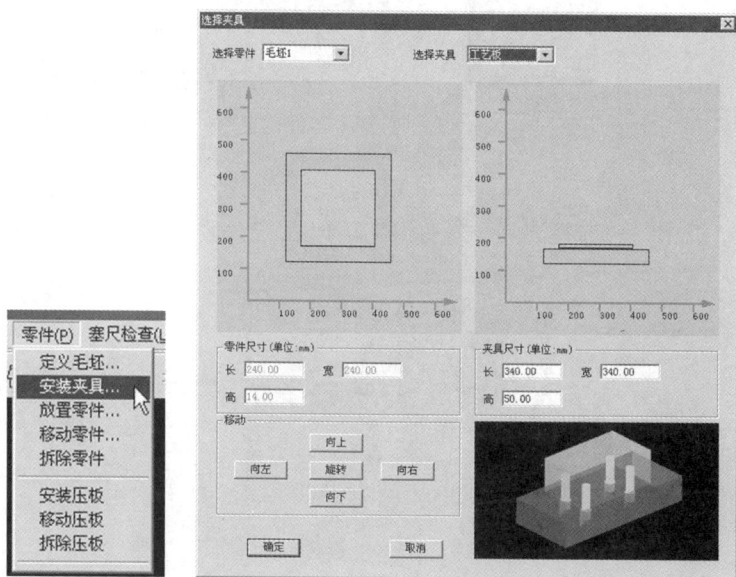

图 5-1-7 安装夹具界面

"夹具尺寸"成组控件内的文本框用于修改工艺板的尺寸(在使用工艺板时);"移动"成组控件内的按钮用于调整毛坯在夹具上的位置。

注意:也可以不使用夹具。

③放置零件。依次点击菜单栏中的"零件/放置零件"或者在工具栏中点击图标" "系统将弹出"选择零件"对话框。如图 5-1-8 所示。

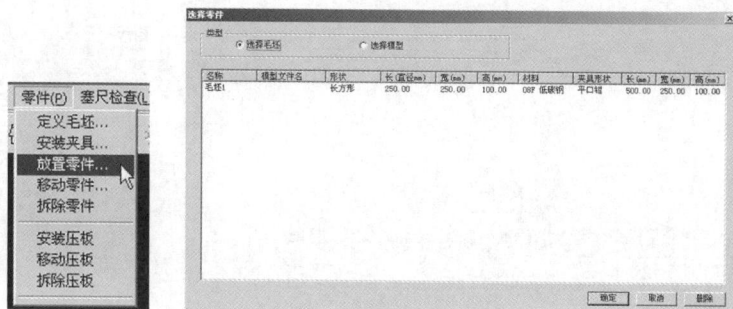

图 5-1-8 "选择零件"对话框

在列表中点击所需的零件,选中的零件信息将会加亮显示,按下"确定"按钮,系统将自动关闭对话框,零件和夹具(如果已经选择了夹具)将被放到机床上。可以通过如下操作在工作台上任意移动零件的位置。毛坯被放置在工作台上后,系统将自动弹出一个小键盘如图5-1-9,通过按动小键盘上的方向按钮,实现零件的平移和旋转。小键盘上的"退出"按钮用于关闭小键盘。依次点击菜单栏中的"零件/移动零件"也可以打开小键盘。

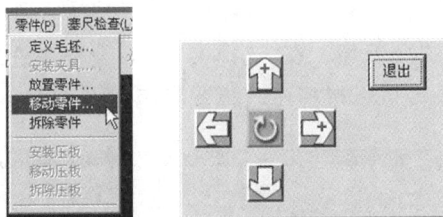

图 5-1-9 调整零件位置

(3)安装刀具

①点击菜单"机床"→"选择刀具…",打开"选择铣刀"对话框如图5-1-10所示。

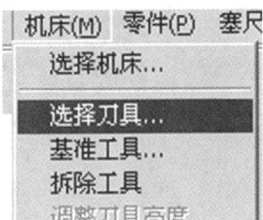

图 5-1-10 选择刀具

②选择合适的刀具类型、刀具尺寸,如图5-1-11所示。

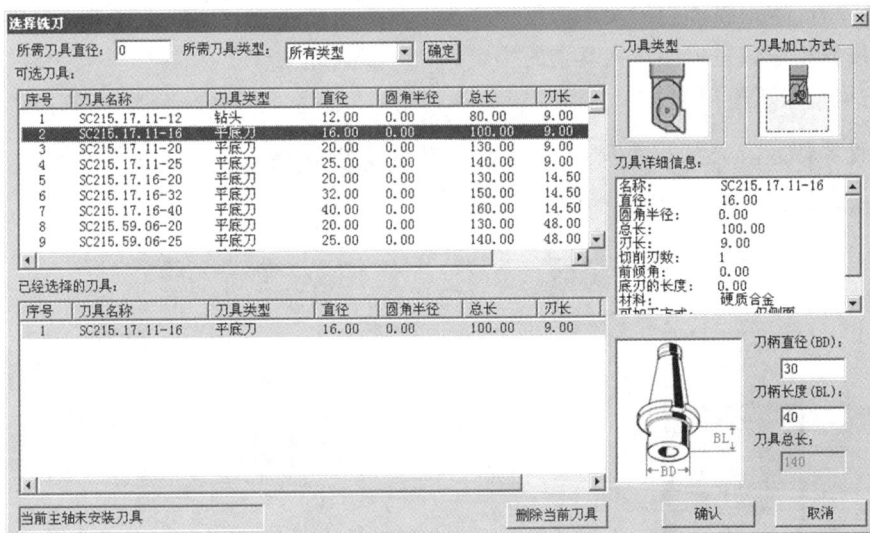

图 5-1-11 选择刀具对话框

③单击"确认",铣刀被安装在机床上,如图 5－1－12 所示。

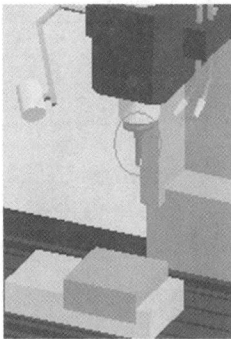

图 5－1－12　安装刀具

1.3　拓展知识

1.3.1　导出零件模型

导出零件模型相当于在计算机中保存零件模型,利用这个功能,可以把经过部分加工的零件作为成型毛坯存放在计算机中。依次点击菜单栏中的"文件/导出零件模型",如图 5－1－13 所示,系统将弹出"另存为"对话框,在对话框中输入文件名,按"保存"按钮,此零件模型即被保存。所保存的文件类型为"＊.PRT"。

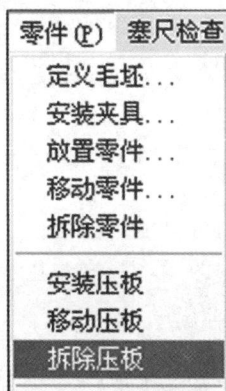

图 5－1－13　导出零件模型

1.3.2　导入零件模型

机床在加工零件时,除了可以使用原始的毛坯,还可以对经过部分加工的毛坯进行再加工。经过部分加工的毛坯称为零件模型,可以通过导入零件模型的功能调用零件模型。

依次点击菜单栏中的"文件/导入零件模型",在弹出的"是否保存当前修改的项目"的对话框中选择"否",系统将弹出"打开"对话框,在此对话框中选择并且打开所需的后缀名为"PRT"的零件文件,则选中的零件模型被放置在工作台面上,如图 5－1－14 所示。

图 5-1-14　导入零件模型选择框

如果经过"导入零件模型"的操作,对话框的零件列表中会显示模型文件名,若在类型列表中选择"选择模型",则可以选择导入零件模型文件,如图 5-1-15。选择后零件模型即经过部分加工的成型毛坯被放置在机床台面上。

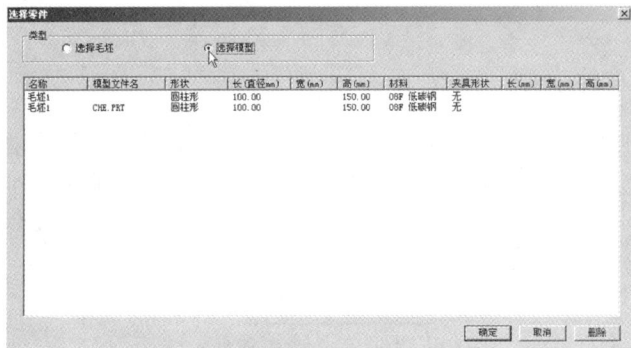

图 5-1-15　导入零件模型对话框

1.3.3　使用压板

当使用工艺板或者不使用夹具时,可以使用压板。

(1)安装压板　依次点击菜单栏中的"零件/安装压板"。系统将弹出"选择压板"对话框。如图 5-1-16 所示。

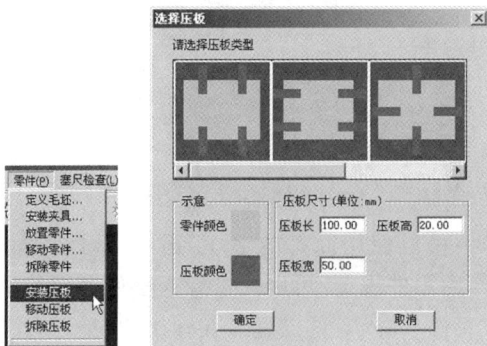

图 5-1-16　安装压板

对话框中列出多种安装方案,拉动滚动条,可以浏览全部可能方案。选择所需要的安装方案,按下"确定"以后,压板将出现在工作台上。在"压板尺寸"中可更改压板长、高、宽。范围:长 30～100;高 10～20;宽 10～50。

(2)移动压板　依次点击菜单栏中的"零件/移动压板"。系统将弹出小键盘,操作者可以根据需要平移压板(但是不能旋转压板)。首先用鼠标选择需移动的压板,被选中的压板颜色变成灰色。然后按动小键盘中的方向按钮操纵压板移动。移动压板时被选中的压板颜色变成灰色。如图 5－1－17 所示。

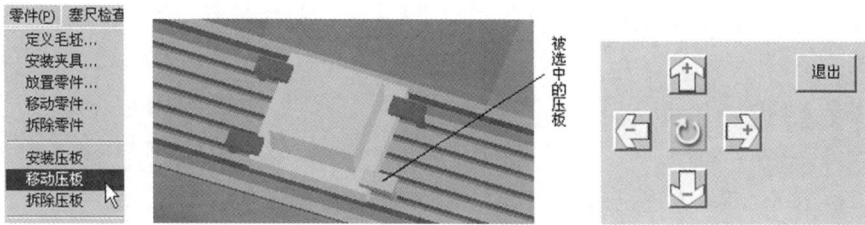

图 5－1－17　移动压板

(3)拆除压板　依次点击菜单栏中的"零件/拆除压板",可将压板拆除。如图 5－1－18所示。

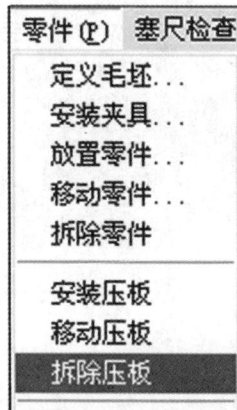

图 5－1－18　拆除压板

第 2 章　数控车床仿真操作与加工

2.1　任务描述

掌握 FANUC 0I MATE 大连机床厂 CKA6136i 数控车床仿真操作方法。

2.2　相关知识

FANUC 0I MATE 大连机床厂 CKA6136i 车床面板操作介绍如下：

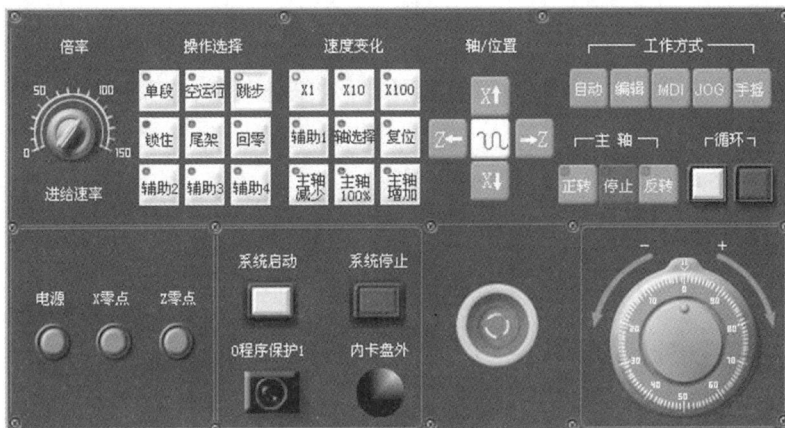

图 5-2-1　FANUC 0I MATE 大连机床厂 CKA6136i 车床面板

1. 车床准备

（1）激活车床

点击"系统启动"按钮，系统总电源开。检查"急停"按钮是否松开至 ⊙ 状态，若未松开，点击"急停"按钮 ⊙ ，将其松开。

（2）车床回参考点

检查操作面板上的回零按钮 回零 指示灯是否亮，若指示灯已亮，则已进入回零模式；否则点击按钮使系统进入回零模式。在回零模式下，先将 X 轴回原点，点击操作面板上的"X 正方向"按钮 X↓ ，此时 X 轴将回原点。同样，再点击"Z 正方向"按钮，点击 →Z，Z 轴将回原点。

2. 对刀

数控程序一般按工件坐标系编程，对刀的过程就是建立工件坐标系与机床坐标系之间关系的过程。其中将工件右端面中心点设为工件坐标系原点。将工件上其他点设为工件坐标系原点的方法与此方法类似。

3.手动操作

(1)手动/连续方式

点击机床面板上的"JOG"按钮 ,机床进入手动操作模式。分别点击 X↑, X↓, Z←, →Z 按钮,控制机床的移动方向和坐标轴。

(2)手动脉冲方式

点击操作面板上的"手摇"旋钮 手摇,系统进入手动脉冲方式。此外,通过倍率按钮 X1 X10 X100 选择不同的脉冲步长。点击 X↓ 或 X↑ 将设置手轮的进给轴为 X 轴,点击 →Z 或 Z← 将设置手轮进给轴为 Z 轴。鼠标对准手轮 ◎,点击左键或右键,精确控制机床的移动。

(3)手动方式

在手动/连续方式或在对刀过程中,需精确调节机床时,可用手动脉冲方式调节机床。点击操作面板上的模式选择旋钮,系统进入手动脉冲方式。此外,通过倍率按钮 X1 X10 X100 选择不同的点动步长。点击 X↓, X↑, →Z 或 Z←,将实现手动精确控制机床的移动。

4.自动加工方式

(1)自动/连续方式

检查机床是否回零,若未回零,先将机床回零。导入数控程序或自行编写一段程序。点击操作面板上的"自动"按钮 自动,系统进入自动运行状态。点击操作面板上的循环启动按钮,程序开始自动执行。

(2)自动/单段方式

点击操作面板上的"单段"按钮 单段,指示灯变亮。点击操作面板上的"循环启动"按钮 □,程序开始执行。需要注意,自动/单段方式执行每一行程序均需点击一次"循环启动"□按钮;可以通过"进给倍率"旋钮 ◎ 来调节主轴移动的速度;按 RESET 键可将程序重置。

2.3　任务实施

2.3.1　选择机床

【机床】→选择机床→FANUC→FANUC0i　Mate→车床→大连机床厂 CKA6136i→确定。

2.3.2　返回参考点

【机床】→按下"系统启动"→解除 ◎→按下 回零→按下 X↓ 等待面板 X 零点指示灯亮起→按下 →Z 等待 Z 面板 Z 零点指示灯亮起→机床回零点完成。

2.3.3　零件设置及安装

【零件】→定义毛坯→选择毛坯材质→设置毛坯尺寸→确定;

【零件】→放置零件→选择毛坯→点击安装零件→移动至合适位置→退出。

2.3.4 选择刀具

【机床】→选择刀具→选择刀具位置→选择刀片→选择刀尖及刃长→选择刀柄→点击"确定"(图5-2-2)。

注:在大连机床厂CK6136i机床上最多同时能选择4个刀位安装刀具。

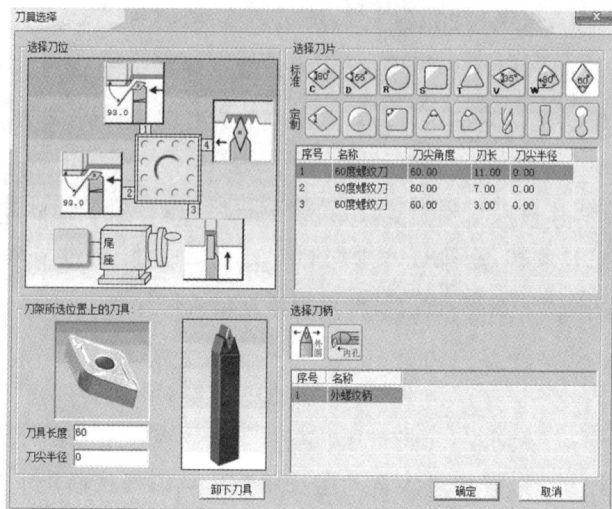

图5-2-2 刀具选择对话框

2.3.5 对刀

选择"JOG"模式→启动主轴正转→将刀架快速移动接近工件→手摇方式刀尖试切工件外圆→保持X方向不动,从Z方向将刀具退出→停止主轴转动→点击"测量""剖面图测量"菜单→出现"是否保留半径小于1的圆弧",选"是"→记下测量所得X值→点击"offset setting"键→点击"形状"软键→输入测量所得X值→点击"测量"软键→X轴对刀完成→再次启动主轴正转→手摇方式下用刀尖试切工件端面→保持Z方向不动,X方向退刀并停止主轴转动→点击"测量"菜单,出现"车床工件测量"界面→输入"Z0",点击"测量"软键→对刀完成。

1号刀对刀结束后,执行机床回零点操作,然后按上述方法依次对2、3、4号刀执行对刀操作。

2.3.6 输入数控加工程序

选择"编辑状态"→PROG→输入程序名→按EOBE→按INSERT→程序名输入完成→输入一个程序段的内容→按EOBE→按INSERT→一个程序段输入完成→以下依次类推。

2.3.7 执行数控加工程序

选择"自动"工作方式→按下"循环"按钮启动程序运行→程序运行完毕→工件加工完成(图5-2-3)。

146

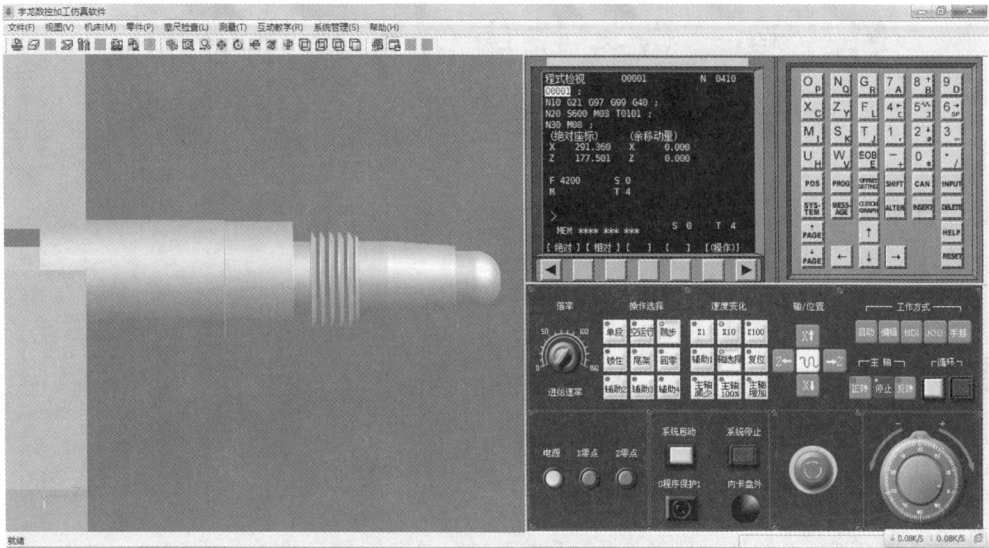

图 5-2-3　仿真加工完成的工件

第3章 数控铣床仿真操作与加工

3.1 任务描述

掌握 SIMENS 802D 大连机床厂 XD-40 数控铣床仿真操作方法。

3.2 相关知识

3.2.1 对刀

在数控加工中,工件坐标系确定后,还要确定刀位在工件坐标系中的位置。对刀是使"刀位点"与"对刀点"重合的操作。

刀位点是指刀具的定位基准点,对于立铣刀来说,刀位点是刀具轴线与底面的交点,球头铣刀的刀位点一般取为球心,钻头的刀位点是钻尖。

对刀点是指通过对刀确定刀具与工件相对位置的基准点。对刀点可以设在工件上,也可以设在与工件的定位基准有一定关系的夹具某一位置上。

数控铣床 SIEMENS 802D 定点对刀过程如下:

安装毛坯→选择需要刀具并安装→机械回零→决定工件坐标系零点→启动主轴→设定 Z=0 位置→设定 X=0 位置→设定 Y=0 位置→工件原点的验证→对刀完成。

3.2.2 数控程序处理

数控程序可以通过记事本或写字板等编缉软件输入并保存为文本格式文件,也可直接用 SIEMENS 802D 系统内部的编辑器直接输入程序。

1. 新建一个数控程序

在系统面板上按下 Prog Man,进入程序管理界面,按下新程序键,弹出对话框,输入程序名,按"确认"键,生成新程序文件,并进入到编辑界面。若按软键"中断",则取消之前的步骤。

注:输入新程序名必须遵循以下原则:前两位必须是字母;之后的可以是字母、数字或下划线;最多为 16 个字符;不得使用分隔符。

2. 数控程序传送

(1)读入程序

先利用记事本或写字板方式编缉好加工程序并保存为文本格式文件,文本文件的头两行必须是如下的内容:

%_N_复制进数控系统之后的文件名_MPF

;＄PATH=/_N_MPF_DIR

148

打开键盘,按下 `Prog Man`,进入程序管理界面。点击软键 `读 入`;在菜单栏中选择"机床/DNC传送",选择事先编辑好的程序,此程序将被复制进数控系统。

(2)读出程序

打开键盘,按下 `Prog Man`,进入程序管理界面。用 `↑` `↓` 选择要读出的的程序;按软键"读出",弹出保存文件对话框,选择好需要保存的路径,输入文件名,按保存键保存。

3. 选择待执行的程序

在系统面板上按"程序管理器"(Program manager)键 `Prog Man`,系统将进入"程序管理"界面,显示已有程序列表。

用光标键 `↑` `↓` 移动选择条,在目录中选择要执行的程序,按软键"执行",选择的程序将被作为运行程序,在 POSITION 域中右上角将显示此程序的名称。

如按其他主域键(如 POSITION `M` 或 PARAMTER `Off Para` 等),切换到其他界面。

4. 程序复制

进入到程序管理主界面的"程序"界面,使用光标选择要复制的程序。按软键"复制",系统出现复制对话框,标题上显示要复制的程序,输入程序名。文件名必须以两个字母开头。按"确认"键,复制原程序到指定的新程序名,关闭对话框并返回到程序管理界面。

注:若输入的程序与源程序名相同或输入的程序名与一已存在的程序名相同时,将不能创建程序。可以复制正在执行或选择的程序。

5. 删除程序

进入到程序管理主界面的"程序"界面,按光标键选择要删除的程序。按软键"删除",系统出现删除对话框。按光标键选择选项,第一项为刚才选择的程序名,表示删除这一个文件,第二项"删除全部文件"表示要删除程序列表中所有文件。按"确认"键,将根据选择删除类型删除文件并返回程序管理界面。

注:若没有运行机床,可以删除当前选择的程序,但不能删除当前正在运行的程序。

6. 重命名程序

进入到程序管理主界面的"程序"界面,光标键选择要重命名的程序。按软键"重命名",系统出现重命名对话框。输入新的程序名,按"确认"键,源文件名更改为新的文件名并返回到程序管理界面。

7. 程序编辑

(1)编辑程序

在程序管理主界面,选中一个程序,按软键"打开"或按"INPUT",进入到编辑主界面,编辑程序为选中的程序。在其他主界面下,按下系统面板 `⌐` 的键,也可进入到编辑主界面,其中程序为以前载入的程序。

在此界面下,输入程序,程序立即被存储。按软键"执行"来选择当前编辑程序为运行程序。按软键"重编号"将给程序段重新编排行号。

注:软键"钻削""车削"及铣床中的"铣削"暂不支持;若编辑的程序是当前正在执行的程序,则不能输入任何字符。

（2）搜索程序

切换到程序编辑界面,按软键"搜索",系统弹出搜索文本对话框。若需按行号搜索,按软键"行号",对话框变为按行号搜索对话框。按"确认"后若找到了要搜索的字符串或行号,将光标停到此字符串的前面或对应行的行首。搜索文本时,若搜索不到,主界面无变化,在底部显示"未搜索到字符串"。搜索行号时,若搜索不到,光标停到程序尾。

3.3 任务实施

3.3.1 选择机床

【机床】→选择机床→SIEMENS→SIEMENS802D→铣床→标准→确定。

注:在机床显示区域单击鼠标右键,弹出"视图"菜单,点击"选项",出现"视图选项"对话框,取消"显示机床罩子"复选框的选中,确定后可使机床罩子隐藏。

3.3.2 返回零点

解除急停→按下复位→选择手动模式→按下回零按钮→依次按下面板上的＋Z、＋X、＋Y按钮→等待机床回零标识出现。

3.3.3 零件设置及安装

【零件】→定义毛坯→设置毛坯尺寸→确定。

【零件】→安装夹具→选择零件＋选择夹具→适当移动→确定。

【零件】→放置零件→点击毛坯→点击安装零件→适当移动→退出。

3.3.4 选择刀具

【机床】→选择刀具→输入刀具直径→选择刀具类型并按下确定→在刀具列表中选择所需的刀具→确认

3.3.5 设置刀具半径补偿值

点击"Off Para"按键→点击"新刀具"软键→点击"铣刀"软键→输入刀具号并按确认→点击"刀具表"软键→光标移至所需刀具号的"几何"一栏中的的半径位置→输入刚才选定的刀具半径。

3.3.6 试切法中心点对刀

1. 设定 Z0 位置

选择"手动"模式→按－X、－Y按键移动工件至刀具正下方→按－Z按键移动铣刀至工件附近→切换"手轮"操作→铣刀底面轻微接触工件上表面(刚出现铁屑)→将手轮调到 OFF并隐藏→点击屏幕软键"零点偏移"→将"基本"及"G54"中的 Z 轴清零→点击屏幕软键"测量工件"→点击"Z"→使用方向键上下移动光标,定位于"存储在",→点击 ⟳ 按钮将"存储在"显示的"Base"切换为"G54"→将"设置位置 Z0"的值清零→点击软键"计算"→点击软键"零点偏移"看到 G54 的 Z 值已被设定为偏置值→Z 轴设定完毕。

2. 设定 X0 位置

选择"手动"模式→使用 X、Y、Z 按键移动工件和刀具→将刀具轻靠工件 X 轴左侧面（操作人员面对工件时的左侧）→记录 X 轴坐标值→将刀具轻靠工件 X 轴右侧面（操作人员面对工件时的右侧）→记录 X 轴坐标值→计算 X3＝ABS(X1－X2)/2（X3 即为当前刀具位置到工件原点 X 方向上的偏移值）→将手轮调到 OFF 并隐藏→点击屏幕软键"零点偏移"→将"基本"及"G54"中的 X 轴清零→点击屏幕软键"测量工件"→点击"X"→使用方向键上下移动光标，定位于"存储在"，→点击 ⟳ 按钮将"存储在"显示的"Base"切换为"G54"→将"设置位置 X0"的值清零→输入偏置值 X3（注意，此时工件原点坐标在刀具位置的负方向，因此方向为"－"）→点击软键"计算"→点击软键"零点偏移"看到 G54 的 X 值已被设定为偏置值→X 轴设定完毕。

3. 设定 Y0 的位置

选择"手动"模式→使用 X、Y、Z 按键移动工件和刀具→将刀具轻靠工件后侧（亦即机床背侧，无人的一侧面）→记录 Y 轴坐标值→将刀具轻靠工件后侧（亦即机床背侧，无人的一侧面）→记录 Y 轴坐标值→Y3＝ABS(Y1－Y2)/2（Y3 即为当前刀具位置到工件原点 Y 方向上的偏移值）→将手轮调到 OFF 并隐藏→点击屏幕软键"零点偏移"→将"基本"及"G54"中的 X 轴清零→点击屏幕软键"测量工件"→点击"Y"→使用方向键上下移动光标，定位于"存储在"，→点击 ⟳ 按钮将"存储在"显示的"Base"切换为"G54"→将"设置位置 Y0"的值清零→输入偏置值 Y3（注意此时工件原点坐标在刀具位置的正方向，因此方向为"＋"）→点击软键"计算"→点击软键"零点偏移"看到 G54 的 Y 值已被设定为偏置值→Y 轴设定完毕。

注：点击软键"零点偏移"，回到零点偏置界面，可看到 G54 的 X、Y、Z 值都已被设定（图5－3－1）。

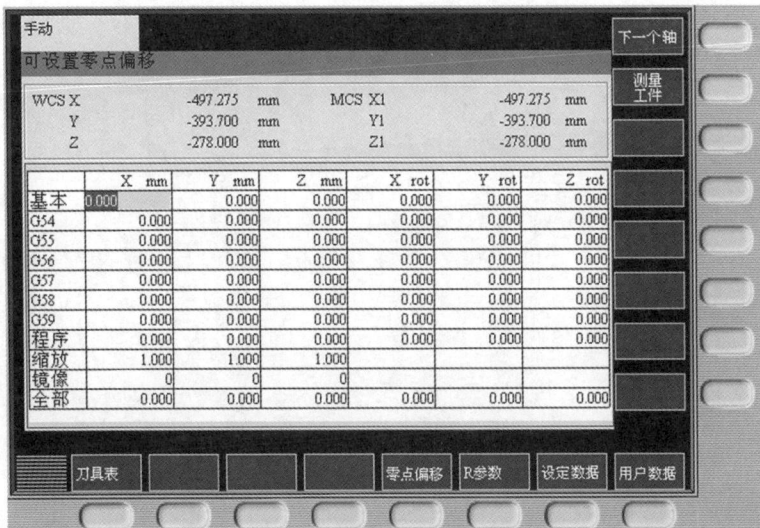

图 5－3－1　X、Y、Z 零点偏移值设定

4. 执行工件原点的验证

点击"加工操作区域"按键→选择手动方式→按"主轴正传"启动主轴→点击"MDA"按钮→输入工件原点验证程序段→点击"循环启动"按钮→刀具和工件到达前所设定的工件参考系原点→验证结束→按"主轴停传"停下主轴→操作机床返回 X、Y、Z 各轴原点。

3.3.7 新建并编辑数控加工程序

点击"程序管理"按键→点击"新程序"软键→输入程序名→按"确认"键→输入程序。

3.3.8 运行程序进行仿真加工

点击"程序管理"按键→在程序列表里选中需要执行的程序→按下"执行"软键→选择"自动加工"模式→按下"循环启动"键→自动加工完毕。

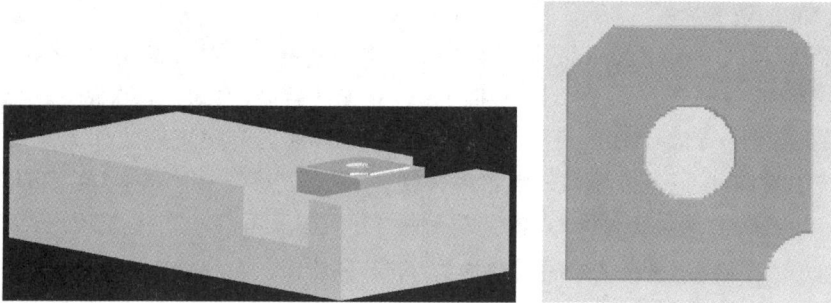

图 5-3-2 仿真加工完成的工件

第 4 章　立式加工中心仿真操作

4.1　任务描述

掌握 FANUC 0I 南通机床厂 XH713A 立式加工中心仿真操作方法。

4.2　相关知识

4.2.1　加工中心的组成

同类型的加工中心与数控铣床的布局相似,主要在刀库的结构和位置上有区别。在数控立式铣床的基础上增加刀库和换刀机构即构成立式加工中心。一般由数控系统、进给伺服系统、冷却润滑系统等几大部分组成。包括床身、主轴箱、工作台、操作面板、主轴、电气箱、切削液箱、斗笠式刀库等。

加工中心的加工范围广,柔性、加工精度和加工效率高,近年来在品种、性能、功能方面有很大的发展,已逐渐成为制造业中的主要设备。不同厂家生产的加工中心在编程和操作方法上大同小异,具体应用时应参考所使用机床的编程手册和操作手册。

4.2.2　FANUC 0I 南通机床厂 XH713A 立式加工中心机床面板

FANUC 0I 南通机床厂 XH713A 立式加工中心机床面板,如图 5-4-1 所示。

图 5-4-1　南通机床厂 XH713A 立式加工中心面板

4.3 任务实施

4.3.1 选择机床

【机床】→选择机床→Fanuc→FANUC0i→立式加工中心→南通机床→确定。

注:在机床显示区域单击鼠标右键,弹出"视图"菜单,点击"选项",出现"视图选项"对话框,取消"显示机床罩子"复选框的选中,确定后可使机床罩子隐藏。

4.3.2 零件设置及安装

【零件】→定义毛坯→设置毛坯尺寸;

【零件】→安装夹具→选择零件+选择夹具→适当移动;

【零件】→放置零件→点击毛坯→点击安装零件→适当移动→退出。

4.3.3 机床控制

1.开机

2.机床回零

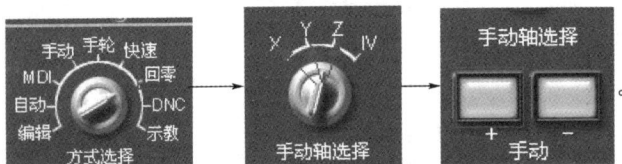

3.手动操作机床

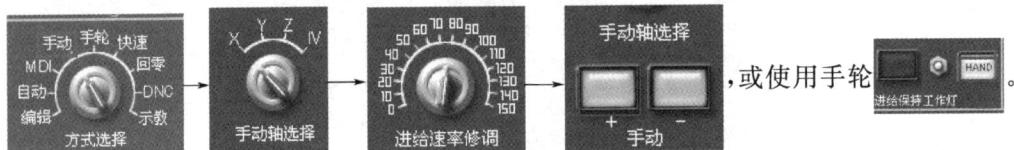

,或使用手轮

4.3.4 选择刀具

1.选刀

【机床】→选择刀具→设置"刀具直径"+"刀具类型"→在"可选刀具"中点击某一刀具→在"已选择刀具"中点击相应刀具位置号即可→安装上述方式再次选择所需刀具→最后点击"确定。

2.删除刀库中的刀具

【机床】→选择刀具→在"已选择刀具"中点击相应刀具→点击"删除当前刀具"→点击确定。

3.将刀库中的刀具放置到主轴上

【机床】→选择刀具→在"已选择刀具"中点击相应刀具→点击"添加至主轴"→确定。

4. 将主轴上的刀具放回刀库中

【机床】→选择刀具→在"已选择刀具"中点击相应刀具→点击"撤销主轴刀具"→确定。

5. 自动装(换)刀

编辑状态→ PROG →输入 `O0001 ; / G91 G28 Z0 ; / M06 T01 ;` →自动状态下→ 循环启动 →停止请按 机床复位 →再通过手工方式调整主轴相对工件的位置。

4.3.5　对刀

X 轴:让刀具快速接近工件左端面→主轴正转→用手轮控制让刀具逐渐接触工件→记下接触一瞬间的 X 坐标值,记为 X1。用类似的方法让刀具接触工件右端面→记下接触一瞬间的 X 坐标值,记为 X2。利用公式计算:(X1+X2)/2=X,将 X 输入 G54 下,方法如下:手动状态下→ OFFSET SETTING →按坐标系软键 [补正][SETTING][坐标系][　][(操作)] →输入 X→按下 INPUT →X 输入到 CNC 系统中。

Y 轴:对刀方式和 X 轴相似。

Z 轴:让刀具在旋转的状态下逐渐接触工件上表面→记下接触一瞬间的 z 坐标值→将该 z 坐标值按照 X 轴对刀的输入方法输入到 G54 下 z 处。

其他需要使用的刀具也按照上述方法进行对刀。

4.3.6　刀具半径补偿和长度补偿——补偿值输入

加工中心的刀具补偿包括刀具的半径和长度补偿。

1. 输入半径补偿参数

FANUC 0i 的刀具直径补偿包括形状直径补偿和摩耗直径补偿。

(1)在 MDI 键盘上点击 OFFSET SETTING 键,进入参数补偿设定界面,如图 5-4-2 所示。

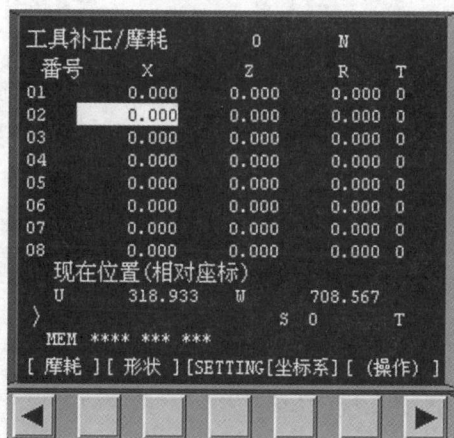

工具补正/摩耗		O	N	
番号	X	Z	R	T
01	0.000	0.000	0.000	0
02	0.000	0.000	0.000	0
03	0.000	0.000	0.000	0
04	0.000	0.000	0.000	0
05	0.000	0.000	0.000	0
06	0.000	0.000	0.000	0
07	0.000	0.000	0.000	0
08	0.000	0.000	0.000	0

现在位置(相对座标)
U　318.933　W　708.567
>　　　　　　　S　0　T
MEM **** *** ***
[摩耗][形状][SETTING[坐标系][(操作)]

图 5-4-2　参数补偿设定界面

(2)用方位键 ↑↓ 选择所需的番号,并用 ←→ 确定需要设定的直径补偿是形状补偿还是摩耗补偿,将光标移到相应的区域。

(3)点击 MDI 键盘上的数字/字母键,输入刀尖直径补偿参数。

(4)按菜单软键[输入]或按 INPUT,参数输入到指定区域。按 CAN 键逐个字符删除输入域中的字符。

注:直径补偿参数若为 4mm,在输入时需输入"4.000",如果只输入"4",则系统默认为"0.004"。

2.输入长度补偿参数

长度补偿参数在刀具表中按需要输入。FANUC 0i 的刀具长度补偿包括形状长度补偿和摩耗长度补偿。

(1)在 MDI 键盘上点击 OFFSET SETING 键,进入参数补偿设定界面,如图 5-4-2 所示。

(2)用方位键 ↑ ↓ ← → 选择所需的番号,并确定需要设定的长度补偿是形状补偿还是摩耗补偿,将光标移到相应的区域。

(3)点击 MDI 键盘上的数字/字母键,输入刀具长度补偿参数。

(4)按软键[输入]或按 INPUT,参数输入到指定区域。按 CAN 键逐个字符删除输入域中的字符。

4.3.7　输入数控加工程序

选择"编辑状态"→ PROG →输入程序名→按 EOB E →按 INSERT →程序名输入完成→输入一个程序段的内容→按 EOB E →按 INSERT →一个程序段输入完成→以下依次类推。

4.3.8　运行程序进行仿真加工

选择"自动"工作方式→按下"循环"按钮启动程序运行→程序运行完毕→工件加工完成如图 5-4-3 所示。

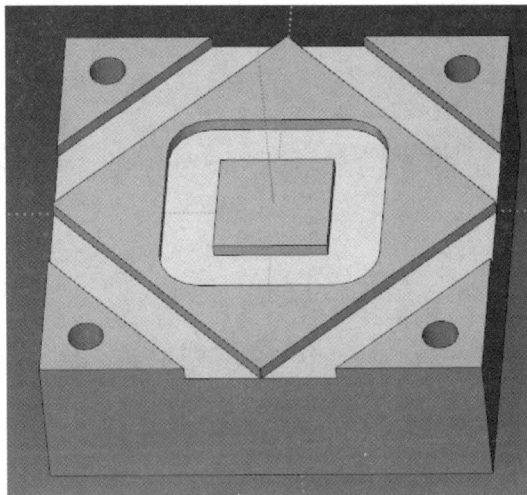

图 5-4-3　仿真加工完成的工件

第6篇 数控机床DNC传输

第1章　数控机床 DNC 基本知识

1.1　任务描述

DNC 系统的概述；DNC 系统的组成、功能；DNC 系统的控制结构；了解 DNC 加工的原理。

1.2　相关知识

(1)DNC 概述　DNC(Distributed Numerical Control)称为分布式数控,意为直接数字控制或分布数字控制。它是实现 CAD/CAM 和计算机辅助生产管理系统集成的纽带,是机械加工自动化的又一种形式。

DNC 系统是用一台或多台计算机,对多台数控机床进行控制,是机械加工的一个重要发展,DNC 属于工业自动化制造的一种形式。

(2)DNC 系统的组成；如图 6-1-1 所示。

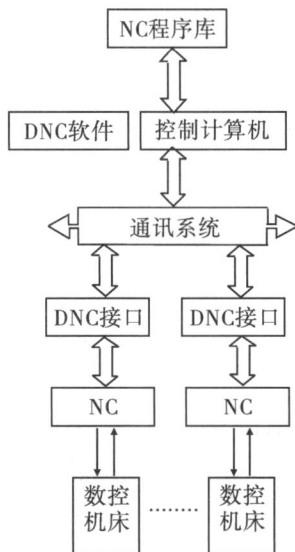

图 6-1-1

控制计算机、通讯系统、DNC 接口、NC 或 CNC 装置、软件系统

(3)DNC 系统的功能

①NC 程序的输入与输出。

②NC 程序的管理。

③生产信息的采集,生产进度的调节。

④数据集成化的生产管理。

1.3　拓展知识

(1)DNC 系统控制结构　如图 6-1-2 所示。

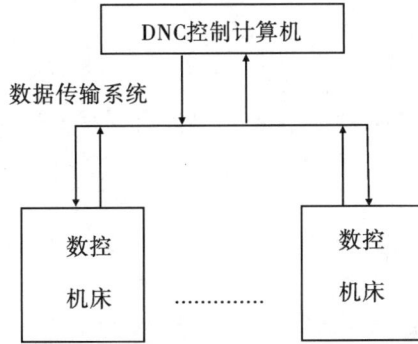

```
        ┌──────────────┐
        │ DNC控制计算机 │
        └──────────────┘
数据传输系统
    ┌────────────────────┐
 ┌──────┐          ┌──────┐
 │ 数控 │          │ 数控 │
 │ 机床 │ ……………… │ 机床 │
 └──────┘          └──────┘
```

图 6-1-2

(2)DNC 加工原理　如图 6-1-3 所示。

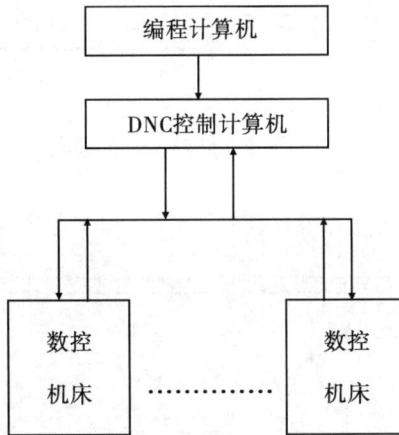

```
        ┌──────────────┐
        │  编程计算机   │
        └──────────────┘
        ┌──────────────┐
        │ DNC控制计算机 │
        └──────────────┘
    ┌────────────────────┐
 ┌──────┐          ┌──────┐
 │ 数控 │          │ 数控 │
 │ 机床 │ …………… │ 机床 │
 └──────┘          └──────┘
```

图 6-1-3

第2章 数控机床 DNC 基本操作

2.1 任务描述

掌握数控系统的 DNC 在线加工,能正确设置传输参数实现在线加工。

2.2 相关知识

(1)串口线路连接

①FANUC 串口线路,如图 6-2-1 所示。

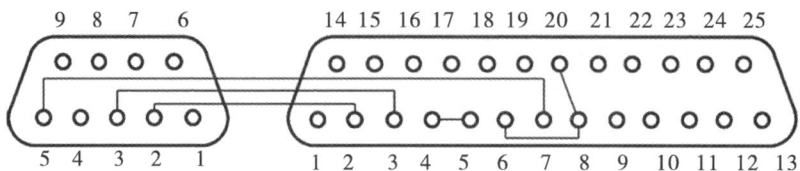

图 6-2-1 9 孔串口与 25 针串口焊接关系

②SIEMENS 串口线路,如图 6-2-2 所示。

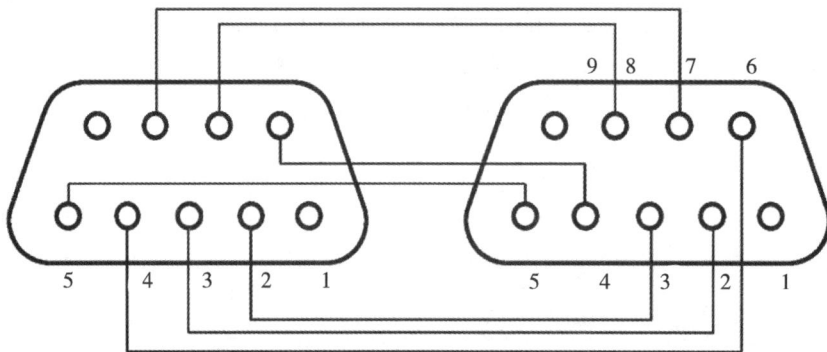

图 6-2-2 9 孔串口焊接关系

(2)程序格式

①FANUC 程序格式。

　　%

Oxxxx

160

…………;

…………;

M30;

%

注:xxxx 为四位数字的程序名,开头为字母 O。

②SIEMENS 程序格式

%_N_SKxxxx_MPF

……………LF

……………LF

M02 LF

注:LF 为程序段结束符号,系统自动生成。

2.3　拓展知识

(1)CXAC 网络 DNC 传输软件讲解

①系统组成。通讯模块、管理模块、采集模块、统计分析模块、刀具管理模块。

②传输界面,如图 6 - 2 - 3。

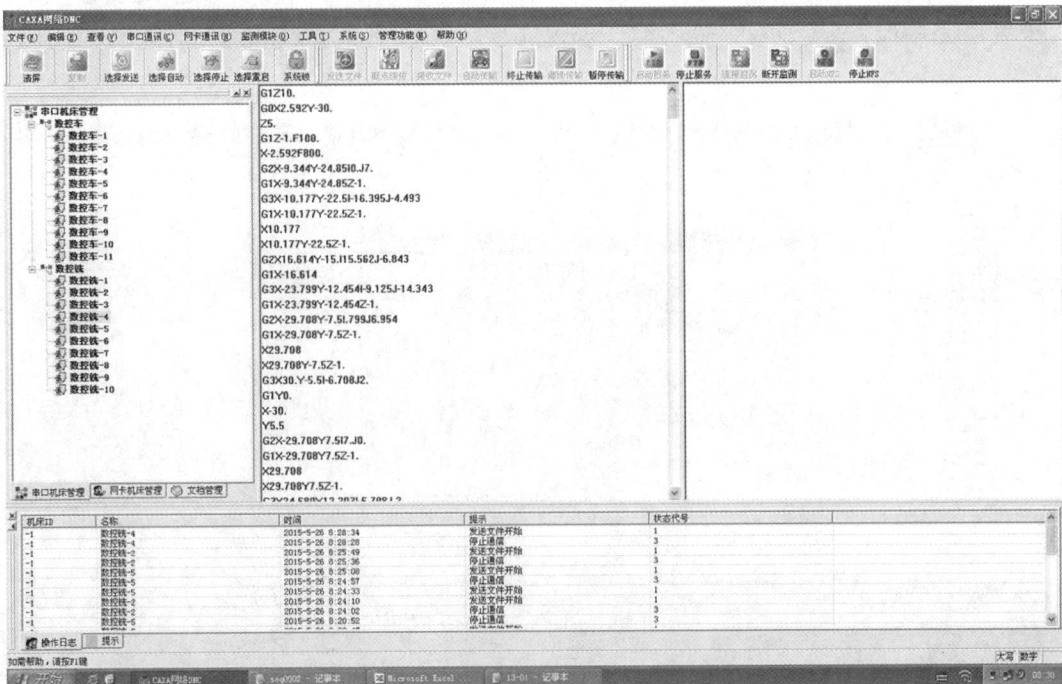

图 6 - 2 - 3

（2）传输参数设置

①CAXA：DNC 传输界面设置，如图 6-2-4、6-2-5 所示。

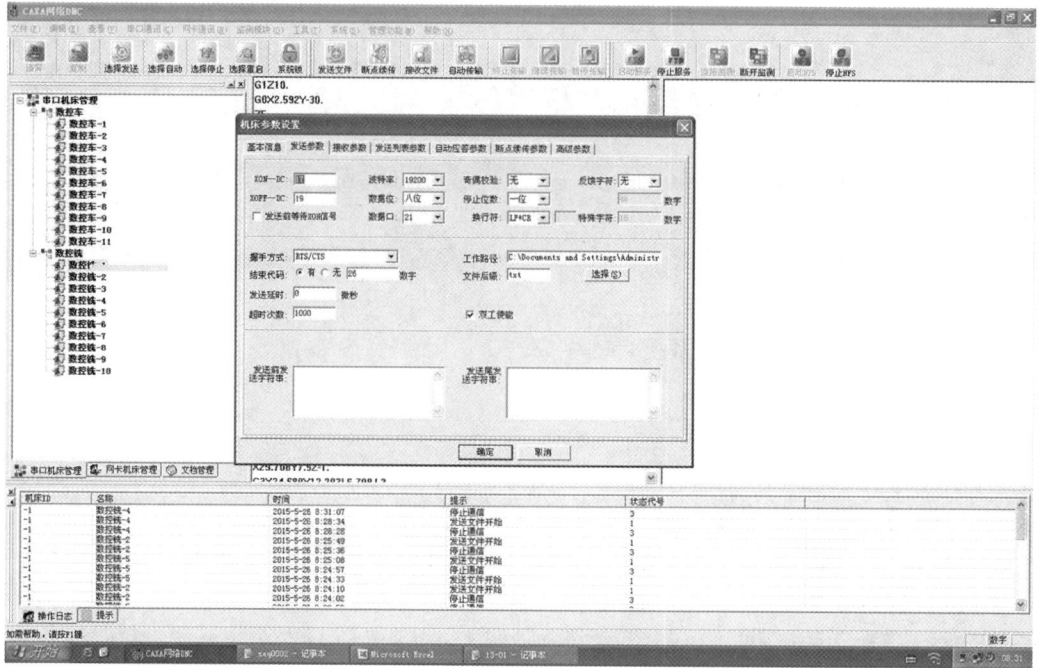

图 6-2-4

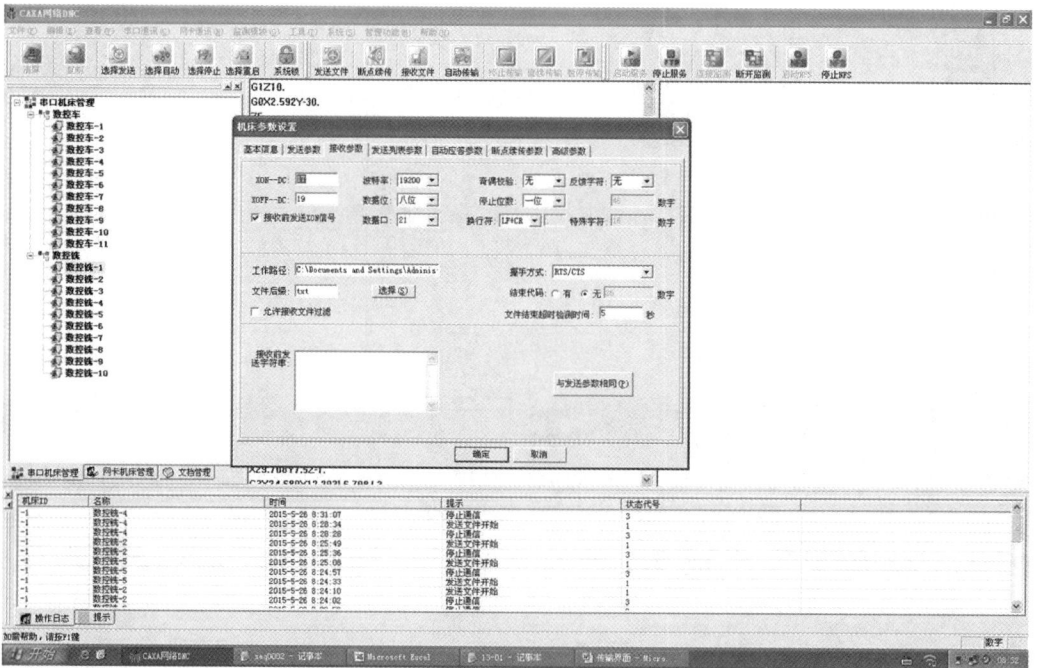

图 6-2-5

②FANUC 传输参数设置,如图 6-2-6 所示。

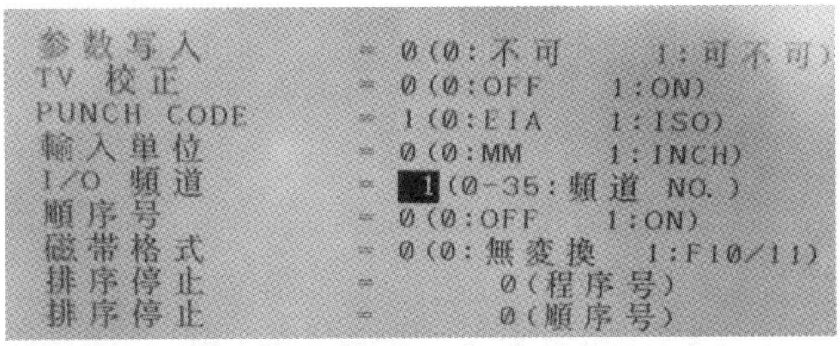

```
参 数 写 入      = 0(0:不可      1:可不可)
TV 校 正        = 0(0:OFF      1:ON)
PUNCH CODE     = 1(0:EIA      1:ISO)
输 入 单 位      = 0(0:MM       1:INCH)
I/O 频 道       = 1(0-35:频道 NO.)
顺 序 号        = 0(0:OFF      1:ON)
磁 带 格 式      = 0(0:無变换    1:F10/11)
排 序 停 止      =          0(程序号)
排 序 停 止      =          0(順序号)
```

图 6-2-6

③SIEMENS 传输参数设置,如图 6-2-7 所示。

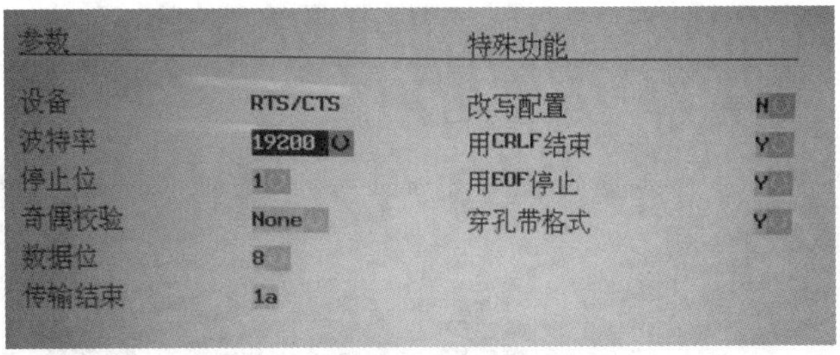

图 6-2-7

(3)数控机床传输界面

①FANUC 传输界面,如图 6-2-8 所示。

图 6-2-8

②SIEMENS 传输界面,如图 6-2-9 所示。

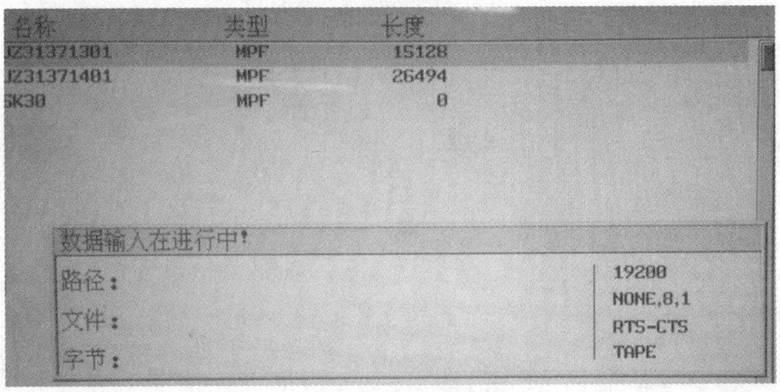

图 6-2-9

第 7 篇 CTW320 – TB 线切割机床操作与加工

第1章　数控线切割基本知识

1.1　任务描述

了解数控线切割的结构组成、工作原理、加工分类、加工工艺分析及特点,掌握数控线切割的坐标系、相关参数和保养润滑等基本知识。

1.2　相关知识

数控电火花线切割机床既数控机床,电火花线切割加工是在电火花加工基础上用线状电极(钼丝或铜丝)靠火花放电对工件进行切割,故称为电火花线切割,有时简称线切割。

1.2.1 数控线切割的结构、组成及工作原理

1. 数控线切割的结构

机床外观如图7-1-1所示,其各部分结构及其特性介绍如下:

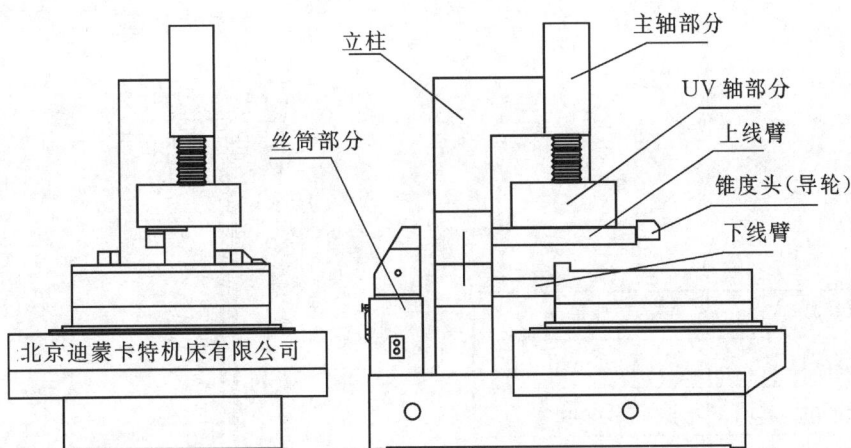

图7-1-1　数控线切割机床结构图

(1)床身　床身采用T型床身,长轴在下,短轴在上,从而使机床更稳定可靠,承重更大。床身四周由板金全包,外型美观,整体效果突出,又防止工作液外溅,使机床更好的保证清洁,延长使用寿命。

(2)工作台　工作台纵横向移动采用滚动直线导轨副,既有益于提高数控系统的响应速度和灵敏度,又能实现高定位精度和重复定位精度,有效地保证了工件的加工精度。

（3）立柱

①线架。线架上下臂都装有高频电源进电块和断丝保护装置，靠近主导轮的是前者，远离主导轮的是后者。如有烧丝现象应仔细观察钼丝是否与进电块和断丝保护块相接触，使用日久硬质合金导电块时间长了以后会出现深沟槽时，应该更换新的导电块。线架上下臂应经常保持清洁，以免切下来的金属泥削与线架臂接触而发生短路现象，以致影响切割效率。

在锥度加工前必须输入与切割锥度工件有关的四个参数，参数意义及操作方法如下：

工件高度：所切工件的实际高度值；

Z轴高度：即上下导轮的中心距离（此数值操作者应当作记录，以备下次再切割时使用）；

导轮半径：本机床专用导轮半径为 17.00mm，此参数出厂前厂家已设好，无需改动；

下导轮与工件下平面距离：此参数出厂前厂家也已设好，无需改动。

以上参数直接影响切割锥度工件的尺寸精度，所以这四个参数必须准确，配有数显表的机床，开机后数显表显示值即为 Z 轴高度；当再切一定高度的工件时，升高 Z 轴，需重新测量，输入数显表。其中 Z 轴高度（H）与可切工件最大高度（h）的关系如下：

$$可切工件高度（h）+100=Z 轴高度（H）$$

这两个参数测量准确，否则无法保证切割精度。

切割锥度时，必须用本机床配套夹具，否则影响精度。线架可以根据切割工件的厚度，按 Z 轴手控盒"上""下"键，使上下线架成为需要的开度，进行切割。但要注意以下事项：

在 Z 轴作上下升降时，一定要注意升降连杆的行程，切勿超出行程否则会损坏连杆（连杆示意图如图 7-1-2）。因机床受四连杆结构限制，升降连杆的连接套设计为三种不同长度，适应于切割不同厚度的工件，其使用要求与方法如表 7-1-1。

表 7-1-1

切割厚度	套管长度
200mm 以下	150mm
200～300mm 之间	280mm
300～500mm 之间	480mm

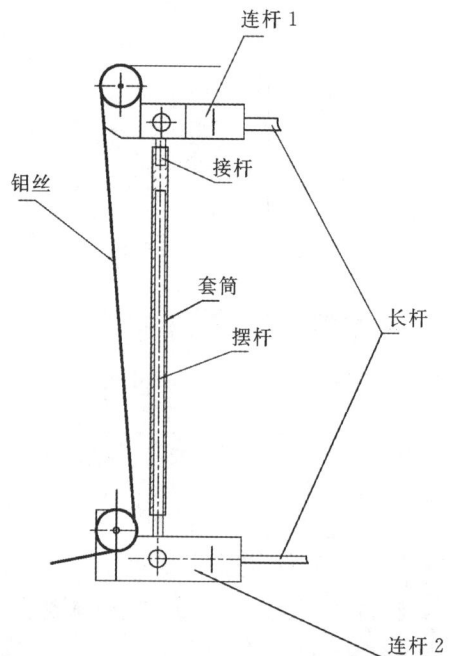

图 7-1-2 连杆示意图

换装方法：

(a)先将行程转换开关拨到"ON"位置；

(b)将套管上端顶丝松开,按 Z 轴手控盒"上"键,将线架升起至套管与连杆脱开；

(c)将套管取下,选取合适的套管；

(d)按 Z 轴手控盒"下"键,对正与套管相配合的连杆,将套管上端丝拧紧；

(e)按 Z 轴手控盒"上"、"下"键,看配合是否滑快又无间隙,如有问题,重来一遍,直至完好为止。

注意:机床出厂时 150mm 套管装在机床上,其他在附件箱内。

②导轮(见图 7-1-3)。导轮是线架部分的关键精密零件,要精心维护和保养,导轮安装在导轮套中,可以通过调整上下导轮套保证钼丝与工作台完全垂直。

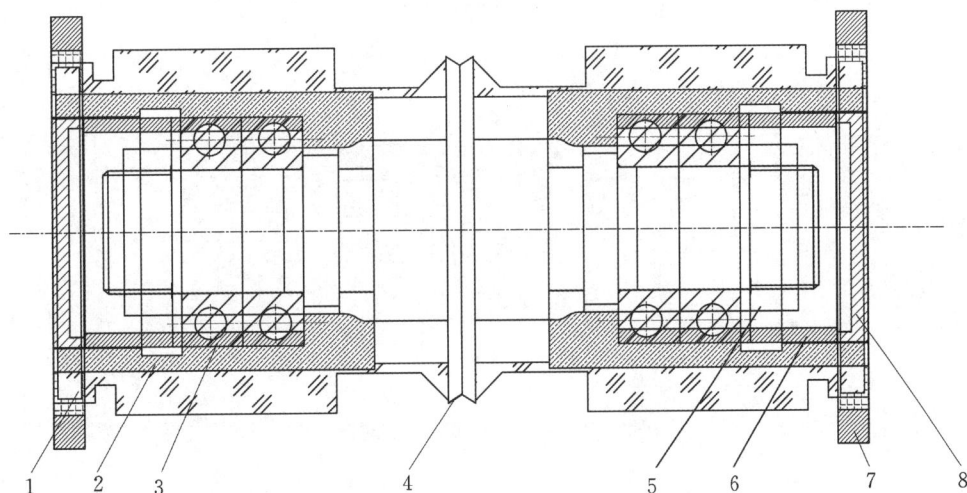

图 7-1-3　导轮示意图

③储丝筒。储丝筒的往复运动是利用电动机正反转来达到的。直流电机经联轴器带动丝筒,再经同步带带动丝杠转动,拖板便作往复运动,拖板移动的行程可由调整换向左右撞块的距离来达到。

④工作液循环系统。加工时的工作液采用线切割专用乳化液,乳化液与水按 1:10 调配均匀。工作液箱放置于机床右后侧,工作液箱由水泵通过管道传达到线架上下臂,用过的乳化液经回水管流回工作液箱。为了保证工作稳定可靠,工作液应经常换新,一般 7 个工作日更换一次,更换时要把工作液箱清洗干净。

2. 数控线切割的组成

数控线切割机床的组成包括机床主机、脉冲电源和数控装置三大部分。

(1)机床主机部分　机床主机部分由运丝机构、工作台、床身、工作液系统等组成。运丝机构电动机通过联轴节带动储丝筒交替作正、反向转动,钼丝整齐地排列在储丝筒上,并经过丝架作往复高速移动(线速度为 9m/s 左右)。

(2)脉冲电源　脉冲电源又称高频电源,其作用是把普通的 50Hz 交流电转换成高频率的单向脉冲电压。加工时,钼丝接脉冲电源负极,工件接正极。

（3）数控装置 数控装置以计算机为核心,配备控制软件。加工工件时可用键盘或磁盘将程序输入到计算机,通过它可以控制机床按规定加工路线进行加工,其控制精度为±0.015mm,加工精度为±0.001mm。

3. 工作原理

线切割加工是线电极电火花加工的简称,是电火花加工的一种,其基本原理如图7-1-4所示。被切割的工件作为正电极,金属丝（常用的有钼丝、铜丝）作为负电极,脉冲电源发出一连串的脉冲电压,加到正电极和负电极上。金属丝与工件之间施加足够的具有一定绝缘性能的工作液。当金属丝与工件的距离小到一定程度时,在脉冲电压的作用下,工作液被击穿,在金属丝与工件之间形成瞬间放电通道,产生瞬时高温,使工件上金属局部熔化甚至汽化而被蚀除下来。若工作台带动工件不断进给运动,就能切割出所需要的形状。由于储丝筒带动金属丝运动,所以金属丝基本上不被蚀除,可使用较长的时间。

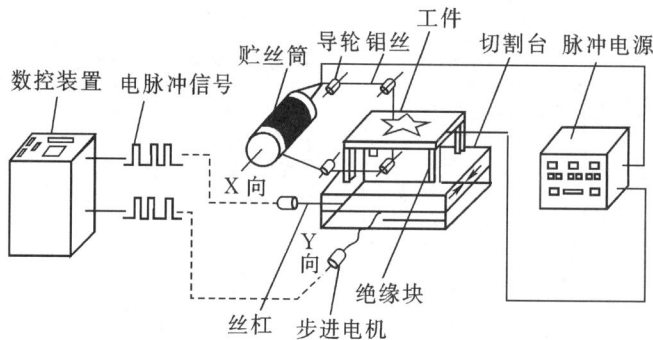

图 7-1-4 线切割加工原理图

1.2.2 数控线切割机床的用途

CTW系列数控快走丝线切割机床是一种加工尺寸规格较大、加工性能较强、可加工不同锥度范围的线切割机床,具有生产效率高,加工精度高,工作稳定可靠等特点。其主要适用于切割较大尺寸的淬火钢,硬质合金或其他特殊金属材料制作的通孔模具（如冲模）,也可用于切割样板,量规以及形状复杂的精密零件或一般机械加工无法完成的特殊形状的零件,如带窄缝加工的零件等,以及对在0°～60°范围内进行不同锥度加工的各种工件。

1.2.3 数控线切割机床的性能特点

CTW系列快走丝线切割机床是电加工机床中的一个类别,金属电极丝采用钼丝快速走丝,钼丝作为工具电极,利用电蚀加工的原理对金属工件进行蚀除加工;工件与金属丝之间相对运动,按予编的程序指令由数控装置控制,可自动切割出直线和圆弧组成的任何复杂平面图形;高频电源采用大功率MOS管;工作台纵横移动采用直线/钢导轨,混合式步进电机—精密滚珠丝杠副作为传动机构;整个加工过程由计算机控制自动完成;因而本机床具有生产效率高,加工精度好,工作稳定可靠,操作简易方便等特点。主要的性能特点有:

（1）机床与高频脉冲电源柜配套使用。

（2）T形床身结构,可使工作台完全在床身内运动,提高了机床刚性,有效保证了工作台运动精度,使机床稳定可靠。

(3)机床采用大型可调式线架,结构合理,刚性好,适于大厚度切割,可调范围根据机床型号的不同分为 100~300mm 、100~400mm 或 100~500mm。

(4)X、Y 轴采用高精度双螺母滚珠丝杠,直线/钢滚动导轨,并采用双片齿轮消隙机构,无需反向间隙补偿,即可实现高灵敏度的传动精度,进而保证了工件的加工精度,提高了传动精度的保持性和稳定性。

(5)锥度线架采用独特的四连杆技术,可实现大锥度切割。锥度加工时上下导轮同步旋转,既保证了加工精度和光洁度,又可有效地防止锥度加工时的跳丝现象。

1.2.4 数控电火花线切割机床的分类

按电极丝运动的方式将数控电火花线切割机床分为两大类快走丝线切割机床和慢走丝线切割机床。

快走丝线切割机床是我国在 20 世纪 60 年代研制成功的,其主要特点是电极丝运行速度快(300~700m/min),加工速度较高,排屑容易,机构比较简单,价格相对便宜,因而在我国应用广泛。但由于其运丝速度快容易引起机床的较大振动,丝的振动也大,从而影响加工精度。它的一般加工精度为 $\pm 0.015 \sim 0.02mm$,所加工表面的表面粗糙度为 $Ra1.25 \sim Ra2.5\mu m$。快走丝线切割机床一般采用钼丝作为电极,双向循环运动,电极丝直径为 $\phi 0.1 \sim \phi 0.2mm$,工作液常采用乳化液。

慢走丝线切割机床的运丝速度一般为 3~5m/min 左右,最高为 15m/min,电极丝采用黄铜、紫铜等,直径为 0.03~0.35mm,电极丝单向运动且为一次性使用,这使电极丝尺寸一致性好,加工精度相对较高,一般这类线切割机床运丝系统复杂,能够设定并调整丝的张力,导向装置,能进行断丝检测。最新的线切割机床还有自动穿丝和自动断丝功能,慢走丝线切割机床加工精度可达 $\pm 0.001mm$,所加工表面的粗糙度可达 $Ra max0.3\mu m$,工作液主要采用去离子水和煤油,切割速度目前可达到 $350mm^2/min$。

1.2.5　数控线切割参数

数控线切割机床的主要技术参数包括最大切割范围、各坐标轴行程、钼丝移动速度、储丝筒旋转速度、储丝筒的最大往复行程、工作台移动脉冲当量、锥度拖板移动脉冲当量等,主要规格见表 7-1-2 所示。

表 7-1-2　规格

序号	名　称	主 要 规 格	
1	工作台尺寸(长×宽)	CTW320	630mm×440mm
2	工作台最大行程量(纵×横)	CTW320	400mm×320mm
3	最大切割厚度(可调)	CTW320 锥	300mm
4	最大切割锥度	TB:30°/h=100mm	
5	U、V 轴行程	TB:108mm×108mm	

(1)主要参数见表 7-1-3

表 7 - 1 - 3　参数

序号	名称	主要参数
1	切割用钼丝直径	0.12～0.376mm
2	储丝筒直径	φ150mm
3	钼丝移动速度	约 1.70～11.8m/s
4	储丝筒旋转速度	约 220～1500 转/分
5	储丝筒的最大往复行程	230mm
6	混合式步进电机步距角	1.8°
7	锥度拖板步进电机步距角	1.5°
8	工作台移动脉冲当量	0.001mm
9	锥度拖板移动脉冲当量	0.001mm
10	储丝筒电机功率	255W
11	冷却泵电机	120W

(2)其他参数见表 7 - 1 - 4

表 7 - 1 - 4　其他参数

	主机外形尺寸（长×宽×高）(mm)	电源柜外形尺寸（长×宽×高）(mm)	机床占地面积（包括电源柜）（长×宽）(mm)	机床重量（T）	电　源	总电源功率
CTW320	1570×1200×2170	750×560×1700	约 1570×2100	约 1.7	～380V 三 相 四 线	3.5kW

1.3　拓展知识

1.3.1　数控线切割的维护与保养

本机床是精密机床,操作者应做到以下几点:

(1)工作运动部位　应严格按润滑要求进行润滑,导轮轴承每周一定要用煤油冲洗一次,每次要多加注润滑油,务必使残留工作液挤出。

(2)线架上下臂应经常清洗,及时将工作液、电蚀产物清洗掉。

(3)导轮、进电块、断丝保护块表面应保持清洁。

(4)工作液应勤换,管道应通畅。工作液箱和管道在每次更换工作液时要清洗,去除电蚀产物(每 7 个工作日换一次)。

(5)严格遵守操作规程。

(6)床身和工作台板金,储丝筒拖板上的防尘罩,不要压重物,不要随意拆卸,如需要拆下时,应注意灰尘等脏物不要落入导轨面和丝杠上,要保持清洁,以免影响运动精度。

(7)储丝筒在换向时,如有抖动或振动,应检查各有关零部件是否松动,并及时调整。

(8)应经常检查导轮、进电块、断丝保护块、导轮轴承等是否磨损,出沟槽等缺陷,如影响到加工精度应及时更换。

(9)在使用一段时间后,检查校正钼丝与工作台的垂直度,更换导轮后应重新调整钼丝与工作台的垂直度。

1.3.2 数控线切割机床润滑

表7-1-5 润滑一览表

序号	润滑部位	润滑油脂类别	润滑方式	注油每班次数	换油周期	备注
1	丝筒拖板导轨	20♯机械油	注油	1		
2	丝筒拖板丝杠副	20♯机械油	压配式压注油杯	1		
3	丝筒支架轴承	轴承润滑脂	填封		1年	
4	工作台导轨	凡士林 黄油	填封		1年	
5	滚珠丝杠副	凡士林 黄油	填封		1年	
6	滚珠丝杠轴承	轴承润滑脂	填封		1年	
7	导轮轴承	4♯精密机床主轴油	注油	2		
8	可调线架滑轨、丝杠、轴承	20♯机油	淋油		根据需要	
9	可调线架丝杠支撑轴承	轴承润滑脂	填封		1	

1.3.3 数控线切割机床常见故障及排除

表7-1-6 故障排除

序号	加工故障	产生原因	排除方法
1	工件表面丝痕大	钼丝松、抖动导轮和轴承坏	安排除松丝或抖丝方法处理,检查更换导轮及轴承
2	导轮转动不灵活导轮跳动有噪音	导轮磨损过大,轴承精度降低,轴向间隙大,工作液进入轴承	更换导轮,更换轴承,调整轴向间隙,清除轴承脏物,充分润滑
3	丝 抖	钼丝松动,导轮轴承精度低,导轮槽磨损	更换导轮,导轮轴承检查调整导轮轴承,重新张紧或更换钼丝

序号	加工故障	产生原因	排除方法
4	烧丝	高频电源电规准选择不当,工作液太脏,及供应不足,变频跟踪过慢不稳	调整电规准,更换工作液,检查高频电源检测电路及数控装置变频电路,跟紧调稳变频
5	断丝	钼丝使用时间长老化变脆,工作液供应不足或太脏,工件厚度与电规准选择不当,钼丝太紧或抖丝严重,限位开关失灵,导轮转动不灵活,导轮进电块、断丝保护块磨损过大出沟槽	更换钼丝,正常选择电规准。增加工作液流量或更换清洁工作液。检查限位开关,重新卷丝,清洗调整导轮轴承或更换导轮,调整进电块位置,使其接触表面良好

第 2 章　数控线切割机床基本操作

2.1　任务描述

　　了解数控线切割机床系统构成、主要技术指标及主要功能,熟悉数控线切割的面板操作、控制面板和软键功能,熟练掌握数控线切割机床工件的装夹及对丝操作方法、掌握线切割机床的基本编程指令及偏置补偿参数的设置和验证,能够熟练地进行程序输入、编辑以及自动加工等操作。

2.2　相关知识

2.2.1　数控线切割的基本操作

1. 系统构成、主要技术指标及主要功能

　　线切割机床控制系统集数控、高频电源和(或)机床电气于一体,其中数控部分由微型计算机、接口板、电源、标准键盘、3 英寸软盘驱动器、操作控制面板及一台屏幕显示器(CRT)组成基本系统。系统配备自动编程系统。

　　数控系统和高频脉冲电源组装在立式控制柜中。各部分之间用电缆线连接,结构简单,便于维修。

　　系统主要技术指标:

　　(1)计算机作为控制系统主机,承担运算、逻辑判断、输入输出和文件管理工作。

　　(2)控制轴数为 X、Y、U、V、Z。同时控制轴数为 X、Y、U、V。

　　(3)兼容多种形式的电机拖动系统,可连接步进电机、混合式步进电机、交流伺服机等(出厂前已由厂家设定),脉冲当量为 $1\mu m$。

　　(4)采用逐点比较法的圆弧、直线两种插补方式,控制精度为 $1\mu M$。锥度切割采用直纹面控制方式,控制精度$\leqslant 1\mu M$。最大圆弧控制半径为 10m。

2. 操作

　　(1)开机前准备　首先将机床总电源置于开位置,将工件夹在工作台夹具体上,电极丝在丝筒上盘好,并将走丝行程位置定位,冷却水稀释在水箱中待用。初次切割工件,首先确定机床工作台坐标 X、Y、U、V 轴的运动方向。

　　①确定平面坐标 X、Y 轴运动方向。操作步骤如下:

　　(a)将控制系统电源打开。

　　(b)按光标键,选择进入加工状态,按回车键。

　　(c)按 F1 键,屏幕显示如图 7 - 2 - 3(b)所示。

　　(d)按下面板上的"进给"键,步进机锁定。

(e)按手控盒、+X、-X、+Y、-Y,即可确定机床坐标系。

注意: 确定 L1、L3 或 L2、L4 方向,应以导丝架运动方向为依据,当导丝架沿正 X 方向运动时为 L1,反之为 L3;当导丝架沿正 Y 方向运动时为 L2,反之为 L4。

线切割机床工作台坐标系如图 7-2-1 所示。

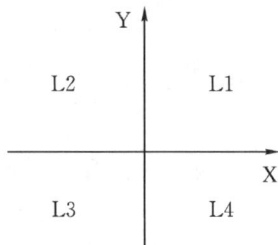

图 7-2-1 坐标系

②锥度切割时确定 U、V 轴运动方向。锥度切割时,编制零件加工程序时,采用绝对坐标系,即选取任意点为坐标系原点,确定 U、V 轴运动方向也应以导丝架运动方向为依据。当 X、Y 轴运动方向按上节方法确定之后,用户这时不用再调整,只确定 U、V 轴即可。

1)操作步骤:

(a)系统进入图 7-2-3(d)画面。

(b)按 F2 键。

(c)按"进给"键。

(d)按手控盒。

U、V 轴正确运动方向是:

按键+U,U 向正方向运动。

按键-U,U 向负方向运动。

按键+V,V 向正方向运动。

按键-V,V 向负方向运动。

当 X、Y 轴运动方向不对时,调换驱动器 AB 和 CD 线号即可。

当 U、V 轴方向不对时,调换步进电机三相中任意两相即可。

2)加工操作

(a)开机。

(b)输入程序。将存有加工程序的磁盘插入软盘驱动器中,利用前面已经介绍过的 F3 键的功能,把所要加工程序的文件名调入计算机内。各种加工方式的输入请参考前面的介绍。

(c)开始加工。

按下控制柜操作面板"进给"、"加工"键,选择"加工电流"大小,按下"高频"键,按 F8 键,将进给旋钮调到进给速度比较慢的位置(进给旋钮逆时针旋转),按下控制柜操作面板的"变频"键。机床步进机开始动作,至此开始切割工件。注意观察加工放电状态,逐步调大进给速度,使控制柜操作面板上的电压表及电流表指示比较稳定为止。

(d)关机。该设备有自动关机和手动关机两种关机方法。

2.2.2　数控线切割面板操作

1.控制柜组成及操作

(1)电源柜介绍　电源柜外形如图 7-2-2 所示。

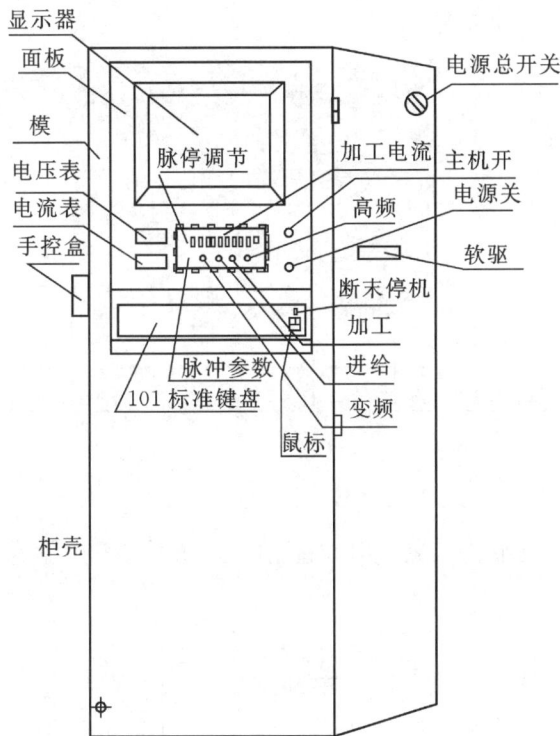

图 7-2-2　电源柜外形

(2)控制面板介绍

①主机开:(绿色)。

②电源关:(红色蘑菇头)。

③脉冲参数:选择(参阅高频电源一章)。

④进给调节:用于切割时调节进给速度。

⑤脉停调节:用于调节加工电流大小。

⑥变频:按下此键,压频转换电路向计算机输出脉冲信号,加工中必须将此键按下。

⑦进给:按下此键,驱动机床拖板的步进电机处于工作状态。切割时必须将此键按下。

⑧加工:按下此键,压频转换电路以高频取样信号作为输入信号,跟踪频率受放电间隙影响;此键不按,压频转换电路自激振荡产生变频信号。切割时必须将此键按下。

⑨高频:按下此键,高频电源处于工作状态。

⑩加工电流:此键用于调节加工峰值电流,六档电流大小相等。

(3)键盘操作区　键盘用来把数值输入到系统中

(4)手控盒　手控盒主要用于移动机床,另外还可控制开丝开水。

(5)屏幕显示区　15寸彩色显示器显示加工菜单及加工中的各种信息。

2. 菜单操作介绍

系统设计了人机对话界面。操作者开机后,可通过屏幕显示的中文菜单和中文提示,进行必要的操作。

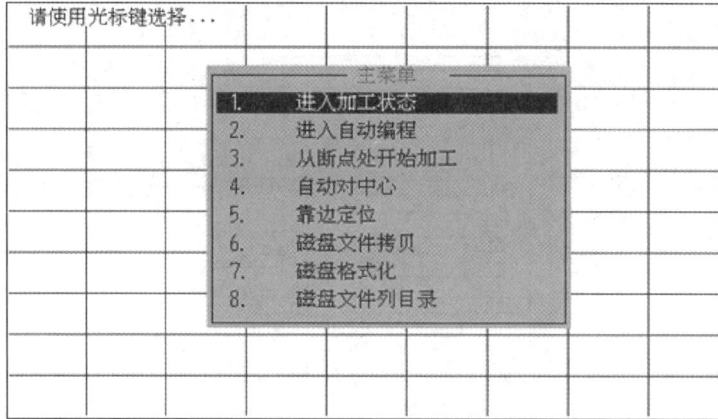

图7-2-3

(1)进入加工状态

选中第一项"进入加工状态",系统即刻显示图7-2-4画面,要求操作者选择"有锥度加工"或"无锥度加工"。

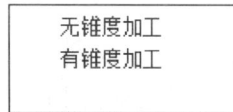

图7-2-4　加工方式选择

(2)进入自动编程

EI系列控制系统可配备自动编程语言,APT语言式和CAD/CAM绘图式。用户根据所配备的自动编程系统,进行必要的操作,详细介绍请参阅自动编程说明书。

(3)从断点处开始加工

EI系列控制系统具有掉电记忆功能。当加工过程中某时刻掉电,待上电开机后,选中从断点处加工。

(4)自动对中心

选中自动对中心后,屏幕显示如图7-2-5所示画面。中间方框为机床拖板运行的轨迹,右方为圆孔坐标值。

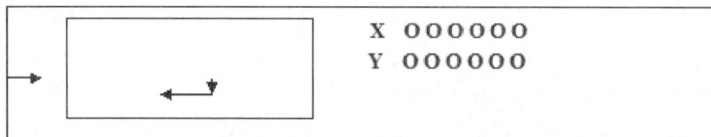

图7-2-5　信息提示窗

步骤:首先将钼丝穿过找正的圆孔内,并按下"变频"键和"进给"键,然后在主菜单中选择"自动对中心"一项即可。

(5)靠边定位

操作步骤为:首先将工件装夹在工作台上,按下"变频"和"进给"键后,在主菜单中选择"靠边定位"一项,这时系统问定位方向为 L1、L2、L3 或 L4,操作者根据工件基准面进行必要的选择,然后按屏幕提示操作。

2.2.3 高频脉冲电源

高频脉冲电源由脉冲发生器、推动级、功率输出级和整流级等部分组成。其框架图如图 6 - 2 - 6 所示。

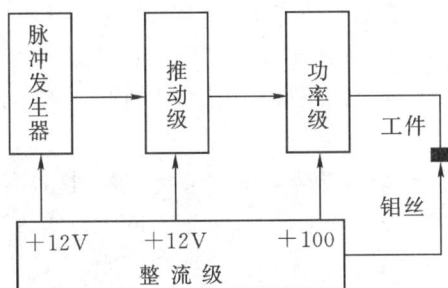

图 7 - 2 - 6　脉冲电源框架图

2.2.4 脉冲参数

加工脉冲参数的选取正确与否,直接影响着工件的加工质量和加工状态的稳定。矩形脉冲主要有以下几个参数组成:脉冲幅值、脉冲宽度(Ton)、脉冲间隔(Toff)和脉冲频率。当脉冲幅值确定后,影响加工工件质量和效率主要取决于脉冲宽度和峰值电流。

(1)脉冲宽度及间隔

本高频脉冲电源共有 11 种脉冲宽度供用户选择调节。调节面板 S1 旋钮可改变脉冲宽度,顺时针转,脉冲宽度加大,同时脉冲间隔也成一定比例加大。

(2)峰值电流

本高频脉冲电源设有 9 档加工电流供用户选用。各档电流大小相等。

2.2.5 数控线切割基本编程指令

线切割机床编程格式是用 3B 指令格式:编程格式如表 7 - 2 - 1 所示,表中 B 为分隔符,它的作用是把 X、Y、J 这些代码分开,便于计算机识别。当程序往控制器输入时,读入第一个 B 后它使控制器作好接受 X 轴坐标值的准备,读入第二个 B 后作好接受 Y 轴坐标值的准备。读入第三个 B 后作好接受 J 值的准备。加工斜线时,程序中 X、Y 必须是该斜线段终点相对起点的坐标值。加工圆弧时,程序中 X、Y 必须是圆弧起点相对其圆心的坐标值。X、Y、J 的数值均以 um 为单位。

表7-2-1 3B程序格式

B	X	B	Y	B	J	G	Z
分隔符	X坐标值	分隔符	Y坐标值	分隔符	计数长度	计数方向	加工指令

2.2.6 数控线切割机床工件的装夹

装夹工件时,必须保证工件的切割部位位于电极丝相对于机床工作台运动的极限范围内。由于工件结构不同,可采用下列方式装夹。

(1)工件的装夹 装夹工件时,必须保证工件的切割部位位于机床工作台纵向、横向进给的允许范围之内,避免超出极限。同时应考虑切割时电极丝运动空间。夹具应尽可能选择通用(或标准)件,所选夹具应便于装夹,便于协调工件和机床的尺寸关系。在加工大型模具时,要特别注意工件的定位方式,尤其在加工快结束时,工件的变形、重力的作用会使电极丝被夹紧,影响加工。

①悬臂式装夹。图7-2-7所示是悬臂方式装夹工件,这种方式装夹方便,通用性强。但由于工件一端悬伸,易出现切割表面与工件上、下平面间的垂直度误差。仅用于加工要求不高或悬臂较短的情况。

②两端支撑方式装夹。图7-2-8所示是两端支撑方式装夹工件,这种方式装夹方便、稳定,定位精度高,但不适于装夹较大的零件。

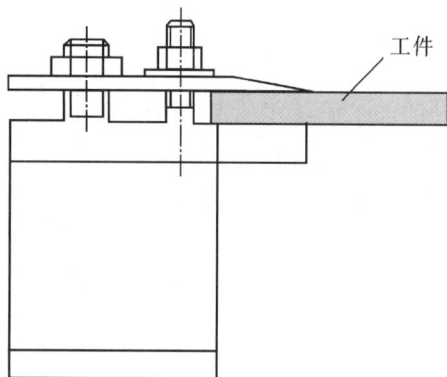

图7-2-7 悬臂式

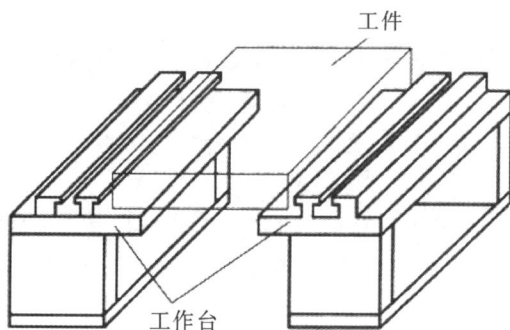

图7-2-8 两端支撑式

③桥式支撑方式装夹。这种方式是在通用夹具上放置垫铁后再装夹工件,如图7-2-9所示。这种方式装夹方便,对大、中、小型工件都能适用。

④板式支撑方式装夹。图7-2-10所示是板式支撑方式装夹工件。根据常用的工件形状和尺寸,采用有通孔的支撑板装夹工件。这种方式装夹精度高,但通用性差。

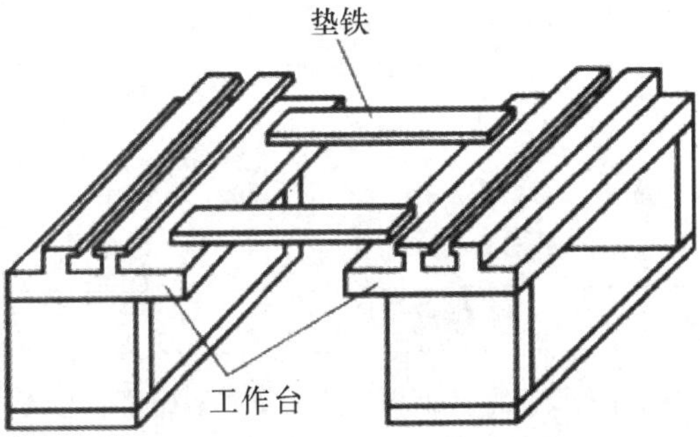

图 7 – 2 – 9　桥式支撑

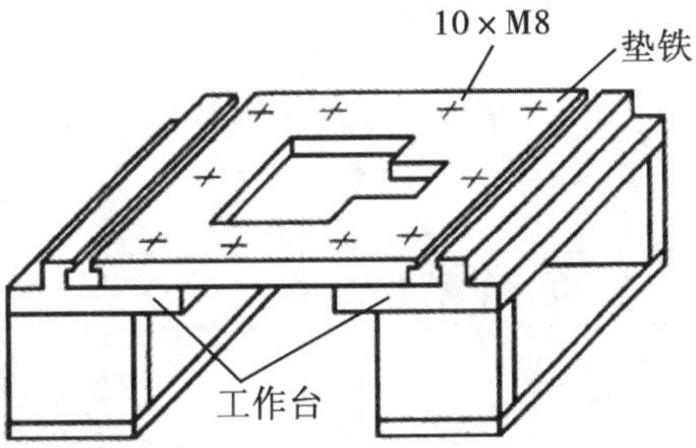

图 7 – 2 – 10　板式支撑

(2)工件的调整　装夹好的工件一般需经过适当调整,使工件的定位基准分别与工作台的 X、Y 方向保持平行,以保证加工面与基准面的位置精度。常用的方法有两种:百分表找正和划线法找正。

①百分表找正。如图 7 – 2 – 11 所示,用磁力表架将百分表固定在丝架或其他位置上,百分表的测量头与工件基面接触,往复移动工作台,按百分表指示值调整工件的位置,直至百分表指针的偏摆范围达到所要求的数值。找正应在相互垂直的三个方向上进行。

②划线法找正。工件的切割图形与定位基准之间的相互位置精度要求不高时,可采用划线法找正,如图 7 – 2 – 12 所示。利用固定在丝架上的划针对准工件上划出的基准线,往复移动工作台,目测划针、基准间的偏离情况,将工件调整到正确位置。

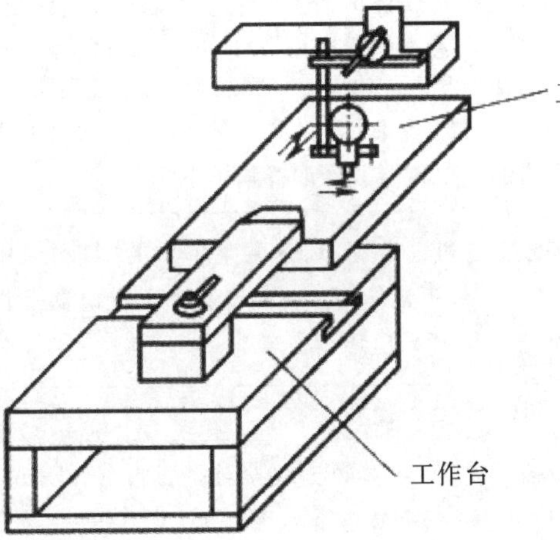

图 7 – 2 – 11　百分表找正

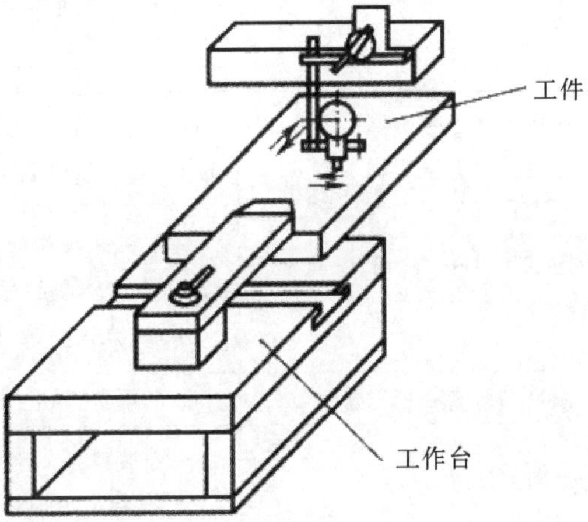

图 7 – 2 – 12　划线法找正

2.3 拓展知识

操作过程中常见故障及排除方法如下：

表 7－2－2　故障排除

故 障 现 象	排 除 方 法
机床运行时,XY 轴不工作	只有一个轴不工作:首先要把电源柜和机床的 XY 轴连接线对调一下,若还是原来的情况,说明是电机有问题,若原来不工作的工作了,原来工作的不工作了,说明是驱动器有问题,然后检查驱动器的输入输出线是否脱落或松动,输入电压是否正确。 两个轴同时不工作:首先检查驱动器的输入输出线是否脱落或松动,输入电压是否正确,再检查接口板 1 与小继电器板的连线是否牢固,打开线束是否断线。若还有问题,按照接口板原理图检查接口板 x y 驱动部分。
机床运行时,UV 轴不工作	查看连接步进电机的导线是否脱落,检查 UV 驱动板上是否有 24V 电压,检查接口板 2 与 UV 驱动板的连线是否牢固,打开线束是否断线,按照接口板原理图检查接口板上 UV 驱动部分
XY、UV 轴同时不工作	检查 XY,UV 部分的保险
按下变频键后,没有变频信号	先查看变频电路是否有 12V 电源,然后用示波器检查 C2 波形,若产生锯齿波,证明前级没问题。在检查单结晶体管 b2 端是否有矩形波输出,然后逐级检查到 74 LS244,哪一级没有输出波形,证明故障出现在哪一级
按下加工和变频后,开高频有电流但没有采样	先检查高频电源取样板的输出端 B1、B2 有无取样电压,一般输出电压为 3～5.5V,可调整面板进给调节电位器改变取样输出电压
定位(对中心、靠边定位)故障	按下机床操作面板上的变频键和进给键,选中主菜单中的"自动对中心"或"靠边定位"后,钼丝碰到工件不起作用。首先查看一下继电器是否工作,检查接口板对中电路光耦和 12V 电压
无自动对中心(靠边定位)	查一下接口板上的 O16 TIL117 是否损坏
无断点加工	检查接口板 1 上的 6264 插接是否不实,数据线接触是否良好,或检查 6264 本身是否损坏,若没坏,再查看 3.6V 电池是否有 3.6V 电压
没有高频	首先短接 TOMA 与 B2,若有高频,则故障在 KA12～KA14 及 KA2 继电器上;反之,再查一下 A1 和 A2 有没有 12V 电压,若没有电压,再检查主振板上的小继电器是否良好,或线路是否畅通,若没有问题,再检查接口板的三极管 T3 和 T4 是否损坏

故 障 现 象	排 除 方 法
高频脉冲电源故障	一般情况下,高频脉冲电源发生故障,首先看一下交流电源输入的保险丝和高频整流电源板上的保险丝是否熔断。根据高频脉冲电源原理图,查看 NE555 是否有波形输出,调节面板脉冲参数是否起作用,逐级检查 4011 和 MC1413 输出波形是否正确,最后检查判断 MOS 管是否损坏
锥度加工时,屏幕上出现一行 0	在 C 盘下进入 debug,输入 fd800:0 14000 aa 回车,输入 q 退出 debug 重新进入锥度加工。若还有问题,将接口板 1 上的 U12 即 6264 拔下换掉就可以了
开丝故障	1.调速开关是否处于"0"位置。2.处于断丝保护状态。3.限位开关被压住。4.开丝一路保险损坏。5.继电器触点损坏
手控盒不动作,加工时正常	检查手控盒与小继电器板间的 15 芯连接线是否有虚接或断开情况,若正常,用万用表测量小继电器板的 12V 电源

第3章 线切割加工实例

3.1 实例一 凸模类零件的加工

3.1.1 任务描述

日常生活中有很多形状复杂的装饰品图案,它们的共同特点是边缘轮廓表面粗糙度好,零件厚度薄,图案较为复杂,尺寸精度一般。下面以图7-3-1所示的工件样板为例,学习线切割机床加工的基本原理和机床操作。

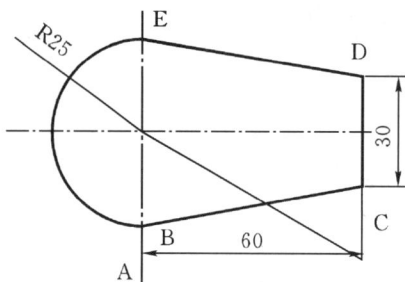

图7-3-1 样板零件

3.1.2 相关知识

1. 线切割加工工艺

数控电火花线切割加工,一般作为工件(尤其是模具)加工中的最后工序。要达到加工零件的精度及表面粗糙度值要求,应合理控制线切割加工时的各种工艺参数(电参数、切割速度、工件装夹等),同时应安排好零件的工艺路线及线切割加工前的准备加工。图7-3-2为线切割加工工艺准备和工艺过程流程图。

(1)工件材料的选择 模具零件一般采用锻造毛坯,其线切割加工常在淬火与回火后进行。为了加工出尺寸精度高、表面质量好的线切割产品,必须对所用工件材料进行考虑。

(2)模坯准备工序 模坯的准备工序是指凸模或凹模在线切割加工之前的全部加工工序。

2. 电极丝的选择

电极丝应具有良好的导电性和抗电蚀性,抗拉强度高,材质均匀。常用电极丝有钼丝、钨丝、黄铜丝等。钨丝抗拉强度高,一般用于各种窄缝的精加工,但价格昂贵。黄铜丝适合于慢速加工,加工表面质量和平直度较好,蚀屑附着少,但抗拉强度差,损耗大,一般用于慢速单向走丝加工。钼丝抗拉强度高,适于快速走丝加工,所以我国快速走丝机床大都选用钼丝作电极丝。

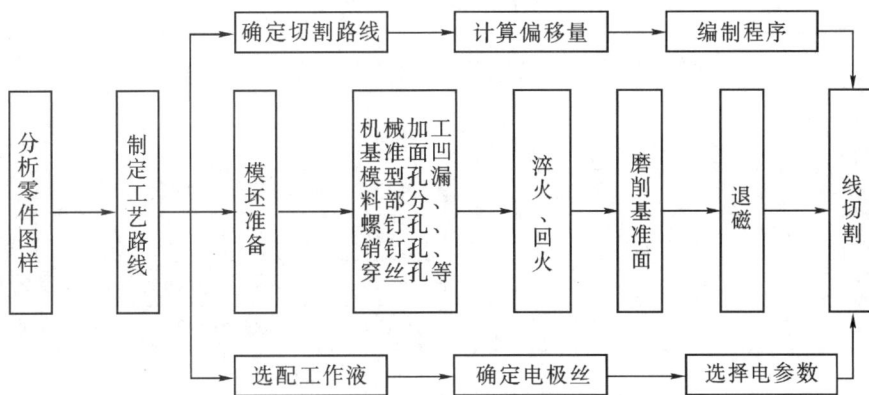

图 7-3-2　线切割加工工艺准备和工艺过程流程图

电极丝直径的选择应根据切缝宽窄、工件厚度和拐角尺寸大小来选择。

3. 电极丝的位置调整

电火花线切割加工之前,应将电极丝调整到加工起点位置上。常用的方法有:目测法、碰火花法。

(1)目测法　如图 7-3-3 所示,利用穿丝孔处所划十字基准线,观察电极丝的中心与工件坐标轴 X、Y 方向基准线是否重合。

(2)碰火花法　如图 7-3-4 所示,移动工作台使电极丝靠近基准面,直到出现火花,根据火花放电间隙推算出电极丝的坐标位置。

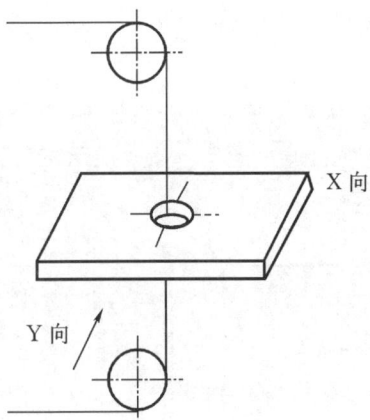

图 7-3-3　目测法

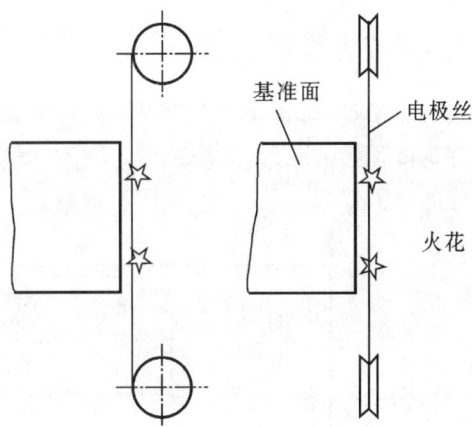

图 7-3-4　碰火花法

3.1.3　任务实施

加工工件按 A→B→C→D→E 的顺序进行切割,加工程序如表 7-3-1 所示:

表 7-3-1 加工程序

序号	B	X	B	Y	B	J	G	Z	备注
1	B	0	B	0	B	4900	GY	L2	AB 段
2	B	59850	B	0	B	59850	GX	L1	BC 段
3	B	0	B	150	B	150	GY	NR4	C 点过渡圆弧
4	B	0	B	29745	B	29745	GY	L2	CD 段
5	B	150	B	0	B	150	GX	NR1	D 点过渡圆弧
6	B	51445	B	18491	B	51445	GX	L2	DE 段
7	B	84561	B	23526	B	58456	GX	NR1	EB 段
8	B	0	B	0	B	4900	GY	L4	BA 段
9								D	加工结束

3.1.4　任务小结

本项目主要介绍了数控线切割机床的加工原理、机床的组成、加工具备的条件、机床的分类、适合线切割加工的零件及 3B 编程,通过实践操作让学生掌握坯料的准备、坯料的装夹和电极的调整技能。

3.2　实例二　凹模类零件的加工

3.2.1　任务描述

在实践加工过程,有些零件为保证工件的完整性不能从坯料的边上开始加工,而是要从零件的内部直接开始加工,这类加工方式称为凹模加工,本项目通过图 7-3-5 所示零件来介绍凹模零件的加工要点。

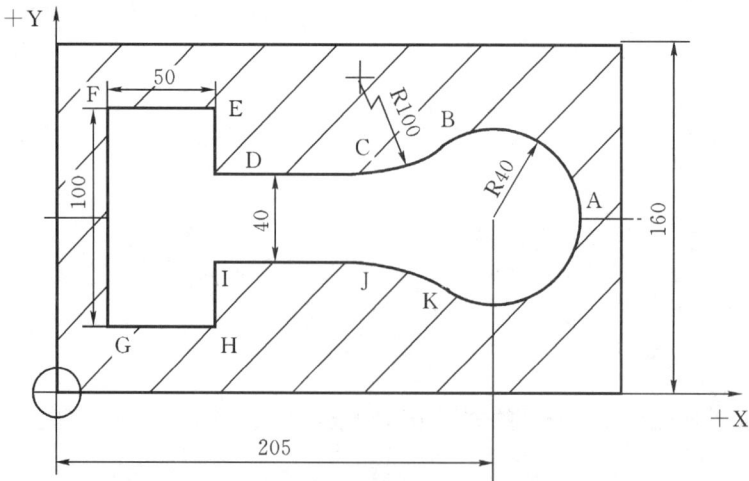

图 7-3-5　凹模零件

3.2.2　相关知识

1. ISO 代码下切割加工程序编制

我国快走丝数控电火花切割机床常用的 ISO 代码指令,与国际上使用的标准基本一致。常用指令如表 7－3－2 所示。

表 7－3－2　ISO 代码

运动指令	坐标方式指令	坐标系指令	补偿指令	M 代码	镜像指令	锥度指令	坐标指令	其他指令

ISO 代码编程格式如下:

(1)运动指令

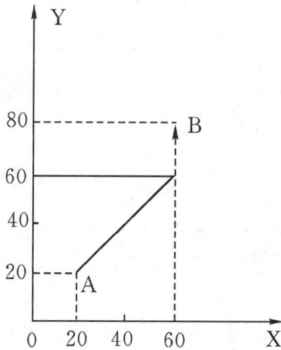

图 7－3－6　快速定位　　　　图 7－3－7　直线插补

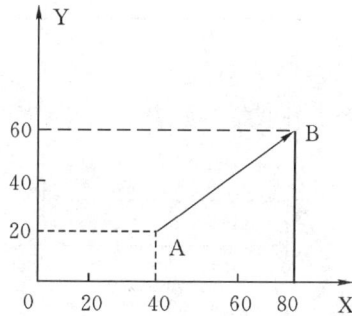

①G00 快速定位指令。

在线切割机床不放电的情况下,使指定的某轴以快速移动到指定位置。

编程格式:G00 X～ Y～

例如,G00 X60000 Y80000,如图 7－3－6 所示。

②G01 直线插补指令。

编程格式:G01 X～ Y～(U～ V～)

用于线切割机床在各个坐标平面内加工任意斜率的直线轮廓和用直线逼近曲线轮廓。

例如,G92 X40000 Y20000

G01 X80000 Y60000,如图 7－3－7 所示。

③G02、G03 圆弧插补指令。

G02——顺时针加工圆弧的插补指令。

G03——逆时针加工圆弧的插补指令。

编程格式:G02 X～ Y～ I～ J～ 或 G03 X～ Y～ I～ J～

格式中:X、Y——表示圆弧终点坐标。

I、J——表示圆心坐标,是圆心相对圆弧起点的增量值。

(2)坐标方式指令　G90 为绝对坐标指令。该指令表示程序段中的编程尺寸是按绝对坐标给定的。

G91 为增量坐标指令。该指令表示程序段中的编程尺寸是按增量坐标给定的,即坐标值均以前一个坐标作为起点来计算下一点的位置值。

(3)坐标系指令 坐标系指令如表 7 - 3 - 3 所示,常用 G92 加工坐标系设置指令。

表 7 - 3 - 3 坐标系指令

G92	加工坐标系设置指令
G54	加工坐标系 1
G55	加工坐标系 2
G56	加工坐标系 3
G57	加工坐标系 4
G58	加工坐标系 5
G59	加工坐标系 6

编程格式:G92 X～ Y～

(4)补偿指令 补偿指令如表 7 - 3 - 4 所示。

表 7 - 3 - 4 补偿指令

G40	取消间隙补偿
G41	左偏间隙补偿,D 表示偏移量
G42	右偏间隙补偿,D 表示偏移量

G40、G41、G42 为间隙补偿指令。

G41——左偏间隙补偿指令。

编程格式: G41 D～

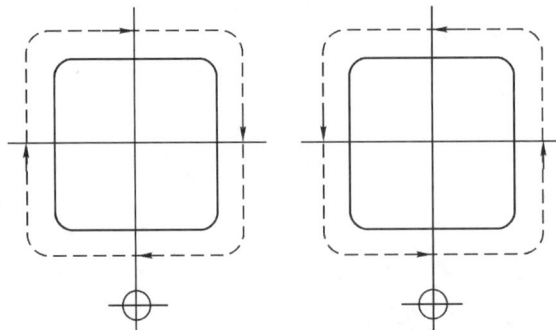

(a) G41 加工   (b) G42 加工

图 7 - 3 - 8 凹模加工间隙补偿指令的确定

式中:D——偏移量(补偿距离),确定方法与半径补偿方法相同,见图 7 - 3 - 8(a)和图7 - 3 -9(a)。一般数控线切割机床偏移量 ΔR 在 0～0.5mm 之间。

G42——右偏补偿指令。

编程格式：G42 D～

式中：D——表示偏移量（补偿距离），确定方法与半径补偿方法相同，见图 7－3－8(b)和图 7－3－9(b)。一般数控线切割机床偏移量 ΔR 在 0～0.5mm 之间。

G40——取消间隙补偿指令。

编程格式：G40（单列一行）

(5)M 代码　M 为系统辅助功能指令，常用 M 功能指令见表 7－3－5。

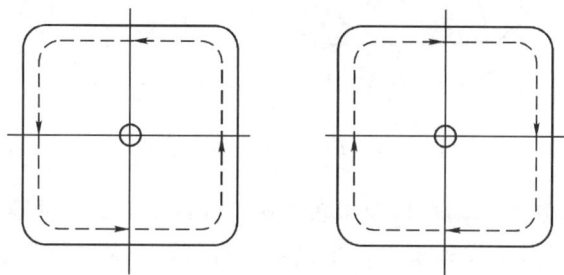

（a）G41 加工　　　（b）G42 加工

图 7－3－9　凹模加工间隙补偿指令的确定

表 7－3－5　M 代码

M00	程序暂停
M02	程序结束
M05	接触感知解除
M96	主程序调用子程序
M97	主程序调用子程序结束

(6)坐标指令　常用坐标指令见表 7－3－6，详情参见机床说明书。

表 7－3－6　坐标指令

W	下导轮到工作台面高度
H	工件厚度
S	工作台面到上导轮高度

2. 加工工艺

(1)上丝操作

①上丝操作就是将电极丝从丝盘绕到快走丝线切割加工机床储丝筒上的过程。

②穿丝操作。穿丝操作时要注意以下几点：

(a)拉动电极丝头，按照操作说明书依次绕接各导轮、导电块至储丝筒。在操作中要注意手的力度，防止将电极丝打折。

(b)穿丝开始时，首先要保证储丝筒上的电极丝与辅助导轮、张紧轮、主导轮在同一个平面上,否则在运丝过程中,储丝筒上的电极会重叠,从而导致断丝。

(c)穿丝后人工起动行程开关时,要注意储丝筒移动的方向,并要调整左、右行程挡杆,使储丝筒左、右往返换向时,储丝筒左、右两端留有 3 ～5mm 的电极丝余量。穿丝操作如图 7-3-10 所示。

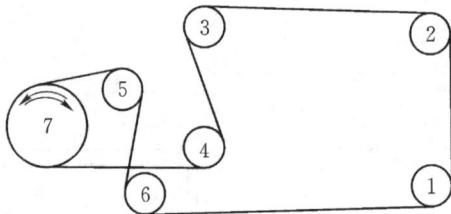

图 7-3-10　穿丝操作示意图

(2)电极丝垂直度调整　在对精度要求较高的零件或带有锥度的零件进行线切割加工时,需要重新校正电极丝对工作台的垂直度。电极丝垂直度找正的方法有两种:一种是利用找正块找正;另一种是利用校正器找正。

①找正块找正。找正块是一个六方体或类似六方体,如图 7-3-11(a)所示。在校正电极丝垂直度时,首先目测电极丝的垂直度,若是明显不垂直,则调节 U、V 轴,使电极丝大致垂直于工作台;然后找正块放在工作台上,在弱加工条件下,将电极丝沿 X 轴缓缓移向找正块。当电极丝快碰到找正块时,电极丝与找正块之间产生火花放电,肉眼观察产生的火花。若火花上下均匀,如图 7-3-11(b)所示,则表明该方向上电极丝垂直度较好;若下面火花多,如图 6-3-11(c)所示,则说明电极丝右倾,应将 U 轴的值调小,直至火花上下均匀;若上面火花较多,如图 7-3-11(d)所示,则说明 电极丝左倾,故将 U 轴的值调大,直至火花上下均匀。同理,调节 V 轴的值,使电极丝在 V 轴上垂直度良好。

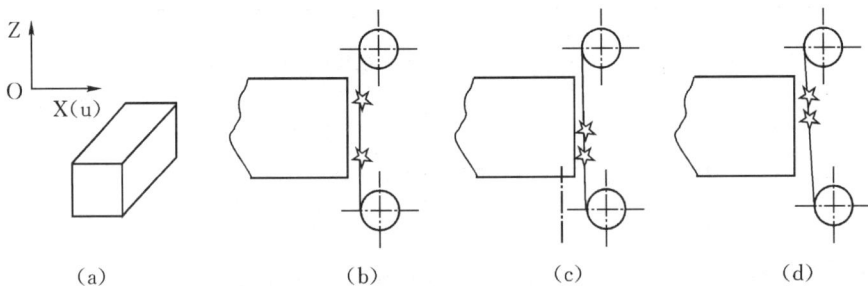

图 7-3-11　用找正块找正电极丝垂直度
(a)找正块的垂直度较好;(c)垂直度较差(左倾);(d)垂直度较差(右倾)

用找正块找正电极丝的垂直度时,应该注意以下几点:

(a)找正块使用一次后,其表面会留下微小的放电痕迹。下次找正时,要重新换位置,不可以再用以前的找正块找正电极丝的垂直度。

(b)在精密零件加工前,分别找正 U、V 轴的垂直度,以便再检验电极丝垂直度找正的效果。具体方法是:重新分别从 U、V 轴方向碰火花,看火花是否均匀。若 U、V 方向上火花均匀,则说明电极丝垂直度较好;若 U、V 方向上火花不均匀,则重新找正,再检验。

(c)在找正电极丝垂直度之前,电极丝应张紧,张紧力与加工中使用的张紧力大致相同。

(d)在用找正块找正电极丝垂直度时,电极丝要运行,以免电极丝断丝。

在使用校正器找正电极丝垂直度的过程中,要注意以下几点:

(a)找正时,电极丝必须停止运行,不能放电。

(b)电极丝应张紧,电极丝的表面应干净。

(c)若加工零件精度高,则电极丝垂直度在找正后需要检查,其方法与找正块找正类似。

(3)工件的装夹 工件的装夹形式对加工精度有直接影响。线切割加工机床的夹具比较简单,一般是在通用夹具上采用压板螺钉固定工件,当然有时也会用到磁力夹具、旋转夹具或专用夹具。

(4)自动找中心 自动找中心就是让电极丝在工件孔的中心自动定位。该方法是根据线电极与工件的短路信号,来确定电极丝的中心位置的。数控功能较强的线切割加工机床常用这种方法。

(5)切割路线的选择 在确定线切割加工工艺路线时,需要考虑到线切割加工一般是加工的最后工序,因此必须要合理地进行工艺处理,以使工件精度和表面质量达到要求。

(6)确定穿丝孔的合理位置

①穿丝孔的作用。许多模具制造在切割凸模类外形工件时,常常直接从材料的侧面切入,在切入处产生缺口,残余应力从缺口处向外释放,易使凸模变形。为了避免变形,在淬火前先在模坯上打穿丝孔,孔径为 3 ~10mm,待淬火后从模坯内对凸模进行封闭切割,可以使模坯保持完整,从而减少变形。

②穿丝孔的位置和直径。在切割凹模类工件时,穿丝孔最好设置在凹形工件的中心位置。因为这样既可以准确确定穿丝孔的加工位置,又便于计算轨迹的坐标,但是这种方法切割的无用行程较长,因此只适合中、小尺寸的凹形工件使用。大孔的凹形工件加工,穿丝孔可设定在起割点附近,且可以沿着加工轨迹多设置几个,以便在断丝后就近穿丝,减少进刀行程。

③穿丝孔的加工。由于很多穿丝孔要作为加工基准,穿丝孔的位置精度和尺寸精度要等于或高于工件的精度。因此,要求穿丝孔在较精密坐标工作台的机床上进行钻铰等较精密的加工。如果穿丝孔精度要求不高,则只需要进行一般的加工即可。

(7)电参数的选择 对加工质量具有明显影响的电参数主要包括脉冲电流、脉冲宽度、脉冲间隔、走丝速度等,通常需要在保证表面质量、尺寸精度的前提下,尽量提高加工效率。

脉冲电源是影响加工表面质量的重要因素。一般来讲,精加工时,脉冲宽度可在 $20\mu s$ 内选择;中加工时,可在 $20 \sim 60\mu s$ 内选择。

脉冲间隔对切割速度影响较大,而对表面质量影响较小。减少脉冲间隔,相当于提高了脉冲频率,增加了单位时间的放电次数,因而切割速度也越高。一般脉冲间隔在 $10 \sim 250\mu s$ 范围内基本上能适应各种加工条件,进行稳定加工。

走丝速度对加工速度具有一定影响,随着走丝速度的提高,切割速度将明显增大。

(8)工作液的配制 一般按一定比例将自来水冲入乳化泊,搅拌后使工作液充分乳化成均匀的乳白色。天冷(在 0℃ 以下)时可先用少量开水冲入拌匀,再加冷水搅拌。某些工作液要求用蒸馏水配制,最好按生产厂的说明配制。

根据不同的加工工艺指标,一般在 5%～20%范围内(乳化油 5%～20%,水 95%～80%)。一般均按质量比配制。在秤量不方便或要求不太严时,也可大致按体积比配制。

3. 任务实施

根据图 7-3-6 所示零件和加工要求可知,加工为内轮廓表面,把穿丝点设定在(205,80),起点为(245,80)。用直径为 0.2mm 铜丝,逆时针方向切割。各编程点坐标见表 7-3-7。

表 7-3-7　编程点坐标

基点编号	X 坐标	Y 坐标	基点编号	X 坐标	Y 坐标
A	245	80	G	25	30
B	184.397	114.286	H	75	30
C	132.889	100	I	75	60
D	75	100	J	132.889	60
E	75	130	K	184.397	45.714
F	25	130			

4. 任务小结

本项目在凸模加工的基础上增加了穿丝过程、自动找中心、工作液的配制及加工路线的优化设计内容,电参数的线切割加工中的一个重要内容,本项目仅介绍了电参数的基本设置。

3.3　实例三　组合体零件的加工

3.3.1　任务描述

许多零件加工中既有凸模又有凹模,本项目通过加工实例来介绍凸凹模混合加工的方法。加工零件如图 7-3-12 所示。

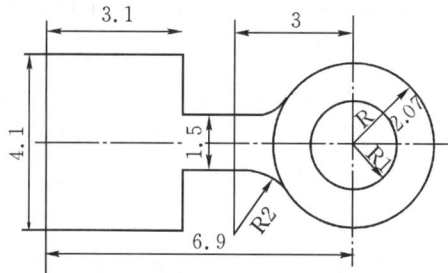

图 7-3-12　凸凹模组合零件

3.3.2　相关知识

1. CAXA 编程

自动编程是通过自动变成软件,画出要加工的图形,生成 G 代码或 3B 代码,通过代码来指挥机床动作来完成加工的。具体操作如下：

(1)画出要加工的图形　如图 7-3-13 所示,在画图是要注意,在尖角的地方要倒一个大于或等于钼丝半径的圆角,否则补偿就不能执行。

(2)进行轨迹操作　如图 7-3-14 所示,在执行轨迹操作时,要注意补偿是自动补偿还是后置时手工补偿,如果是自动补偿,就要在"偏移量/补偿值"下将补偿值设定好,如果是后置时手工补偿,那么就在加工时将补偿值输入好。

(3)生成 3B 代码　如图 7-3-15 所示,代码生成好以后,可以手工输入到单片机,也可以保存到计算机的磁盘目录下。

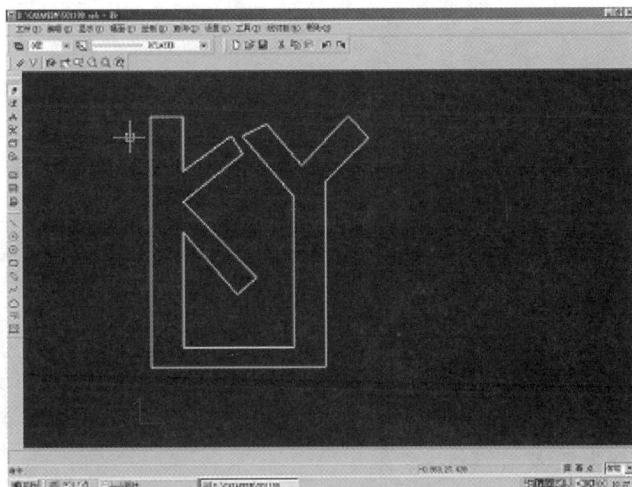

图 7-3-13　加工图形

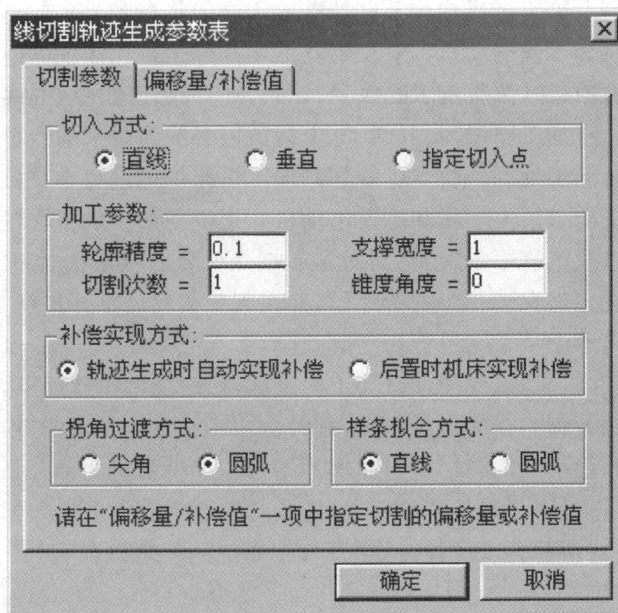

图 7-3-14　参数表

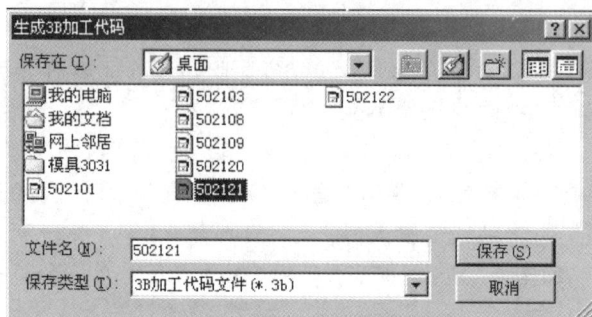

图 7-3-15　生成 3B 代码

2.程序校验

编好程序后要进行校验画图。校验画图是在数控系统显示器上显示出电极丝运行的轨迹。要注意的是,显示时数控系统会根据图形的大小自动缩放,以便无论图形大小都能够显示出来。由于显示器分辨率的限制,校验画图也只能帮助我们发现明显的错误轨迹,不能反映出细微的尺寸偏差。所以不能作为程序正确无误的依据,应结合其他方法进一步仔细检查。值得一提的是,编程人员认真负责、一丝不苟的工作作风是保证程序正确的关键所在。

3.工艺分析

数控线切割加工中,电极丝的损耗或断丝严重影响其连续自动操作的进行,尤其是在快走丝线切割加工中。因电极丝在加工中的反复使用,随着电极丝损耗的增加,切缝越来越窄,不仅会使加工面的尺寸误差增大,而且一旦在加工中发生断丝,加工必须重新开始。这不仅花费较多工时,而且影响加工的表面质量。

4.机床故障处理

线切割加工过程中,有时会遇见一些特殊情况的处理:

(1)中途暂停处理　加工过程中因某些特殊原因必须停车时,应先关闭加工开关和高频电源,再关闭水泵电动机和走丝电动机。对快走丝线切割加工机床来说,在加工直线或斜线段停机时,只需记下控制台面板计数长度 J 的数字、计数方向和加工指令,继续加工时,只要按记下的数字来人工输入指令(加工斜线时,其 X、Y 坐标值仍可按照原来的数值)即可。

(2)断丝后的继续加工处理　快走丝线切割加工机床加工过程中突然断丝,应先关闭高频电源和加工开关,再关闭水泵电动机和走丝电动机。把变频调钮放置在"手动"一边,开启加工开关,让工作台继续按规定程序走完,直到回到起始点位置。接着去掉断丝,若剩下的电极丝还可以使用,则直接在工件穿丝孔中重新穿丝,并在人工紧丝后重新进行加工。若在加工工件即将完成时断丝,也可考虑从末尾进行切割,但这时必须重新编制程序,且在两次切割的相交处及时关闭高频电源和机床,以免损坏已加工的表面,然后把电极丝松下,取下工件。

(3)意外断电后的处理　在加工过程中,有时会出现控制台故障或突然电源切断的现象。若是控制台出现故障,则切割的图形就与要求不相符。如果割错的部分是在废料上,则工件还可挽救;否则,工件只得报废。若是突然断电,则此时控制台面板上的数据已全部清除,但是工件仍可挽救。在上述这两种可以挽救的情况下,首先应松下电极丝,然后按断丝方法处理,并返回起始点后重新加工。

(4)短路故障处理　短路回退太长会引起停机,若不排除短路则无法继续加工。可原地运丝,并向切缝处滴些煤油清洗切缝,即可排除一般短路。但应注意重新启动后,可能会出现不放电进给,这与煤油在工件切割部分形成绝缘膜改变了间隙状态有关,此时应立即增大间隙电压值,等放电正常再改回正常切割参数。

3.3.3　任务实施

下面主要就工艺计算和程序编制进行讲述。

1. 确定计算坐标系

由于图形上、下对称,孔的圆心在图形对称轴上,圆心为坐标原点如图7-3-16所示。因为图形对称于X轴,所以只需求出X轴上半部(或下半部)钼丝中心轨迹上各段的交点坐标值,从而使计算过程简化。

2. 确定补偿距离

补偿距离为:

$$\Delta R=(0.1/2+0.01)mm=0.06mm$$

钼丝中心轨迹,如图7-3-16中点划线所示。

3. 计算交点坐标

将电极丝中心点轨迹划分成单一的直线或圆弧段。求E点的坐标值:因两圆弧的切点必定在两圆弧的连心线OO_1上。直线OO_1的方程为$Y=(2.75/3)X$。故可求得E点的坐标值X、Y为

$$X=-1.570mm\ ,Y=-1.493mm$$

其余各点坐标可直接从图形中求得到,见表7-3-8。

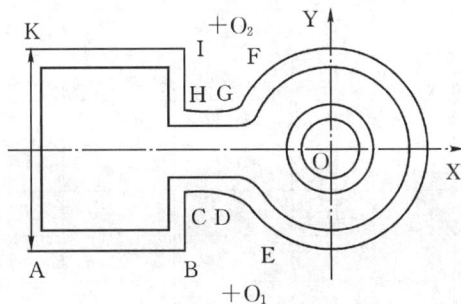

图7-3-16　凸凹模编程示意图

切割型孔时电极丝中心至圆心O的距离(半径)为

$$R=(1.1-0.06)mm=1.04mm$$

表7-3-8　凸凹模轨迹图形各段交点及圆心坐标

交点	X	Y	交点	X	Y	圆心	X	Y
B	-3.74	-2.11	G	-3	0.81	O_1	-3	-2.75
C	-3.74	-0.81	H	-3	0.81	O_2	-3	-2.75
D	-3	-0.81	I	-3.74	2.11			
E	-1.57	-1.4393	K	-6.96	2.11			

4. 编写程序单

切割凸凹模时,不仅要切割外表面,而且还要切割内表面,因此要在凸凹模型孔的中心处钻穿丝孔。先切割型孔,然后再按 B→C→D→E→F→G→H→I→K→A→B 的顺序切割。

3B 格式切割程序单见表 7-3-9 所示。

表 7-3-9 凸凹模线切割程序

序号	B	X	B	Y	B	J	G	Z	说明
1	B		B		B	001040	Gx	L3	穿丝切割
2	B	1040	B		B	004160	Gy	SR2	
3	B		B		B	001040	Gx	L1	
4								D	拆卸钼丝
5	B		B		B	013000	Gy	L4	空走
6	B		B		B	003740	Gx	L3	空走
7								D	重新装上钼丝
8	B		B		B	012190	Gy	L2	切入并加工 BC 段
9	B		B		B	000740	Gx	L1	
10	B		B	1940	B	000629	Gy	SR1	
11	B	1570	B	1439	B	005641	Gy	NR3	
12	B	1430	B	1311	B	001430	Gx	SR4	
13	B		B		B	000740	Gx	L3	
14	B		B		B	001300	Gy	L2	
15	B		B		B	003220	Gx	L3	
16	B		B		B	004220	Gy	L4	
17	B		B		B	003220	Gx	L1	
18	B		B		B	008000	Gy	L4	退出
19								D	加工结束

ISO 格式切割程序单如下:

D000＝＋00000000 D001＝＋00000110;

D005＝＋00000000;T84 T86 G54 G90 G92X＋0Y＋0U＋0V＋0;

C007;

G01X＋100Y＋0;G04X0.0＋D005;

G41D000;

C007;

G41D000;

G01X＋1100Y＋0;G04X0.0＋D005;

G41D001;

G03X－1100Y＋0I－1100J＋0;G04X0.0＋D005;

X＋1100Y＋0I＋1100J＋0；G04X0.0＋D005；

G40D000G01X＋100Y＋0；

M00；　　　　　　　　　　//取废料

C007；

G01X＋0Y＋0；G04X0.0＋D005；

T85 T87；

M00；　　　　　　　　　　//拆丝

M05G00X－3000；　　　　　　//空走

M05G00Y－2750；

M00；　　　　　　　　　　//穿丝

D000＝＋00000000 D001＝＋00000110；

D005＝＋00000000；T84 T86 G54 G90 G92X－2500Y－2000U＋0V＋0；

C007；

G01X－2801Y－2012；G04X0.0＋D005；

G41D000；

C007；

G41D000；

G01X－3800Y－2050；G04X0.0＋D005；

G41D001；

X－3800Y－750；G04X0.0＋D005；

X－3000Y－750；G04X0.0＋D005；

G02X－1526Y－1399I＋0J－2000；G04X0.0＋D005；

G03X－1526Y＋1399I＋1526J＋1399；G04X0.0＋D005；

G02X－3000Y＋750I－1474J＋1351；G04X0.0＋D005；

G01X－3800Y＋750；G04X0.0＋D005；

X－3800Y＋2050；G04X0.0＋D005；

X－6900Y＋2050；G04X0.0＋D005；

X－6900Y－2050；G04X0.0＋D005；

X－3800Y－2050；G04X0.0＋D005；

G40D000G01X－2801Y－2012；

M00；

C007；

G01X－2500Y－2000；

G04X0.0＋D005；

T85 T87 M02；　　　　　　　　　　　　　//程序结束

3.3.4　任务小结

本项目重点学习 CAXA 自动编程的程序生成方法，在前面两个项目的基础上介绍了加工过程中一些特殊情况的处理方法，对电极丝损耗进行了分析。

第8篇 电火花机床的操作与加工

第 1 章　电火花的基本知识

1.1　任务描述

了解电火花机床的发展应用、分类、结构组成、工作原理及加工特点,掌握电火花机床的相关参数及加工特性。

1.2　相关知识

1.2.1　电火花机床概述

1. 电火花机床的发展应用

前苏联拉扎林科夫妇研究开关触点受火花放电腐蚀损坏的现象和原因时,发现电火花的瞬时高温可以使局部的金属熔化、氧化而被腐蚀掉,从而开创和发明了电火花加工方法。数控电火花成型机床主要用来进行复杂形状零件、难切削材料、精细表面、低刚度零件的加工,在制造领域得到了广泛的应用。

电火花机床又称数控电火花机床、电火花、火花机等是一种电加工设备。

2. 电火花机床的分类

按照工具电极的形式及其与工件之间相对运动的特征,可将电火花加工方式分为五类:利用成型工具电极,相对工件作简单进给运动的电火花成型加工;利用轴向移动的金属丝作工具电极,工件按所需形状和尺寸作轨迹运动,以切割导电材料的电火花线切割加工;利用金属丝或成型导电磨轮作工具电极,进行小孔磨削或成形磨削的电火花磨削;用于加工螺纹环规、螺纹塞规、齿轮等的电火花共轭回转加工;小孔加工、刻印、表面合金化、表面强化等其他种类的加工。

3. 电火花的结构组成

电火花机床由主机、工作油箱、脉冲电源等部分组成。主机包括床身、立柱、工作台、主轴、工作液油槽和油箱等部分组成。以北京迪蒙卡特公司生产的 CTE300 电火花机床为例,介绍机床的组成,外形如图 8-1-1 所示。

(1)床身和立柱　床身为刚性高的箱型结构,稳定可靠并在床身下采用垫铁支撑,使导轨精度不受地基的变形而影响。它是整个床身的基础,工作台坐落在床身上,支撑着工作台纵横向运动;立柱固定在床身上,与床身的接合面有很强的接触刚度,在立柱的前端面固定主轴箱,正泰机床成 C 型结构,具有外观造型美观等特点。

(2)工作台　工作台是由一组刚性很强的十字滑板组成的,通过精密丝杠副(丝杠螺距为 4mm)实现工作台纵横方向的移动,即手摇纵横方向的手轮,从而带动丝杠转动,丝杠又拖动台面运动。

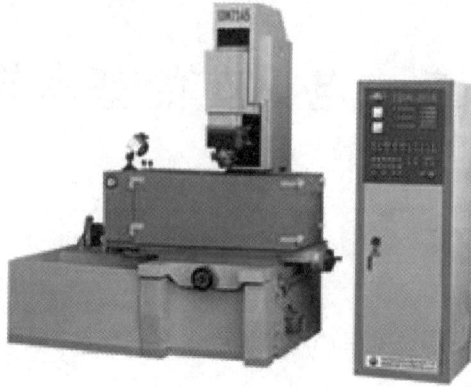

图 8-1-1

（3）主轴　主轴伺服系统采用 PWM 脉宽调速系统，配用直流伺服电机。脉冲电源能量输向工具电极和工件，形成放电间隙进行电加工，放电间隙的电压信号输送到信号检测环节，与给定电压进行比较，该给定电压决定了控制放电间隙电压的平衡点，即控制了放电间隙，使加工时高于或低于平衡点的信号变成随动信号输出。为此，信号再与可调节的速度负反馈信号综合，提高系统的刚性。主轴的手动控制信号则不通过检测和比较，直接加入放大和积分环节。然后信号进入脉宽调制器，转换成某频率的方波，调制器的固定方波源来自波形发生器，调制器产生的可变方波，经开关放大器放大后，输入直流电机电枢两端，通过改变平均电压的大小和极性可以改变电机 M 的转速和方向，同时带动测速机发出反馈信号，从而达到稳定的加工过程。

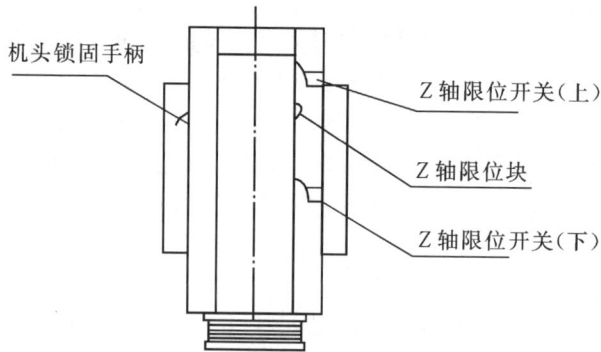

图 8-1-2

（4）工作液槽　工作液槽装在工作台上。为了保证加工过程安全进行，加工时，工作液面必须比工件上表面高出 50mm 左右，并随着加工电流的加大要高出的更多，保证放电气体的充分冷却，尤其是在大电流加工时要杜绝放电气体内带火星飞出油面。

（5）工作液循环过滤系统　此过滤系统采用纸芯过滤器，该系统具有如下优点：

①过滤精度高；

②过滤面积大，流量大，压力损失小；

③纸芯过滤器更换简单,操作方便。

一般喷没压力以不超过 0.5kg/cm² ,以免损坏没泵或产生放电异常现象。

1.2.2　电火花机床的工作原理及加工特点

1. 电火花机床的工作原理

进行电火花加工时,工具电极和工件分别接脉冲电源的两极,并浸入工作液中,或将工作液充入放电间隙。通过间隙自动控制系统控制工具电极向工件进给,当两电极间的间隙达到一定距离时,两电极上施加的脉冲电压将工作液击穿,产生火花放电。在放电的微细通道中瞬时集中大量的热能,温度可高达一万摄氏度以上,压力也有急剧变化,从而使这一点工作表面局部微量的金属材料立刻熔化、气化,并爆炸式地飞溅到工作液中,迅速冷凝,形成固体的金属微粒,被工作液带走。这时在工件表面上便留下一个微小的凹坑痕迹,放电短暂停歇,两电极间工作液恢复绝缘状态。

紧接着,下一个脉冲电压又在两电极相对接近的另一点处击穿,产生火花放电,重复上述过程。这样,虽然每个脉冲放电蚀除的金属量极少,但因每秒有成千上万次脉冲放电作用,就能蚀除较多的金属,具有一定的生产率。在保持工具电极与工件之间恒定放电间隙的条件下,一边蚀除工件金属,一边使工具电极不断地向工件进给,最后便加工出与工具电极形状相对应的形状来。因此,只要改变工具电极的形状和工具电极与工件之间的相对运动方式,就能加工出各种复杂的型面。

工具电极常用导电性良好、熔点较高、易加工的耐电蚀材料,如铜、石墨、铜钨合金和钼等。在加工过程中,工具电极也有损耗,但小于工件金属的蚀除量,甚至接近于无损耗。

工作液作为放电介质,在加工过程中还起着冷却、排屑等作用。常用的工作液是粘度较低、闪点较高、性能稳定的介质,如煤油、去离子水和乳化液等。

2. 电火花机床的加工特点

电火花加工又称为放电加工或电蚀加工,它是利用在一定介质中,通过工具电极和工件电极之间脉冲放电时的电腐蚀作用对工件进行加工的一种工艺方法。与常规的金属加工相比较,电火花加工具有如下特点:

①电火花加工属不接触加工。工具电极和工件之间不直接接触,而有一个火花放电间隙 (0.01~0.1mm) ,间隙中充满工作液。脉冲放电的能量密度高,便于加工用普通的机械加工方法难于加工或无法加工的特殊材料和复杂形状的工件。

②加工过程中工具电极与工件材料不接触,两者之间宏观作用力极小。火花放电时,局部、瞬时爆炸力的平均值很小,不足以引起工件的变形和位移。

③电火花加工直接利用电能和热能来去除金属材料,与工件材料的强度和硬度等关系不大,因此可以用软的工具电极加工硬的工件,实现"以柔克刚"。

④脉冲参数可以在一个较大的范围内调节,可以在同一台机床上连续进行粗、半精及精加工。精加工时精度一般为 0.01mm ,表面粗糙度 Ra 为 0.63~1.25μm ;微精加工时精度可达 0.002~0.004mm ,表面粗糙度 Ra 为 0.04~0.16μm 。

⑤直接利用电能加工,便于实现加工过程的自动化。

1.2.3 电火花机床的参数

1. CTE300 机床的参数

主轴伺服行程	250+230mm
X 向行程	手动 450mm
Y 向行程	手动 350mm
电源功率	6kW
最大电极承重	75kg
加工电流	60A
油箱容积	450L
最佳加工表面粗糙度	$<$Ra0.8μm
最低电极损耗	$<$0.3%
最高生产率	300mm^3/min

2. CTM450 机床的参数

(1) 规格参数

工作台尺寸/mm	630×400
X、Y 轴行程/mm	450×250
Z 轴行程/mm	250
工作油槽尺寸/mm	1060×620×395
最大电极重量/kg	50
最大工件重量/kg	300
工作台定位精度/mm	0.01
主机尺寸/mm	1350×1655×2255
整机重量/kg	1500
油箱容积/L	260

(2) 主要技术指标

输入电源	三相 380V/50Hz	最大电流输入值	40(50A 控制柜) 80(100A 控制柜)
输入功率	6kVA	加工电压	90V/120V
控制轴数	3	输入方式	键盘
最大指令值	±9999.999mm	位置指令	绝对/增量

（3）加工指标

最佳粗糙度	Ra≤0.3um
最小电极损耗	≤0.1%
最高效率	450mm³/min(IP40 铜—钢)

1.3　拓展知识

1.3.1　机床报警及报警处理

在下列几种情况下系统会报警。

（1）对刀短路，且消声灯灭。

（2）按加工键时，有设定错误，报警时间约为 3 秒。有如下情况：

①Z 轴值大于深度值；

②自动加工，但深度设定有误。

（3）加工完成，回退到位，报警时间约为 10 秒。

（4）自动加工进行段调用时，报警时间约为 0.5 秒。

（5）加工时，液面或油温未达到要求，且消声灯灭。

以上五种情况，按 BEEP 键可停止报警。

（6）加工时，积碳报警，同时防碳数码管闪烁；出现此种情况，按 CARBON PROOF 键可停止报警。

（7）着火时报警。

1.3.2　安全与维护

电火花成形机床为电加工设备，由于放电瞬间工作电极与工件间温度较高，加工电流较大，所以必须注意以下几点：

（1）加工中不要触摸电极和工件，以防触电。

（2）光感探头对准电极位置，使灭火器处于触发状态。

（3）设置合适工作液面，使液控浮子开并起作用。

（4）必须使液面高于工作件表面或最高点 30mm 以上。

（5）正常情况下不得按下 BEEP(消声)开关，正常不显亮。

（6）主轴二次行程调整时必须松开锁紧，调至合适位置后，再次锁紧，不得在锁紧状态，开启二次行程开关。

（7）所有传动件，丝杆均为高精度部件，均要轻轻摇动，不可大负荷、超行程动作。

（8）传动部件必须经常通过手拉泵加油润滑。

（9）设备使用后要清扫干净，擦干净工作台或吸盘上工作液，不得使吸盘和工作台面生锈，机床长时间不工作要涂擦防锈油。

第 2 章　数控电火花成型加工工艺与操作

2.1　任务描述

了解电火花机床按钮的作用和使用方法,熟悉电火花机床的操作面板;熟练的掌握电火花机床的基本操作。

2.2　电火花机床的基本操作

电火花机床的分类有很多。现以北京迪蒙卡特公司生产的 CTE300 和 CTM450 进行讲解。

开关机方法如下,关机步骤与开机相反。

①合上电柜右侧的断路器,旋出面板上的红色蘑菇头旋钮。

②按下面板上的绿色按钮,总电源启动;稍等片刻之后进入系统操作主界面。

③进入主界面后,即可进行您所需要的加工操作。

2.2.1　CTE300 的基本操作

1. 机头上下控制

立柱侧面有一手轮,用于控制机头辅助行程上下,摇动前请先松开锁紧手柄,调整至工作物适当距离,再旋紧手柄,固定机头。

2. 工作台前后左右运动

①工作台前后移动,转动前面手轮,即可移动行程,定位后锁紧行程固定手柄,防止松动;

②工作台左右移动,转动左侧手轮,即可移动行程,定位后紧固行程固定手柄,防止松动。

3. 工作油槽使用

当机器停止使用时,请放松油槽门,以免油槽门胶条变形失效,加工时加工液应高于被加工物 5~10cm,防止放电火花与空气接触而着火。

4. 电极头(图 8 - 2 - 1)

5. 电源操作

(1)电源柜面板(如图 8 - 2 - 2)

①急停按钮。

(a)紧急断电。当出现紧急情况时按下此按钮。将切断电源柜全部电源。

(b)在每次关机时也应该按下此按钮,切断电源。

(c)在开机时,开启此按钮,这时电源柜弱电打开,NC 电源供电,数码管显示加工参数。

(d)此按钮为自锁按钮,按下时自动锁定,需要开启时右旋即可。

注意:开启此按钮时,几秒钟后再进行其他操作。

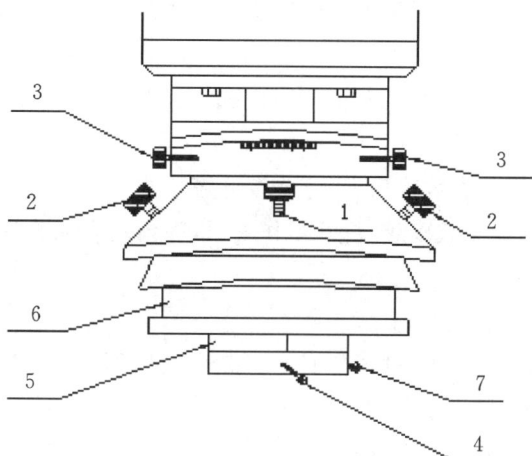

1	前后水平调整螺钉及锁紧螺母
2	左右水平调整螺钉及锁紧螺母
3	电极旋转角度调整螺钉
4	活动式电极夹头固定螺钉
5	电极夹头
6	电极夹头与机体之绝缘界面
7	电源进电正极

图 8-2-1

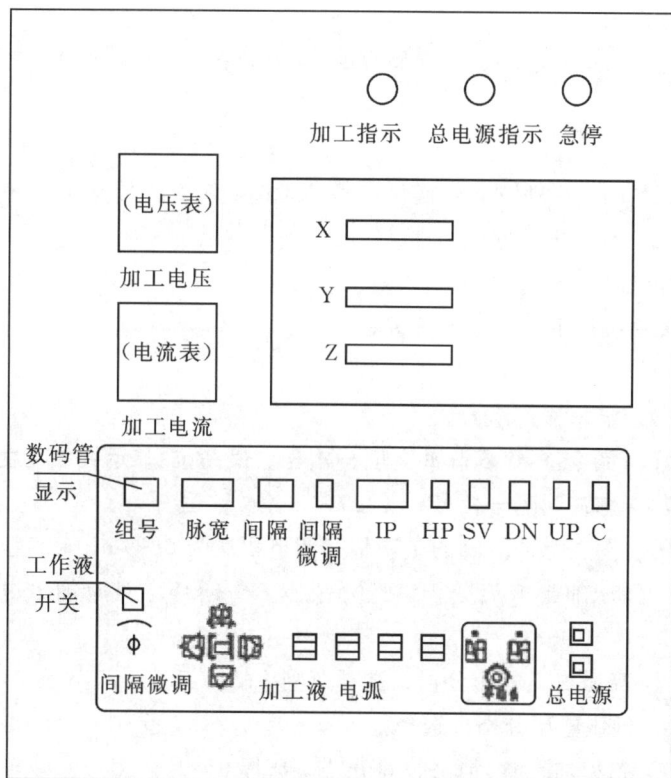

图 8-2-2

②总电源"开"。在电源柜弱电上电后,方向按下此按钮(总电源指示亮灯)。这时控制部分强电开启,可进行 W 轴、Z 轴的操作。

③总电源"关"。需要关机时,应先按下总电源关按钮,以切断控制强电电源。

④"油泵"按键。按下时,打开工作液泵。抬起时,关闭工作液泵。

⑤"＜、＞"键。左、右移动光标键。按下后,数码管显示的闪烁位将随之移动,以便确定更改参数位置。

⑥"△、▽"键。数值加、减键,当确定需要更改参数的位置时,按下△▽键,该数值将随之加、减。

⑦"确认"键。确认并输出当前参数。当修改参数以后,一定要按此键才能有效。

⑧"加工"键。当工件、电极装卡找正并输入参数以后,打开工作液泵,等到液面合适时,按此键进入伺服加工。

注意:按加工键后,将自动开启高频电源功率开关。

⑨"停止"键。当伺服加工结束,或加工中需要暂停时,按下此键 2～3 秒后加工停止,Z9轴自动加回退 4～5mm。同时,关闭高频电源功率开关。

⑩"读出"键。读出内部已储存的加工参数组。操作方式:输入组号以后,按此键即可。在加工中也可以根据需要随时读出加工参数。

⑪"储存"键。储存用户自定义的加工参数。当用户自己选择的参数组并且需要经常使用时,用户可将其储存起来。

操作方法:首先输入组号(注意:用户储存时,组号要在 70～99 之间),之后输入所需参数,按储存键即可。

平动头操作:

⑫"正/反"键。平动头平动方向转换键。平动时按此键可以使平动方向反向。

⑬"开/关"键。平动头开、关键。

⑭"伺服微调"电位器。伺服电压微调整。

注:不带平动头的机床不涉及以上按键。

数码管显示:

⑮"组号"(2 位)。显示输入组号。

⑯"脉宽"(3 位)。低 2 位:显示脉冲宽度分档号。最高位:显示控制功能。

⑰"间隔"(2 位)。脉冲间隔分档号。

⑱"间隔微调"(1 位)。脉冲间隔的微调整。调整幅度为 0～9μs。

⑲"IP"(3 位)。低压加工电流分档。选择范围 0～63.5。对应加工电流随脉冲占空比而定。

⑳"HP"(1 位)。高压加工电流分档。选择范围 1,2,4,7。(3,5,6 为 0,未用)。

㉑"SV"(1 位)。伺服电压分档。选择范围 0～9。

㉒"DN"(1 位)。抬刀加工时,加工时间分档。选择 0～9。

㉓"UP"(1 位)。抬刀加工时,加工时间分档。选择范围 0～9。

㉔"C"反打(调至 6 为反打,0 为正打)。

㉕"加工电压"表。加工间隙电压指示。

㉖"加工电流"表。加工电流指示。

㉗"总电源指示"灯。开启电源时该亮灯。

㉘"工作液指示"灯。按油泵后该灯亮表示工作液泵开启。

㉙"加工液指示"灯。进入加工状态后,该指示灯闪烁(如装有液位控制功能,液面到达设定液位后该指示灯长亮)。

㉚"电弧指示灯"灯。在选择抗拉弧功能后,加工有拉弧状态时,该灯亮。

(2)手控盒操作(如图 8-2-3)

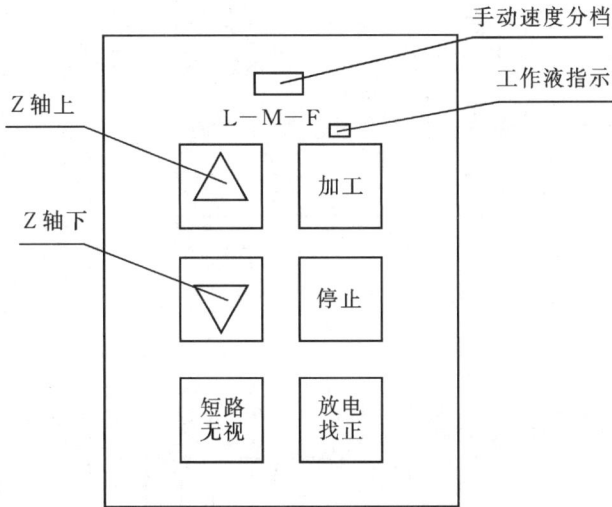

图 8-2-3

①"L/M/F" 手动操作时的运动速度选择,L—低速,M—中速,F—高速。

②"△" 手动 Z 轴向上运动。

③"▽" 手动 Z 轴向下运动。

④"加工"键 同操作面板。

⑤"停止"键 同操作面板。

⑥"放电找正" 输出指定加工参数,其他同"加工"键。用于火花放电找正。

⑦"短路无视" 此键与▽键同时使用强制使 Z 轴在短路情况下仍可向下运动(因为短路,工作头不向下移动)。用于拉表找正。

2.2.2 CTM450 的基本操作

1.电柜介绍

电柜面板如图 8-2-4 所示。

①LCD 显示器 通过显示器,显示电源、机械系统的各种情况和机械操作的提示。

②电压表 指示放电加工的间隙电压值。

③电流表 指示放电加工的平均电流值。

④蜂鸣器 用于系统故障报警或警告提示。

⑤停止按钮 用于总电源的关闭。

⑥启动按钮 用于总电源的启动。

⑦键盘 完成各种数据输入,控制机床的各种操作。

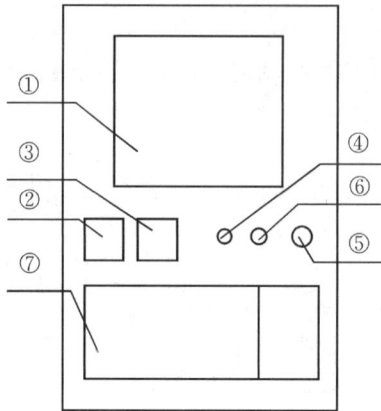

图 8-2-4

2.手控盒面板

手控盒内集中了在机床进行加工准备时的必要开关,如图 8-2-5 所示。

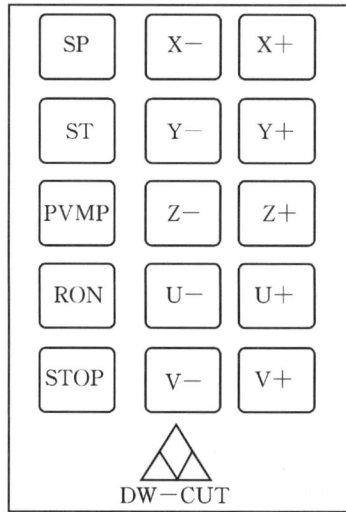

图 8-2-5

3.接触感知(ST)

此键用于【伺服找正】。

(按下时注意电极与工件切勿碰撞,否则会对电极或工件造成损害)

4.操作步骤

当电极与工件接触时,机床会发出报警信号,此时单纯移动机床的任何一个轴,机床都没有动作;按下【ST】键并且按下任意一个轴,此时相应的轴才会移动。

5.速度设置(SP)

用于设置各轴运动的速度,分为"高速""中速""低速"和"单步"四种。按【速度设置(SP)】按键,主屏幕上的"点动速度"一栏会有相应的速度变化显示。

6. 手控移动键

手控移动键包含了【−X】【＋X】【−Y】【＋Y】【−Z】【＋Z】键,选择移动轴及其方向。面对机床正前方,选择点动轴及其方向。如下图所示,左右方向为 X 轴,前后方向为 Y 轴,上下方向为 Z 轴。以主轴(电极)运动方向而言,向右为＋X,向左为−X;向前为＋Y,向后为−Y;上为＋Z,向下为−Z。

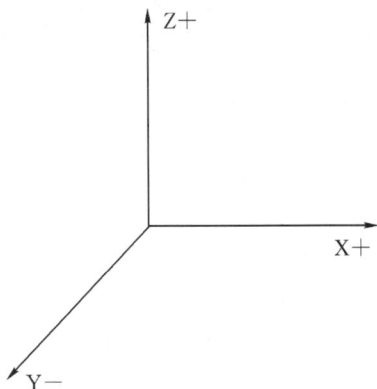

图 8 - 2 - 6　坐标轴

7. 油泵(PUMP)

【PUMP】键不能单独使用,需和【ST】键配合使用。先按下【ST】键,然后不松手,按下【PUMP】键此时屏幕界面【油泵】会提示为"开";再按一下【ST】键和【PUMP】键,主界面【油泵】会提示为"关"。

(1)加工(RUN)

用于开启放电加工,按下【RUN】键,主屏幕上的"脉冲电源"一栏显示开。

(2)停止(STOP)

用于停止放电加工,按下【STOP】键,主屏幕上的"脉冲电源"一栏显示关。

8. 键盘操作

可用字符:

①英文字母。A B C D E F G H I J K L M N O P Q R S T U V W X Y Z

②数字。0 1 2 3 4 5 6 7 8 9

③特殊符号。＋ −　．,;＝　空格

2.2.4　初始界面构成

CTM 电源开启后,计算机屏幕显示的初始界面为(图 8 - 2 - 7),界面分为:

①企业标志区域。显示本公司标志及名称。

②机床坐标区域。显示机床机械坐标位置。

③加工坐标区域。显示加工所设定的 XYZ 轴的坐标。

④加工状态区域。显示机床加工各项的状态。

⑤间隙示波器区域。显示加工过程中间隙电压的实时波形。

⑥系统主菜单区域。显示系统各主菜单功能。

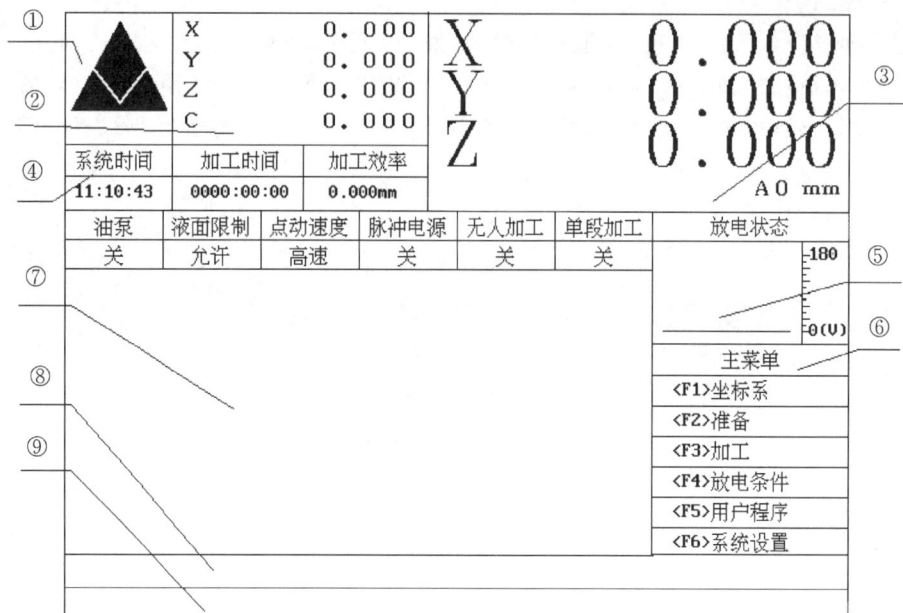

图 8-2-7

⑦程序窗口区域。在此窗口编辑加工程序并且可在加工时显示当前加工所调用的程序。

⑧辅助菜单区域。显示主菜单下各子功能。

信息提示区域。系统对加工或操作进行信息提示。

CTSK 电源菜单式操作界面:

①初始画面。开机显示界面,如图所示。

②坐标系〈F1〉。进行坐标系变换和改变当前坐标系的各轴坐标值。

③加工准备〈F2〉。准备菜单中包含移动、半程、端面定位、三点定心等加工前的准备工作。

④移动。将电极移至指定位置的模块。移动类型有移动、半程、极限移动。

⑤定位。测定电极和工件基准位置的模块。定位类型有端面定位、三点定心、自动。其中自动又包含孔中心定位、柱中心定位、象限定位。

⑥加工〈F3〉。根据用户所设定的加工条件进行加工,分手动和程序加工。

⑦放电找正。用于电极找正,用户通过放电火花状态判断电极是否找正。电极与工件表面放电火花均匀,则可判断电极与工件垂直。

⑧手动加工。用于手动控制加工参数的加工。

⑨空运行。根据用户设定的 NC 程序,演示加工运行状态,机床动作,但不放电加工。

⑩程序加工。根据用户已设定好的 NC 程序开始加工零件。

⑪自动加工。根据用户在自动图框中设定的放电面积、电极缩小量、粗糙度、加工深度等加工参数,由系统自动生成程序进行加工。

⑫放电条件〈F4〉。设定或更改放电加工条件,使用时直接调用该加工条件的代号即可。

⑬用户程序〈F5〉。用户可在此模块下进行 NC 程序的编辑和设定。

⑭系统设置〈F6〉。该模块用于设定电源与机械部分的输入输出状态。

2.2.5　工艺参数的选择

1. 工艺选择的一般规律

(1)粗加工　粗加工的工艺目的是在保证低损耗的情况下,实现较高的加工速度。应采用较长的脉冲放电时间和较大的脉冲放电电流,进行负极性加工。在使用紫铜电极材料时,脉冲宽度一般大于 $600\mu s$,使用石墨电极材料时,脉冲宽度一般大于 $300\mu s$,根据不同的尺寸、不同的形状的工件要求,可以较大幅度的选择脉冲放电电流。加工电流要在十几安培至几十安培。

粗加工是具有放电间隙、排屑条件好、加工稳定的特点,这样有利于使用较小的脉冲间隔,以进一步减小电极损耗。在使用紫铜电极时,脉冲宽度与脉冲间隔比可以达到 10∶1,使用石墨电极材料时,脉冲宽度与脉冲间隔比一般大于 3∶1。对于大面积加工,并且排屑条件不好的情形,应打若干个排气孔,作为辅助排气排屑措施。

(2)中加工　电火花型腔加工的中加工阶段,是为粗加工到精加工的过渡。这一阶段一定要逐步减小,粗加工造成的粗糙的工件表面。由于工件形状千变万化,中加工使用的规准也多种多样。同一规准在小型腔加工可能作为粗加工规准,在大型腔加工时却作为中加工规准。所以,很难给出中加工的工艺规范。

对于中修规准,一般的要求是:

①脉冲宽度。对于紫铜电极脉冲宽度应从 $400\sim30\mu s$ 逐步减小。

②脉冲间隔。脉冲间隔要随着脉冲宽度的减小而减小,但是当脉冲宽度小于 $200\mu s$ 时,脉冲宽度与脉冲间隔比应适当增大。

③脉冲电流。脉冲宽度和脉冲电流都直接影响工件表面粗糙度,所以加工电流的选择应与脉冲宽度选择配合进行。但是,当脉冲宽度减小到一定值时,由于加工能量的减小,放电间隙也随之减小,排屑条件逐步恶劣,脉冲电流应保持在一定数值,以保证加工的稳定进行。这是与加工的面积与形状密切相关的,实际加工时应特别注意。

由于实际加工的面积、形状、排屑条件各种各样,中加工的工艺规准很难一概而论。所以,中加工阶段要做到勤换规则、勤调整,为工件的精加工打下良好的基础。

(3)精加工　精加工是整个工件加工的最终阶段,他将实现加工的最终尺寸和表面粗糙度。精加工的特点是去除量很小,一般不超过 0.1mm;脉冲宽度小,一般为几到几十微秒;脉冲电流较小小于十安培,小面积时小于一安培;脉冲间隔大,在脉宽 $10\mu s$ 以下时,脉宽与间隔比值为 1∶0.5 到 1∶5。因为加工量较小,所以精加工要力求加工的稳定性,避免积炭,由于加工余量很小,可以忽视电极耗损。

2.2.6　参数组的选择

1. 粗加工

(1)铜—钢　铜—钢粗加工参数组号为:20~29 共十组,可根据加工面积、形状不同进行选择。面积从小到大对应组号从小到大。

(2)石墨—钢　石墨—钢加工参数组号为:40~49 共十组,可根据加工面积、形状、中修分档不同进行选择。面积从小到大对应组号从小到大。

对于复杂面或锥形以及有预加工型腔的工件,由于初始的加工接触面积较小,应首先选择较小的加工规则。

2. 中加工

(1)铜—钢　铜—钢中加工参数组号为:10~19 共十组,可根据加工面积、形状不同进行选择。面积从小到大对应组号从小到大。

(2)石墨—钢　石墨—钢中加工参数组号为:30~39 共十组,可根据加工面积、形状、中修分档不同进行选择。面积从小到大对应组号从小到大。

铜—钢和石墨—钢加工参数组号都在 00~09 号范围内选择。根据加工面积、形状、精修分档不同进行选择。对于石墨—钢最终归准脉宽应大于 $20\mu s$,加工电流应大于 2~3A。

2.3　电火花加工工艺规范

2.3.1　电参数对加工速度的影响

电参数对加工速度的影响主要取决于单个脉冲能量,即脉冲宽度与脉冲电流的乘积。但是,并不意味着单个脉冲能量的增加就会使加工速度增加,他还和脉冲间隔、加工面积、放电利用率、加工极性、以及其他非电参数有关。

1. 脉冲放电宽度的影响

脉冲放电宽度对加工速度的影响并不是线性的。一般来说,脉冲电流在 40A 以下、脉冲宽度大于 $100\mu s$ 时随着脉冲宽度的增加加工速度有降低的趋势;脉冲电流大于 40A 时,加工速度基本上随着脉冲宽度的增加而增加。

2. 脉冲间隔的影响

从单个脉冲周期的放电能量角度来讲,脉冲间隔越小加工速度越高。一般脉冲宽度与脉冲间隔之比在 3∶1 到 10∶1 之间,当脉冲宽度在 $30\mu s$ 以下时,此比值需要减小甚至达到一比几。

3. 脉冲放电电流和电流密度的影响

增加脉冲放电电流和增加脉冲放电宽度一样,都是增加脉冲放电能量。加大脉冲放电电流,在一定范围内可以提高放电加工速度,但是当脉冲放电电流超过某临界值时,加工速度不会随之增加,还有可能下降的趋势。这是因为,电火花加工的平均密度要在一定的范围内。当电流密度过大时,会造成排屑条件恶化,甚至由于能量的过分集中,产生的气体过多,排斥了液体介质,形成了气体介质放电。这都是造成加工不稳定和降低加工速度的原因。

4. 放电效率和脉冲利用率的影响

在实际加工过程中,不一定所有输出脉冲都是放电脉冲(例如存在短路、开路),放电脉冲也不一定都有加工作用(例如拉弧),加之放电脉冲的击穿延时的不一致,都会影响加工速度。

在电火花放电加工中,开路、短路、拉弧、积炭等无效脉冲的多少,与加工的稳定性有直接的关系。而只有稳定的加工才会获得较高的放电效率。

5. 极性的影响

一般脉冲放电时间大于 20~$30\mu s$ 时,工件采用负极性。反之,采用正极性。

2.3.2　非电参数对加工速度的影响

1. 加工面积的影响

前面提到了平均加工电流密度对加工速度的影响,加工面积也是影响平均加工电流密度的因素。所以以加工面积对加工速度的影响也是可想而知的。

2. 排屑条件的影响

在电火花成型加工过程中,不断产生气体、金属末削和黑碳等,如不及时排除,加工则很难稳定进行,导致加工速度降低。为了改善排屑条件,可以采用冲、抽油和工具电极抬刀的方法。

(1)冲、抽油　对于较深的型腔和蚀除量较大的加工,排屑条件都不太好,很容易产生碳黑或蚀除物的堆积,影响加工的稳定。对于这种情况自然排屑条件很差,一定要靠冲油强制排屑。使得排屑通畅,获得较高的加工速度。排屑效果随冲油压力增大而增大。但是当冲油压力加大到一定时,由于放电间隙中液体流速过快,有可能破坏放电通道的形成,导致加工稳定性降低,影响加工速度。

(2)抬刀　虽然冲油可以改善排屑条件,但有些情况仅靠冲油不一定理想,比如:深窄槽的加工、很深的型腔加工等,冲油很难达到加工间隙内部,达到排屑目的。如果配合抬刀操作,则可大大提高排屑效果。所以在实际加工中,抬刀和冲油是配合进行的,抬刀操作的加工时间(DN)和抬起高度(UP)也要随之调整,加工时间长有利与加工速度,但过长不利于排屑的效果,从而影响加工的稳定性。抬起高度过高则会使有效加工时间减少,降低加工速度。

2.3.3　电火花加工的主要工艺参数

1. 加工速度

对于电火花成形机来说加工速度是指在单位时间内,工件被蚀除的体积或重量。一般用体积加工速度表示。

2. 工具电极损耗

在电火花成形加工中,工具电极损耗直接影响仿形精度,特别对于型腔加工,电极损耗这一工艺指标较加工速度更为重要。

电极损耗分为绝对损耗和相对损耗。绝对损耗最常用的是体积损耗 V_e 和长度损耗 V_{eh} 两种方式,它们分别表示在单位时间内,工具电极被蚀除的体积和长度。在电火花成形加工中,工具电极的不同部位,其损耗速度也不相同。

在精加工时,一般电规准选取较小,放电间隙太小,通道太窄,蚀除物在爆炸与工作液作用下,对电极表面不断撞击,加速了电极损耗,因此,如能适当增大电间隙,改善通道状况,即可降低电极损耗。

表 8 - 2 - 1

工艺指标 电参数	加工速度	电极损耗	表面粗糙值	备注
峰值电流 I_m ↑	↑	↑	↑	加工间隙 ↑ 型腔加工锥度 ↑

工艺指标 电参数	加工速度	电极损耗	表面粗糙值	备注
脉冲宽度 t_k ↑	↑	↓	↓	加工间隙↑ 加工稳定性↑
脉冲间隙 t_o ↑	↓	↑	○	加工稳定性↑
空载电压 V_o ↑	↓	○	↑	加工间隙↑ 加工稳定性↑
介质清洁度↑	中粗加工↓ 精加工↑	○	○	稳定性↑

3. 表面粗糙度

表面粗糙度是指加工表面上的微观几何形状误差。对电加工表面来讲,即是加工表面放电痕——坑穴的聚集,由于坑穴表面会形成一个加工硬化层,而且能存润滑油,其耐磨性比同样粗糙度的机加表面要好,所以加工表面允许比要求的粗糙度大些。而且在相同粗糙度的情况下,电加工表面比机加工表面亮度低。工件的电火花加工表面粗糙度直接影响其使用性能,如耐磨性,配合性质,接触刚度,疲劳强度和抗腐蚀性等。尤其对于高速、高洁、高压条件下工作的模具和零件,其表面粗糙度往往是决定其使用性能和使用寿命的关键。

4. 放电间隙

放电间隙是指脉冲放电两极间距,实际效果反映在加工后工件尺寸的单边扩大量。对电火花成形加工放电间隙的定量认识是确定加工方案的基础。其中包括工具电极形状,尺寸设计,加工工艺步骤设计,加工规准的切换以及相应工艺措施的设计。

2.3.4 操作注意事项

①电火花机首先检查电源总开关 ON 校正垂直。

②装上电极与夹头,平行基准,将工件放于磁器工作台上,校正平行基准后吸磁固定。寻边时将 AT 调至 OA。

③以电极寻工件之放电位置 X. Y 坐标。PA20～45μs 铜为正极。

④极性选择。(工件为负极)放电时间 PA 值搭配。

⑤电流 AT 调整。粗放(电极单边间隙 0.12ATS～45A,PA60s～120μs,其具体条件要以放电电极面积大小而定,放电面积较小时,粗放可用 1.5A90μs＜1mm² 时)以防止电极过于损耗;细放(电极单边间隙 0.04,AT1.5～SA. PA20μs～60μs,细放之放电面积较大时,先用 AT1.5PA60μs 将侧壁放至 0.1 左右时改用 AT3A. PA30μs 利剩下 0.030,然后改用 AT 1.5 A. PA30μs 放至 0.005,最后单边侧修 0.025AT1.5APA30μs 放电间隙电压调整。

⑥休止时间 PB。粗放时 PB3～4,间隙电压调至 3 或 4,细修时 PB 调至 5 或 6,间隙电压调至 5 或 6 脉动设定。

⑦伺服强弱。粗放时,伺服调至 6 或 7,机头上下脉动时间分别设定为 5\4 或 4\4 细放时,伺服调至 5,机头上下脉动时间分别设定为 5\2 或 6\3 睡眠开关开启(打开时其指示灯

亮）。

⑧将液位控制开关打开（打开时指示灯为闪烁状），达Z轴基准面位置。

⑨手动伺服进刀。设定放电深度，进行深度设定时，待电极与工件完全接触之瞬间输入数据，然后视其差值进行Z轴补正。不得将F1开关压下来设定深度）。

⑩加工液压马达ON，冲油位置调整。

⑪放电开关ONA表指数。

⑫观察V表.伺服稳定指示灯是否稳定。

⑬确认放电位置是否正确。

⑭加工完毕之工件电极及相关之图档放置于相应的指示位置；

⑮进行电火花机加工时，工具电极和工件分别接脉冲电源的两极，并浸入工作液中，或将工作液充入放电间隙。通过间隙自动控制系统控制工具电极向工件进给，当两电极间的间隙达到一定距离时，两电极上施加的脉冲电压将工作液击穿，产生火花放电。所以操作者经专业学习，指导老师同意，才能单独操作，操作中一定要注意安全。

2.3.5　数控电火花成型操作

1. 电火花加工的适用范围

①可以加工任何难加工的金属材料和导电材料。可以实现用软的工具加工硬、韧的工件，甚至可以加工聚晶金刚石、立方氮化硼一类的超硬材料。目前电极材料多采用紫铜或石墨，因此工具电极较容易加工。

②可以加工形状复杂的表面，特别适用于复杂表面形状工件的加工，如复杂型腔模具加工，电加工采用数控技术以后，使得用简单的电极加工复杂形状零件成为现实。

③可以加工薄壁、弹性、低刚度、微细小孔、异形小孔、深小孔等有特殊要求的零件。由于加工中工具电极和工件的非接触，没有机械加工的切削力，更适宜加工低刚度工件及微细工件。

2. 电极材料及加工特性

电火花成型加工生产中为了得到良好的加工特性，电极材料的选择是一个极其重要的因素。它应具备加工速度高、电极消耗量小、电极加工性好、导电性好、机械强度好和价格低廉等优势。现在广泛使用的电极材料主要有以下几种。

①铜。铜电极是应用最广泛的材料，采用逆极性（工件接负极）加工钢时，可以得到很好的加工效果，选择适当的加工条件可得到无消耗电极加工（电极的消耗与工件消耗的重量之比 < 1%）。

②石墨。与铜电极相比，石墨电极加工速度高，价格低，容易加工，特别适合于粗加工。用石墨电极加工钢时，可以采用逆极性（工件接负极），也可以采用正极性（工件接正极）。从加工速度和加工表面粗糙度方面而言，正极性加工有利，但从电极消耗方面而言，逆极性加工电极消耗率小。

③钢。钢电极使用的情况较少，在冲模加工中，可以直接用冲头作电板加工冲模。但与铜及石墨电极相比，加工速度、电极消耗率等方面均较差。

④铜钨、银钨合金。用铜钨（Cu—W）及银钨（Ag—W）合金电极加工钢料时，特性与铜电极倾向基本一致，但由于价格很高，所以大多只用于加工硬质合金类耐热性材料。除此之外还

用于在电加工机床上修整电极用,此时应用正极性。

3. 加工液的处理

在放电加工过程中产生的加工切屑、加工液燃烧分解生成的碳化物及气体的排出是否顺畅,直接影响加工质量,加工效率。

下面介绍几种常用的加工液处理方法。

(1)电极跃动法 这种方法使电极作周期性上下运动(Z轴加工时),使加工屑等从极间排出。排出的效果由跃动速度、跃动量、跃动周期等来决定,还和摇动加工的使用、加工电条件、加工面积、加工深度、电极(或加工)形状有关。

(2)喷流法 主要有电极喷流法如图8-2-9(a)所示。底孔喷流法如图8-2-9(b)所示。电极喷流时流量要根据放电面积、极间距及生成物的多少来调整,并不是要将极间都刷洗冲尽就算好,要根据放电的稳定性进行控制,否则喷流过强会造成不能维持连续稳定放电、电极异常损耗等弊端。

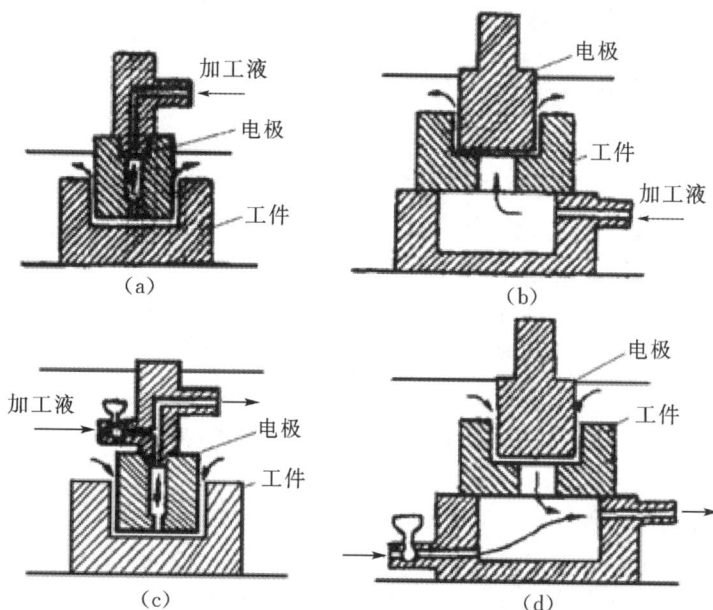

图 8 - 2 - 9

底孔喷流时还应注意以下几方面。

①当加工余量偏向一侧时,注意保持喷流路径平衡或加强夹具刚性,否则会造成电极变位,加工超差。

②注意喷流容器和工件是否有泄漏,如有应加以堵塞和密封,否则得不到喷流效果。

③要注意不要在容器及电极下部集留下气体。

(3)吸引法 吸引法也分为电极吸引法及底孔吸引法,如图8-2-9(c)、(d)所示。在底孔吸入时应设置辅助进油口,以防止可能发生的在容器内气体集聚引爆炸的危险。吸引法常用在深孔的精加工,在数控电火花机床上进行螺纹、斜齿轮加工时,也常使用,但是由于这时加工液的路径较长而且是螺线形,所以最好在电极的侧面加工出像丝锥沟那样的槽,以利于加工液的流通如图8-2-10所示。

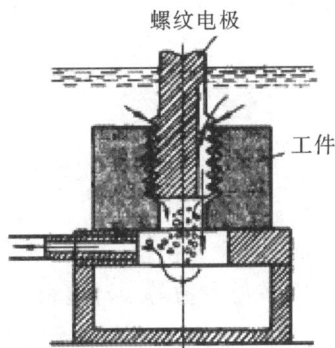

图 8－2－10

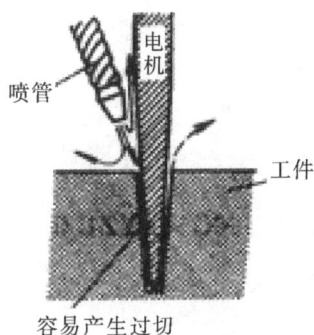

图 8－2－11

（4）喷射法　喷射法一般采用如图 8－2－12 所示方式,主要用于窄小的不通缝隙均加工。这时很难在电极上设置加工液喷流或吸引孔,只能从是电极侧面的间隙强行喷射加工液;在这种情况下,喷射的加工液的大部分均被电极及工件所阻挡,只有一小部分进入放电部位。在喷射法中应注意,喷射过强时,容易将自然升起扩散的加工碳化物等冲击回去,使在进行深窄缝加工时,会造成在喷射冲击处二次放电引起过切。在进行诸如刻字等面积大而深度浅的加工时,若在一个方向进行较强喷射时也会使另一侧产生二次放电,引出不良结果,解决方法是将喷头沾接在电极上,如图 8－2－12(a)、图 8－2－12(b)所示;或在电极上加工出流道和浇口,使加工液尽可能送入电极前部。这种方法能较好的发挥加工液的处理效果如图 8－2－12(c)所示。

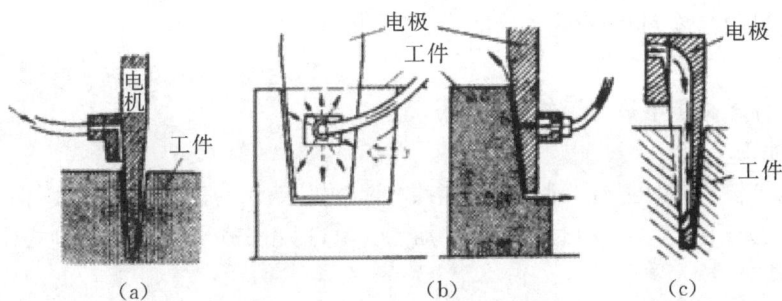

（a）　　　　　　（b）　　　　　　（c）

图 8－2－12

2.3.6　数控电火花成型加工工艺过程

数控电火花成型加工过程中,必须综合考虑机床特性、零件材质、零件的复杂程度等因素对加工的影响,针对不同的加工对象,其工艺过程有一定差异。现以常见的型腔加工工艺路线为例,操作过程如下。

1. 工艺分析

对零件图进行分析,了解工件的结构特点、材料,明确加工要求。

2. 选择加工方法

根据加工对象、精度及表面粗糙度等要求和机床功能选择采用单电极加工、多电极加工、单电极平动加工、分解电极加工、二次电极法加工或是单电极轨迹加工。

3. 选择与放电脉冲有关的参数

根据加工的表面粗糙度及精度要求确定。

4. 选择电极材料

选择电极材料。常用电极材料一般使用石墨和铜,一般精密、小电极用铜来加工,而大的电极用石墨。

5. 设计电极

按零件图要求,并根据加工方法和与放电脉冲设定有关的参数等设计电极纵横切面尺寸及公差。

6. 制造电极

根据电极材料、制造精度、尺寸大小、加工批量、生产周期等选择电极制造方法。

7. 加工前的准备

对工件进行电火花加工前钻孔、攻螺纹加工、铣、磨平面、锐边倒棱去毛刺、去磁、去锈等。

8. 热处理安排

对需要淬火处理的型腔,根据精度要求安排热处理工序。

9. 编制、输入加工程序

根据机床功能设置,一般采用国际标准 ISO 代码。

10. 装夹与定位

①根据工件的尺寸和外形选择或制造的定位基准。

②准备电极装夹夹具。

③装夹和校正电极。

④调整电极的角度和轴心线。

⑤工件定位和夹紧。

⑥根据零件图找正电极与工件的相对位置。

11. 开机加工

选择加工极性,设置电规准、调节加工参数,调整机床,保持适当液面高度,保持适当电流,调节进给速度、充油压力等。随时检查工件加工情况,遵守安全操作规程正确操作。

12. 加工结束

检查加工零件是否符合图纸要求,对零件进行清理;关机并打扫工作场地和机床卫生。

第 3 章　数控电火花成型加工实例

3.1　加工实例

3.1.1　实习目的

通过操作单轴数控电火花成形机床,熟悉和掌握机床操作、数控系统常用指令的使用和数控加工工艺的运用。

3.1.2　实习设备

数控电火花成形机床及相应量具。

3.1.3　实习准备工作

①加工零件如图 8 - 3 - 1 所示。

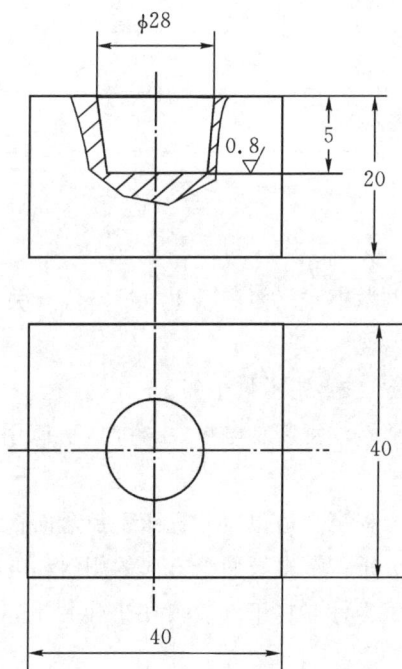

图 8 - 3 - 1

②采用紫铜制作电极,电极部分 $\phi28 \times 40$ 夹持部分 $\phi12 \times 15$。
③工件采用 45 钢热处理 HRC40~45,上下两面上磨床 Ra0.8。

3.1.4 工艺分析

①如图 8-3-1 所示的型腔。孔要求对中心表面粗糙度值 Ra0.8μm。

②可以采用单轴数控电火花成形机床加工,分步序一次完成。

③电参数设置如下表 8-3-1。

表 8-3-1 电参数设置

电参数	粗加工	中加工	精加工
Ton(脉宽)	300	200	80
Toff(脉间)	150	120	200
LOW VOLF(低压功率管)	9	6	4
HIGN VOLF(高压功率管)	1	1	1
UP HIGH(抬刀高度)	3	2	1
UP TIME(抬刀时间)	4	2	2
F DOWN HIGH(快速下落高度)	1	1	1
CARBON PROOF(防积碳)	9	9	9
GAP(间隙电压)	4	6	8
峰值电流(观察电流表)	9~10A	5~6A	1~2A

3.1.5 操作步骤

(1)开启总电源　向上扳电源柜左侧面三联主电源空气开关。给接触器控制电源通电,松开急停按钮。

(2)按启动按钮　系统进行自检,指示灯全亮。

(3)将电极装夹在主轴头上　注意装夹电极、工件时,机床手控盒面板一定要置于对刀状态,以防触电。

(4)校正电极并调节主轴行程至合适位置　机床手控盒面板置于拉表状态拉表找正电极,调节电极夹头上的调节螺钉,分别调节电极两个方向的倾斜和电极旋转。以找正电极。

(5)找正加工基准面和加工坐标　将工件装夹在工作台上,拉表找正工件,找正电极加工位置。

(6)设置电加工规准和各个电参数如下

①PAGE—页面:0~9任选。

②STEP—步序:按从第 4 步序开始加工设置深度,4~7 步序加工段粗加工深度为 1.0,2.0,3.0,4.5;8 步序中加工深度为 4.8;8 步序精加工深度为 5.0,共 6 个步序。

③设置电加工参数。在各步序设置深度时同时设置各步序的粗加工、中加工、精加工电加工参数。

(7)启动油泵设置液位到合适位置。

(8)放电加工,按如下进行。

①按下 AUTO(自动)→SLEEP(睡眠)→(加工)键,为自动加工;只按下加工键为非自动加工,主轴到深度不停止加工,需人工控制深度。

②按下加工键后可按快下键让主轴快速接近工件,当快接近工件时,放开快下键,以伺服值开始进给。

③电加工开始后,调节伺服值使间隙电压合适放电稳定。

④加工规准电参数在加工过程中可视加工情况进行修改,但须在指导教师的指导下进行操作。

⑤当加工到 5.0 时,系统自动切断加工电压,主轴回退,到位后,转到对刀状态,报警蜂鸣,如果睡眠灯亮,则回退到位后关机。

⑥加工完毕,升起正轴,按下急停按钮。

⑦关油泵。

⑧并闭总电源,清扫机床卫生。

3.2　作业实例

3.2.1　纪念币压形模的数控电火花成形加工

①如图 8-3-2 所示,压形模主要尺寸为型面直径 $\phi38$mm,型腔深度 1.2mm。

②纪念币的纹路细而精致,要求电极损耗小,加工后的粗糙度值小。

③电极。选用紫铜制作电极,电极极性正极。

④参考电规准如下:

(a)粗规准。峰值电流是 10A,脉冲宽度是 $90\mu s$,脉间隙是 $60\mu s$,加工深度是 1.0mm。

(b)中规准。峰值电流是 5A,脉冲宽度是 $32\mu s$,脉间隙是 $32\mu s$,加工深度是 1.1mm。

(c)精规准。峰值电流是 2A,脉冲宽度是 $16\mu s$,脉间隙是 $16\mu s$,加工深度是 1.16mm。

(d)微精规准。峰值电流是 1A,脉冲宽度是 $4\mu s$,脉间隙是 $4\mu s$,加工深度是 1.2mm。

3.2.2　穿孔加工

①工件为折断螺杆的螺帽,需将螺杆取出,任何材料可作为试件。

②电极采用黄铜气焊条 $\phi4$ 左右。

③要求加工速度快,不损坏工件,不考虑电极损耗。

④参考规准为:峰值电流是 10A,脉冲宽度是 $300\mu s$,脉间隙是 $150\mu s$,加工深度是任意既可。

3.3　高效率加工实例

工件材料:45♯钢。

电极材料:石墨。

电极尺寸(长×宽×高):50mm×50mm×50mm。

工作液:煤油。

冲油压力:0.2Mpa。

加工参数:组号47。

操作步骤:

①工件、电极装卡找正。

②保证电极的低面与工件表面平行。

③选择组号为47后,按读出键。

④上油(确保液面高于加工时电极上面50～100mm方可加工)。

⑤按加工键开始加工。

这时应观察加工情况,右面是否过低,电压、电流表是否稳定(加工初始由于电极与工件不可能完全吻合,一般都减小脉冲电流,待吻合后再加大电流)。如不稳定可调整伺服微调电位器,使加工电压调整到40V左右稳定即可。

⑥随着加工深度的增加,根据加工的稳定性可适当调整抬起高度UP。

3.4　低损耗加工实例

工件材料:45♯。

电极材料:紫铜。

电极尺寸:$\phi 10 \times 60$。

工作液:煤油。

冲油压力:0.1Mpa。

加工参数:组号55。

操作步骤:

①工件、电极装卡找正。

②保证电极的低面与工件表面平行。

③选择组号为55后按 读出 键。

④上油(确保液面高于加工时电极上面50～100mm方可加工)。

⑤按 加工 键开始加工;调整 伺服微调 电位器,间隙电压在60～70V之间,电流、电压表显示稳定。

⑥随着加工深度的增加,适当调整抬刀参数 DN 、 UP 。

3.5　高光洁度加工实例

工件材料:45♯。

电极材料:紫铜。

电极尺寸(长×宽×高):20mm×20mm×60mm。

工作液:煤油。

冲油压力:0.1Mpa。

加工参数:组号02。

操作步骤:

①工件、电极装卡找正。

②保证电极的低面与工件表面平行。

③选择组号为02后按读出键。

④上油(确保液面高于加工时电极上面50~100mm方可加工)。

⑤按加工键开始加工。

调整伺服微调电位器,使间隙电压在100~110之间,电流、电压表显示稳定。并根据加工状况调整抬刀参数DN、UP。

3.6　综合加工实例

对于实际模具加工,不是靠单一电规准完成的,往往分成粗加工、中加工、精修加工阶段。粗加工阶段需要完成整个加工量的百分之九十几,这就需要选择加工速度快、电极损耗小的规准,但这时是不考虑加工表面质量的;中加工阶段是粗加工到精加工的过渡,同时也是影响工件最终表面质量的重要阶段,如果这一阶段过渡不好在精修阶段最终的工件表面质量不可能达到理想效果,所以这一阶段要选择加工表面质量较好、电极损耗小的规准;精加工阶段一般去除量很小,所以不必考虑电极损耗,选择加工表面质量好的规准即可。在每一加工阶段又可能分为若干个规准来完成,用后面的规准修补前一规准造成的工件表面质量的不足。

下面的例子是加工一个直径10mm深5mm,低面表面质量要求 Ra≤1.6um 的型腔。

工件材料:45♯淬火

电极材料:紫铜

电极尺寸:ϕ10mm×60mm

操作步骤:

(1)工件电极装卡找正;

(2)保证工件上面与电极低面平行;

(3)粗加工:参数组选择 20 加工至 4.3mm

(4)中加工。

①参数选择 16 加工至 4.6mm。

②参数选择 15 加工至 4.75mm。

③参数选择 14 加工至 4.85mm。

④参数选择 13 加工至 4.89mm。

⑤参数选择 12 加工至 4.93mm。

(5)精加工。

①参数选择 03 加工至 4.96mm。

②参数选择 01 加工至 4.98mm。

③参数选择 00 加工至 5.00mm。

3.7 深窄槽加工

工件材料:45#。

电极材料:紫铜。

电极尺寸:1mm×10mm×60mm。

冲油:0.1Mpa。

操作步骤:

①工件电极找正。

②参数选择 50。

加工电压调整到 50~60V,根据加工情况改变抬刀。

表 8-3-2 精加工

组号	脉宽	间隔	间隔微调	IP	HP	SV	DN	UP	C
00	101	03	2	0	2	8	5	2	0
01	102	01	2	0.5	1	8	5	2	0
02	104	03	2	1	1	8	5	2	0
03	106	05	2	1.5	1	8	5	2	0
04	107	06	1	1.5	1	7	5	2	0
05	108	11	1	2	1	7	5	2	0
06	109	06	1	2.5	1	6	5	1	0
07	009	09	1	3	1	5	5	1	0
08	032	09	1	3.5	1	4	6	1	0
09	032	05	1	3.5	1	4	6	1	0

表 8-3-3 铜—钢 中加工

组号	脉宽	间隔	间隔微调	IP	HP	SV	DN	UP	C
10	006	00	0	1	1	05	6	1	0
11	007	07	0	1	1	05	6	1	0
12	007	07	0	2	1	05	6	1	0
13	009	09	1	3	1	04	6	1	0
14	032	09	1	4	1	04	6	1	0

组号	脉宽	间隔	间隔微调	IP	HP	SV	DN	UP	C
15	010	09	2	5	1	04	6	1	0
16	011	09	2	7	1	04	6	1	0
17	014	09	2	10	1	03	6	1	0
18	015	09	2	15	1	03	6	1	0
19	017	10	2	23	1	03	6	1	0

表 8－3－4　铜—钢　粗加工

组号	脉宽	间隔	间隔微调	IP	HP	SV	DN	UP	C
20	017	10	2	7	1	6	6	1	2
21	017	10	2	9	1	6	6	1	2
22	018	11	2	9	1	6	6	1	2
23	018	11	2	12	1	6	6	1	2
24	018	11	2	15	1	6	6	1	2
25	018	11	2	21	1	5	6	1	2
26	018	11	2	40	1	5	6	1	2
27	019	15	2	50	1	5	6	1	2
28	020	15	2	55	0	4	6	1	2
29	021	21	2	63.5	0	4	6	1	2

表 8－3－5　石墨—钢　中加工

组号	脉宽	间隔	间隔微调	IP	HP	SV	DN	UP	C
30	007	07	2	1.5	1	5	6	1	0
31	009	09	2	2.5	1	5	6	1	0
32	010	09	2	3	1	5	6	1	0
33	011	09	2	3.5	1	5	6	1	0
34	012	11	2	4	1	5	6	1	0
35	013	11	2	5.5	1	5	6	1	0
36	014	11	2	7.5	1	5	6	1	0
37	015	11	2	9	1	5	6	1	0
38	016	13	2	11	1	5	6	1	0
39	017	14	2	15	1	5	6	1	0

表 8-3-6　石墨—钢　粗加工

组号	脉宽	间隔	间隔微调	IP	HP	SV	DN	UP	C
40	013	09	2	5	0	3	7	1	0
41	014	10	2	7.5	0	3	7	1	0
42	015	11	2	11	0	3	7	1	0
43	016	11	2	15	0	3	7	1	0
44	018	12	2	23	0	3	7	1	0
45	048	13	2	35	0	3	7	1	0
46	048	13	2	45	0	3	7	1	0
47	049	13	2	50	0	3	7	1	0
48	049	13	2	55	0	3	7	1	0
49	050	13	2	63.5	0	3	7	1	0

表 8-3-7　紫铜—钢　低损耗(窄槽)

组号	脉宽	间隔	间隔微调	IP	HP	SV	DN	UP	C
50	013	06	1	3	0	3	5	1	0
51	013	06	1	5	1	6	5	1	0
52	014	07	1	3	0	3	5	1	0
53	014	07	1	5	1	6	5	1	0
54	015	07	1	3	0	3	5	1	0
55	015	07	1	5	1	6	5	1	0
56	039	09	1	3	0	3	5	1	0
57	039	09	1	5	1	6	5	1	0
58	016	09	1	3	0	3	5	1	0
59	016	09	1	5	1	6	5	1	0

表 8-3-8　钢—钢

组号	脉宽	间隔	间隔微调	IP	HP	SV	DN	UP	C
60	002	06	2	5	1	5	4	3	0
61	003	06	2	5	1	5	4	3	0
62	004	06	2	5	1	5	4	3	0
63	005	06	2	7	1	5	4	3	0
64	008	06	2	7	1	5	4	3	0
65	009	06	2	9	1	5	4	3	0

组号	脉宽	间隔	间隔微调	IP	HP	SV	DN	UP	C
66	010	06	2	15	1	5	4	3	0
67	011	07	2	18	1	5	4	3	0
68	011	07	2	20	1	5	4	3	0
69	011	07	2	25	1	5	4	3	0

第9篇 三坐标测量机操作与测量

第 1 章　电火花的基本知识

1.1　任务描述

了解三坐标测量机的发展、结构组成、工作原理及分类。掌握三坐标测量机的相关参数和保养等基本知识。

1.2　相关知识

远在古代，人们就用到了几何量测量的器具，手指的宽度、步幅的距离都用于几何量测量。古罗马人将步长定为长度单位，也就是现在的英尺。随后，推出了各种长度和内径、外径测量仪器，所有这些古代科学技术成果是人类今天坐标计量技术的基础。

随着制造业、汽车、机床及模具行业的出现和大规模生产的需要，要求计量检测手段应当高效、通用化，而固定的、专用的或手动的工具限制着大批量制造和复杂零件加工业的发展，高度尺、卡尺的检验方式已完全不适用。

随着工业现代化进程的发展，促进和推动了近代坐标测量技术的发展及三坐标测量机的产生。世界上第一台三坐标测量机 1956 年在英国诞生；1962 年，DEA 公司在意大利都灵成立，成为世界上第一家专业制造三坐标测量机的公司；1972 年，世界上第一个接触式触发测头诞生，精度能达到 0.01mm 以内。

由于触发测头的出现，使得测量机从只能静态测量，发展到在运动中测量，同时根据被测物体不同的形状、材料和测量要求，先后推出各种接触、非接触测头；其中又有触发、扫描方式。

坐标测量技术的发展，测量机的用途日益强大，从测量设备转化为设计、工艺、制造和检测环节中不可缺少的重要设备。随着 CAD 技术的广泛应用，测量软件成为测量机 CAD 系统沟通的重要因素。

三坐标测量仪是指在一个六面体的空间范围内，能够表现几何形状、长度及圆周、分度等测量能力的高精密测量仪器，又称为三坐标测量仪或三坐标量床。三坐标测量机的测量功能应包括尺寸精度、定位精度、几何精度及轮廓精度等，已广泛应用于汽车、电子、五金、塑胶、模具等行业中。本章以爱德华公司的 MQ686 三坐标测量机为例。

1.2.1　三坐标测量机的结构、分类及其工作原理

1. 工作原理

三坐标测量机是在三个相互垂直的方向上有导向机构、测长元件的数显装置，有一个能够放置工件的工作台（大型和巨型不一定有），测头可以以手动或机动方式轻快地移动到被测点上，由读数设备和数显装置把被测点的坐标值显示出来的一种测量设备。显然这是最简单、最原始的测量仪。有了这种测量仪后，在测量容积里任意一点的坐标值都可通过读数装置和数

显装置显示出来。

测量仪的采点发讯装置是测头,在沿 X,Y,Z 三个轴的方向装有光栅尺和读数头。其测量过程就是当测头接触工件并发出采点信号时,由控制系统去采集当前机床三轴坐标相对于机床原点的坐标值,再由计算机系统对数据进行处理。

2. 分类

如图 9-1-1~图 9-1-6,六种坐标测量机。

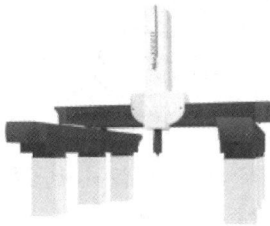

图 9-1-1 桥式坐标测量机

图 9-1-2 大型龙门式坐标测量机

图 9-1-3 影像测量仪

图 9-1-4 便携式坐标测量机

图 9-1-5 齿轮测量中心

图 9-1-6 悬臂测量机

3. 三坐标测量机的结构

机床外观如图 9-1-7 所示,其各部分结构及组成如下:

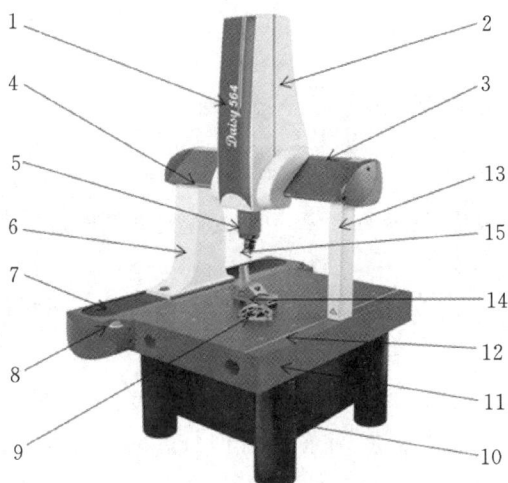

图 9-1-7

1—机型：Daisy564；2—机器罩壳；3—X 轴导轨；4—金属光栅尺；5—Z 轴导轨；6—Y 轴主立柱；7—防尘罩；8—急停按钮；9—工件；10—支撑架；11—花岗岩工作台；12—Y 轴导轨；13—Y 轴副立柱；14—夹具；15—测头型号：MH20i 测头＋TP20 标准模块

机床的组成是由主机，控制系统（德国进口），电机（日本三洋），传动系统，测头系统（英国雷尼绍）和测量软件（自主研发产品）组成。

1.2.2　三坐标测量机的特点及应用

三坐标测量机的特点是高精度（达到 μm 级）、高效率（以数十、百倍超越传统测量手段）和万能性（代替多种长度计量仪器）。因而多用于产品测绘，CNC 机床或柔性生产线在线测量等方面；只要测量机的测头能够瞄准（或感应）到的地方（接触法与非接触法均可），就可测出它们的几何尺寸和相互位置关系，并借助于计算机完成数据处理。这种三维测量方法具有极大的万能性。同时可方便地进行数据处理与过程控制。因而不仅在精密检测和产品质量控制上扮演着重要角色，同时在设计、和生产过程控制、模具制造等方面发挥着越来越重要的作用，并在汽车工业、航空航天、机床工具、国防军工、电子和模具等领域得到了广泛应用。

1.2.3　三坐标测量机的机床参数

产地：中国西安高新技术开发区西安爱德华测量设备股份有限公司

名称：三坐标测量机

型号：MQ686

编号：A11288

规格：X＝600　Y＝800　Z＝600　mm

生产日期：2011 年 10 月

1.3 扩展知识

三坐标测量机的维护及保养如下:

1. 三坐标接气源的安装路线

空压机(3P 以上)──→冷冻干燥机(10P 以上)要配两个精密过滤器 | 进气口 1 个 | ──→
| 出气口 1 个 |

储水器 ──→三联器(厂家配的精密过滤器)──→进三坐标测量机。

注意:

南方需购买除湿机一台,电子温度计一个(上面是温度,下面是湿度);北方则需购买加湿器一台。电子温度计一个(上面是温度,下面是湿度);以确保湿度在管控范围内。(两者按室内的平方算容量)。

室内温度:20°±2°。

室内湿度:40%～65%。

2. 日常维护和保养

①每天开机前,给三坐标测量机做保养。

②擦拭设备的布:无尘布、无尘纸、医用脱脂棉(任意一种布)。

③擦拭设备的液体:无水酒精(高度乙醇 99.7%以上)、120♯航空汽油。

④先擦拭各轴的导轨面(擦拭时朝一个方向擦拭,不能来回擦拭),后擦拭工作台面。

⑤检查测量机的气压是否正常(大于 0.5Mpa)。

⑥检查各轴导轨是否有新产生的划痕。

⑦检查机器运行是否正常。

⑧检查空压机和除湿机是否排水(每天排一次水)。

⑨为了避免精密过滤器堵塞而影响测量机正常工作,每天检查各级过滤器的积水是否排放。

⑩检查三联件过滤器的滤芯是否有污染。如果发现严重污染需清洗或更换滤芯,必要时需加装的空气过滤器和冷冻干燥机以改善气源质量。

注意:

①擦拭各轴导轨时要特别注意,切勿污染光栅尺(注:光栅尺不能粘任何液体)。

②设备的罩壳只能用水擦拭,不能用酒精或汽油擦拭。

③防尘罩一个月清洗一次。

第 2 章　三坐标测量机的基本操作

2.1　任务描述

了解三坐标测量机的基本操作。熟悉 AC－DMIS 软件的操作,熟练的进行三坐标测量机测头的装配、角度及校正。

2.2　相关知识

2.2.1　三坐标测量机开机和关机

1.开机步骤

①检查是否有阻碍机器运动的障碍物。

②开总电源。

③开气压(先开工作气压,后开总气压;检查测量机的气压表指示,大于 0.5Mpa)。

④开控制柜电源(顺时针旋转,松开控制柜上的急停按钮)。

⑤开启电脑,双击桌面 AC－DMIS 测量软件软件。弹出"机器回零"的对话框。

⑥打开机器和手操器上的急停开关;给 X,Y,Z 加上使能,点击机器回零。

⑦回零成功后,即可开始操作。

2.关机步骤

①把测头座 A 角转到 90°(如 A90B0 角度)。

②将测量机的三轴移到左上方(接近回零的位置)。

③退出 AC－DMIS 测量软件操作界面。

④按下操纵盒及控制柜上的急停按钮。

⑤关电脑。

⑥关控制柜。

⑦关气源(先关总气压,后关工作气压)。

⑧关总电源。

2.2.2　测量软件的发展

软件在测量机上的应用日趋重要,软件的第一功能是进行数据处理,另一方面,数控测量机的软件不仅用于数据处理,还和控制系统结合在一起,指挥和控制测量机的运行。

坐标测量技术的发展,测量机的用途日益强大,从测量设备转化为设计、工艺、制造和检测环节中不可缺少的重要设备。随着 CAD 技术的广泛应用,测量软件成为测量机 CAD 系统沟通的重要因素。

2.2.3 三坐标测量机测头的角度、装配及校正

1.测头角度分类

固定测头：A 角度为 0°共有 1 个位置；
B 角度为 0°共有 1 个位置；} 只有 1 个针位

只有一个 A0B0 角度可以使用，其他角度不可用，由于其他角度误差特别大。

手动双旋转测头：A 角度为 0°~+90°共有 7 个位置；
B 角度为 0°~±180°共有 24 个位置；} 一共有 168 个针位
最小的分度角为 15°。

自动双旋转测头：A 角度为 0°~+105°共有 15 个位置；
B 角度为 0°~±180°共有 48 个位置；} 一共有 720 个针位
最小的分度角为 7.5°。

2.测头系统

接触式自动双旋转测头组成部分：

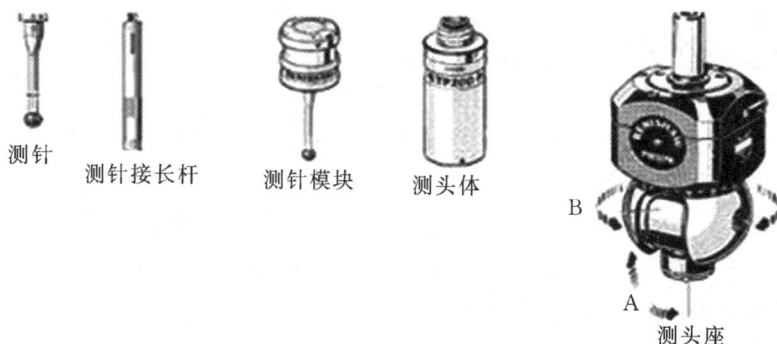

测针　测针接长杆　测针模块　测头体　B　A　测头座

图 9-2-1

(1)模块分类

TP20－LF－TO－M2 ──→绿色:低测力模块;测针及测针加长杆有效长度是 30mm。

TP20－SF－TO－M2 ──→黑色:标准测力模块;测针及测针加长杆有效长度是 50mm。

TP20－MF－TO－M2 ──→灰白色:中测力模块;测针及测针加长杆有效。

TP20－EF－TO－M2 ──→红色:高测力模块;测针及测针加长杆有效长度是 60mm。

TP20－6W－TO－M2 ──→蓝色:6 维低测力模块;测针及测针加长杆有效长度是 30mm。

TP20－EM1－TO－M2 ──→黑色:加长标准测力模块;测针及测针加长杆有效长度是 50mm。

TP20－EM2－TO－M2 ──→黑色:加长标准测力模块;测针及测针加长杆有效长度是 50mm。

(2)测针分类

①盘形测针。主要应用在测量台阶孔或表面比较粗糙的工件,它可当一个球径较大的球形测针来用。

②球形测针(单针)。使用最广泛的测针就是球形测针,普遍用于各种基本元素的测量。其前端是一个形状误差极小的红宝石球,用来与被测工件的表面进行接触,从而精确得到测点的坐标值。

③星形测针。通常是由几根相互垂直的球形测针构成,用于单根测针无法探测到的位置。如:零件较深的内径及内腔上的沟槽,内腔型线(面)等。

④柱形测针。用来测一些薄壁件上的外形尺寸或结构尺寸如孔径、螺纹等。

⑤锥形测针。其实也是由球形测针演变而来,是一种直径很小的测针,主要用顶部测量表面比较光滑,较小孔等。

⑥半球形测针。用法与球形测针基本相同,与相同直径的球形测针相比它的重量会轻很多。

表 9 - 2 - 1　测头分类及配置

测头座类型	测头名称	测头体螺纹接口	测头转接体	测头加长杆	转接器	模块类型	测针加长杆(MM)	测针螺纹接口	备注
固定式测头	MCP	M3	无	无	无	无	M3-20×3-TO-M3	M3	
	PH6	M8		PEL1/2/3	TP20-TO-AG	TP20-SF-TO-M2	M2-20×3-TO-M2	M2	
	TP1S	M3	无	无	无	无	M2-20×3-TO-M2	M3	
手动双旋转测头	MH20	无	无	无	无	TP20-SF-TO-M2	M2-20×3-TO-M2	M2	
	MA20i	无	无	无	无	TP20-SF-TO-M2	M2-20×3-TO-M2	M2	
	MH8	M8	无		TP20-TO-AG	TP20-SF-TO-M2	M2-20×3-TO-M2	M2	
	RTP20	无	无	无	无	TP20-SF-TO-M2	M2-20×3-TO-M2	M2	
手动双旋转测头	PH10T	M8	无	PEL1/2/3	TP20-TO-AG	TP20-SF-TO-M2	M2-20×3-TO-M2	M2	
	PH10M	PAA1/2/3		PEL1/2/3	TP20-TO-AG	TP20-SF-TO-M2	MC-20×3-TO-M2	M2	
		SP25M-TO-AG		无	SM25-2-TO-M3	SH25-2-TO-M3	MC-20×3-TO-M3	M3	扫描测头
		SP25M-TO-AG		无	TM25-20-TO-AG	TP20-SF-TO-M2	MC-20×3-TO-M2	M2	
		SP600M-TO-M4		无	无	无	M4-10/20/30	M4	配PH10M测头
	SP600Q	M4	无	无	无	无		M4	扫描测头
	SP600	M4	无	无	无	无		M4	
	SP80	M5	无	无	无	SH80-TO-M5	M5-20×3-TO-M2	M5	
	PH20	无	无	无	无	TP20-SF-TO-M2	M2-20×3-TO-M2	M2	

(3)测头装配过程

①手动双旋转测头装配。Head 测头选项:MH20i,Module 模块选项:TP20_SF_TO_M2,Styli_Exte测针加长杆选项:M2_20×3_TO_M2,Styli-Ball 测针选项:M2_20×3。

②自动双旋转测头装配。Head 测头选项:PH10T,Body - extension 测头加长杆:PEL1×50_TO_M8/,PEL2×100_TO_M8/PEL3×300_TO_M8,Body 转接器(本体):TP20_

TO_AG,Module 模块选项：TP20_SF_TO_M2,Styli_Exte 测针加长杆选项：M2_20×3_TO－M2,Styli－Ball 测针选项：M2－20×3。

③自动双旋转测头装配。Head 测头选项：PH10M,Body－Adaptor 测头转接体：PEM1×25_TO－M8/PEM2×50_TO－M8/PEM3×100_TO－M8/PZM×200_TO－M8,PAA1×32－TO－M8/PAA2×140－TO－M8/PAA3×300－TO－M8,Body－extension 测头加长杆 PEL1×50_TO_M8/,PEL2×100_TO_M8/PEL3×300_TO_M8,Body 转接器（本体）：TP20_TO_AG,Module 模块选项：TP20_SF_TO_M2,Styli_Exte 测针加长杆选项：M2_20×3_TO－M2,Styli－Ball 测针选项：M2－20×3。

注意：测头加长杆和测针加长杆选项可以根据工件的需求添加或减去。

③SP25 扫描测头装配。Head 测头选项：PH10M,Body 转接器（本体）：SP25M_TO_AG,Body－extension 转接体：SM25_2－TO－M3,Module 模块选项：SH25_2－TO－M3,Styli_Exte,测针加长杆选项：M2_20×3_TO－M2,Styli－Ball,测针选项：M2－20×2。

④星形测针装配。Head 测头选项：PH10T,Body－extension 测头加长杆：PEL1×50_TO_M8/,PEL2×100_TO_M8/PEL3×300_TO_M8,Body 转接器（本体）：TP20_TO_AG,Module 模块选项：TP20_SF_TO_M2,Styli_Exte 测针加长杆选项：M2_10×3_TO－M2,Star－Adaptor 星形测座中心：Star－M2,Styli－Ball 测针选项：0 号主测针：M2－20×3、1 号正前方测针：M2－20×3、2 号右方测针：M2－20×3、3 号后方测针：M2－20×3、4 号左方测针：M2－20×3

注意：

①测头加长杆和测针加长杆选项可以根据工件的需求添加或减去。

②星形测针标准装配是 5 根测针,可根需求进行调整相同直径类型的测针；不可装配类型不一的测针。且星形测针的主测针必须是球形测针。

3. 测头校正

(1)测针校准的原理及需要确定的参数　如下图 9-2-2 某一测头系统中包含有两根测针 ST_1 和 ST_2,被测物体表面上有一点 P,当用 ST_1 触测 P 点时,测量机 X 轴和 Z 轴光栅系统计数值分别为 X_1 和 Z_1,当用 ST_2 触测 P 点时测量机 X 轴和 Z 轴光栅系统计数值分别为 X_2 和 Z_2。若已知两根测针的球半径分别为 r_1 和 r_2,则由两次触测 X 轴和 Z 轴光栅计数的差值即可推算出两根测针球心的位置关系。

将上述原理推广至三维空间坐标及不同的测量形式下,则只要分别用不同测针（或传感器）对同一适当的标准器进行测量,即可根据测量结果的差异计算出各测针（传感器）的参数。这些参数包括：

①各测针的球半径(作用半径)。

②各测针对应的测头座转角。

③各测针相对于基准测针的位置(在机器坐标系下以直角坐标形式给出)。

④CCD 测头的像素尺寸及像面中心点的坐标。

⑤激光束焦点的坐标等。

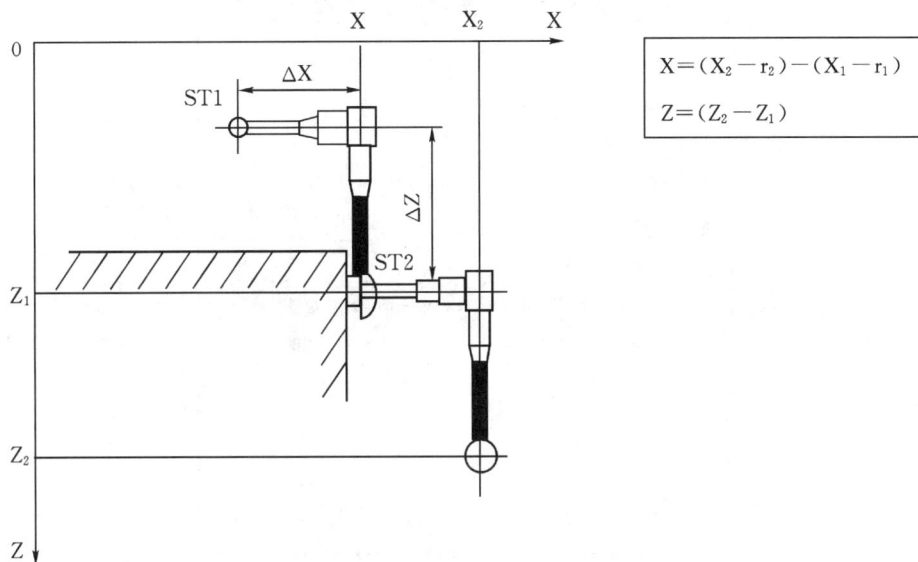

$$X = (X_2 - r_2) - (X_1 - r_1)$$
$$Z = (Z_2 - Z_1)$$

图 9 - 2 - 2

(2)校正目的

①校正当前环境下的测针半径(确定各个测针的参数)。

②校正各测针位的位置关系(它们相互间的位置关系)。

(3)校正的意义　在多数测量任务中,需要在不同的坐标平面内进行不同性质的测量,比如点、直线、平面、内/外圆柱、距离、夹角等。要完成这些任务,不但需要选用长度、直径、方位不同的测针以达到测量目的,还要求所选测针球心之间的相对位置关系是确定的和已知的。只有这样,才可能使不同测针测出的几何元素具有正确的坐标关系。

(4)测头校正分类

$$\left.\begin{array}{l}\text{自动测针校正}\\\text{手动测针校正}\\\text{星形测针校正}\end{array}\right\}\left\{\begin{array}{l}\text{单针自动校正}\\\text{多根连续自动校正}\\\text{手动校正}\end{array}\right.$$

注意:测头校正前如果标准球改变或位置移动必须先进行"定球",再进行校正。

(5)设置参数　如图 9 - 2 - 3,图 9 - 2 - 4 所示。

①配置辅助参数设置。

②支撑杆的直径是否输入正确。

③标准球的直径是否输入正确。

④辅助距离(安全回退距离设置范围 2～4mm)。

⑤半径允差。测针半径的实际校准值与名义值的偏差。

⑥形状允差。测针校正时各测点拟合球的形状偏差的最大允许值。

⑦标准球的坐姿。标准球竖直放置。

⑧选择测点数。选择 5 点校正或 9 点校正。

⑨运动模式。是否绕着圆弧运动(主要针对 9 点校正时使用)。

注意:在校正测针前必须先确定配置辅助参数里面的内容正确无误。

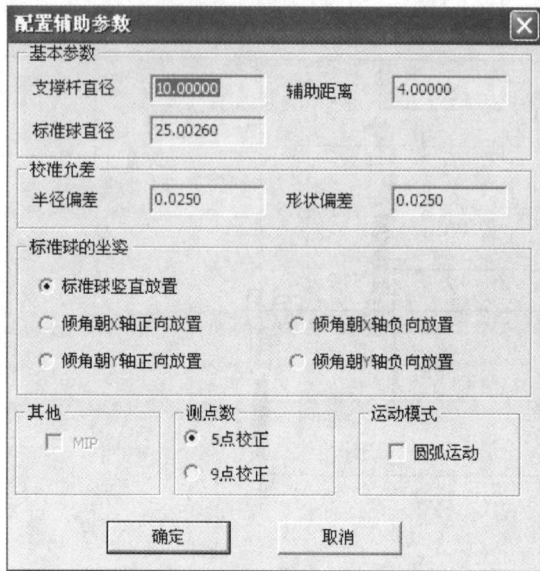

图 9 - 2 - 3

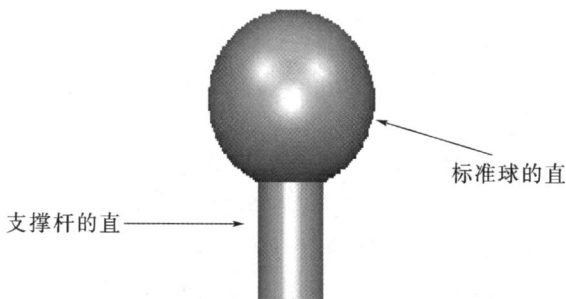

标准球的直

支撑杆的直——

图 9 - 2 - 4

4. 安装校准

①功能。查看测头座安装位置是否正确。

②进入"测针校正"界面(图 9 - 2 - 5),在菜单栏上单击"设置参数",选择"安装校准";点击确定后将机器移动到安全平面上,用 A0B0 角度在球顶上采一点,确定机器则自动运行,进行安装校准。

③校准时需要校准 A0B0 和 A90B0 两个角度。

④安装校准 dA、dB 的取值的范围在一0.3°～0.3°之间。

⑤如果安装偏差在可接受的范围之内,则可进入下一步骤;如果偏差过大则应重新安装测头座并再次进行安装校准,直到校准结果进入可接受的范围。

注意:

只能使用"DEFAULT"测头文件进行安装校准,

⑥校准结果框中的校正结果 dA、dB,如果从未安装校准过则显示值为 360°;如果校准过则显示上次安装校准的校准结果。

⑦安装校准时,必须将标准球竖直向上安装,否则安装校准可能无法顺利完成。

⑧机器测头的实际状态应与安装校准对话框中的校准参数相一致。

⑨只能用球形测针进行安装核准如图 9-2-6 所示。

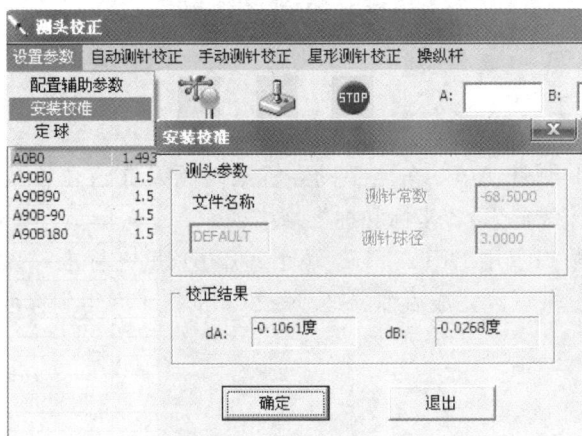

图 9-2-5

图 9-2-6

5. 定球

该功能确定标准球安装的位置。

①只能用球形测针定球,文件名必须是 DEFAULT。

②进入"测针校正"界面(图 9-2-7),在菜单栏上单击"设置参数",选择"定球";点击"开始"后将机器移动到安全平面上,用 A0B0 的角度在球顶上采一点,然后点击确定。机器自动运行进行定球,定球时只需定 A0B0 角度即可。

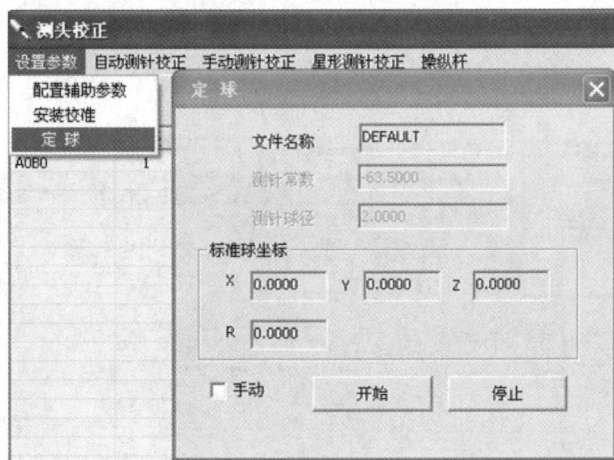

图 9-2-7

③定球成功后,关闭该菜单栏;方可进行自动测针校正。

④标准球位置或大小改变,必须使用 DEFAULT 测针 A0B0 角度重新进行定球,否则自动校正不能进行或手动校正将标准球位置直径偏差计算到测针的结果中。如图 9-2-8 所示。

⑤定球前要进行安装校准,否则"开始"按钮灰显不能定球。当安装校准角度偏差超过+/-0.3 度,则打开时先弹出如下提示框。当安装校准超过+/-0.3 度仍进行定球和校正,则可能定球和自动校正在某些测针或角度时不能进行下去。

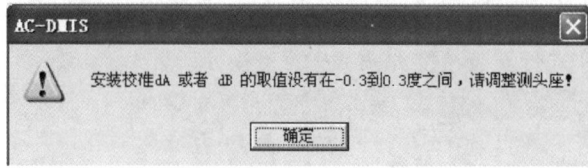

图 9－2－8

⑥选择"手动"，使用 DEFAULT 测针 A0B0 角度手动在标准球顶及赤道位置共采五个点，击"开始"，则定球完成得到标准球位置 XYZ 坐标和标准球半径。

⑦不选择"手动"，点击"开始"，按提示用 DEFAULT 测针 A0B0 角度在标准球顶点采一点，点击"确定"，测针自动在标准球上采点。完成后弹出"定球成功"的提示并得到标准球位置 XYZ 坐标和标准球半径。

6. 校正过程

（1）球形测针校正

①点击菜单栏"测头"，选择"自动测针校正"弹出界面如图 9－2－9 所示，选择装配测针的文件名称。

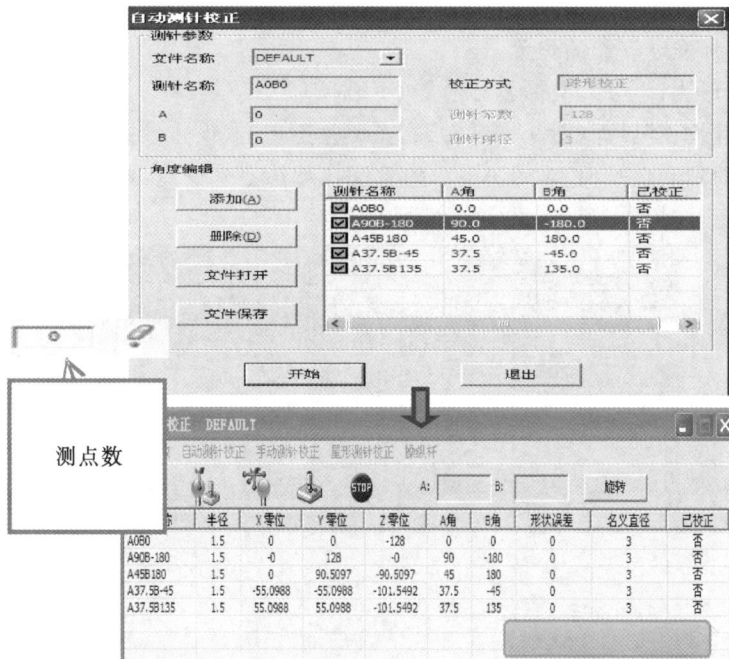

图 9－2－9

②分别在 A 角和 B 角中输入需要校正的角度，点击添加，角度自动添加进到列表中，且得到每一组的理论角度。

③可以将所有的角度通过"文件保存"的功能，将其保存，方便下次使用。

④点击"文件打开"，调出所保存的角度，进行校正。

⑤点击"自动测针校正"栏里的"开始"（图 9－2－10）即可；机器将自动进行校正所添加的每一个角度。

⑥校正结束后弹出提示"校正完成"信息，点击确定，校正结果自动保存。可退出校正界

面,方可进行测量。

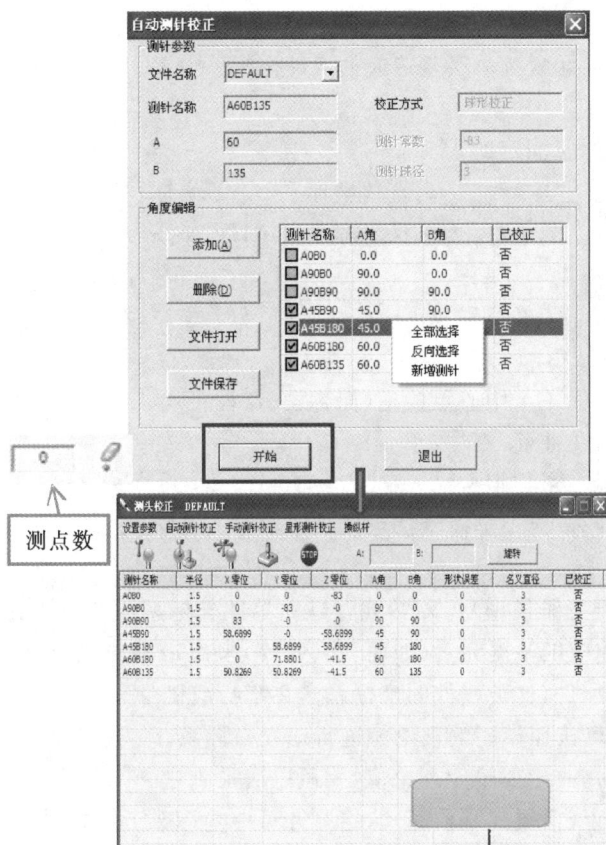

图 9 - 2 - 10

注意:

①添加角度时,自动旋转测头座角度增量为 7.5 度,手动旋转测头座角度增量为 15 度。即 A、B 角输入时必须是 7.5 或 15 的倍数。

②角度 A0B0 是基准针,必须放在第一行。

③在进行校正前必须确认测点数为零。

④当标准球移动过,必须使用 DEFAULT 文件中的 A0B 测针进行定球。

(2)球头柱形测针校正　球头形测针校正过程同球形测针过程,只是采点不同,球形校正使用球头部分在标准球赤道位置采 4 点,最后在顶点采一点;柱形校正同平头柱形测针校正相同。

2.2.4　三坐标测量机的坐标系

1.建立工件坐标系的七大原则

①选择测量基准时应按使用基准、设计基准、加工基准的顺序来考虑。

②当上述基准不能为测量所用时,可考虑采用等效的或效果接近的过渡基准。

③选择面积或长度足够大的元素作定向基准。

④选择设计及加工精度高的元素作为基准。

⑤注意基准的顺序及各个基准在建立工件坐标系时所起的作用。

⑥可采用基准目标或模拟基准。

⑦注意减小因基准元素测量误差造成的工件坐标系偏差。

2. 坐标系的分类

$$\text{坐标系} \begin{cases} \text{机械坐标系(固定的)} \\ \text{工件坐标系(灵活性的)} \begin{cases} \text{直角坐标系(XYZ 坐标)} \\ \text{极坐标系(RAH 坐标)} \end{cases} \end{cases}$$

3. 工件坐标系的种类

$$\text{坐标系的五大类} \begin{cases} \text{①工件位置找正} \\ \text{②RPS 找正} \\ \text{③三个中心点找正(简称:三点找正)} \\ \text{④曲面 321 找正} \\ \text{⑤最佳拟合} \end{cases}$$

①工件位置找正(有/无三维模型都可以满足测量)。主要是应用规则的几何元素建立工件坐标系。

②RPS 找正(需要三维模型)。RPS 找正建立零件坐标系主要应用在 PCS 的原点不在工件本身,或无法找到相应的基准元素(如面、孔、线等)来确定轴向或原点,多为曲面薄壁、板金类零件(汽车、飞机的配件,这类零件的坐标系多在车身或机身上)。

(a)当有模型时,可按照模型的理论值进行建立坐标系。

(b)当没有模型时,一定要给定理论值,才可以满足测量。

③三个中心点找正(需要三维模型)。主要针对一些特殊工件需用三个中心点找正满足建立坐标系。

④曲面 321 找正(必需有三维模型)。曲面 321 找正建立零件坐标系主要应用在 PCS 的原点不在工件本身,或无法找到相应的基准元素(如面、孔、线等)来确定轴向或原点,多为曲面薄臂、板金类零件(汽车、飞机的配件,这类零件的坐标系多在车身或机身上)。

⑤最佳拟合(需要三维模型),使用最少 4 个点性元素(点、圆、椭圆、方槽、圆槽)进行最佳拟合建立坐标系并且将参与拟合的元素结果重新进行评定。

2.3 扩展练习

(1)给定三种元素(最全的坐标系)

①平面、直线、点(未知,三轴分别偏置)。

②平面、平面、平面(已知,三轴同时偏置)。

③平面、直线、圆(已知先偏置一个轴,后偏置两个轴)。

④平面、圆、圆(已知先偏置一个轴,后偏置两个轴)。

(2)给定两种元素

平面、圆(已知先偏置一个轴,后偏置两个轴)。

(3)给定一种元素(简易坐标系)

①平面。

②直线(轴线)。

③点、圆、球。

注意:给定一种元素(简易坐标系):

①当以平面作基准时,作空间旋转;只需将Z轴设为零点(主要测量深度或高度);

②当以直线或轴线作基准时,作空间旋转;点击确定(只确定轴向X,Y,Z某一轴,不需要原点设定);

③当以点、圆、球作基准时,直接偏置XYZ三轴(作原点设定/三轴归零)。

习题1:平面、直线、点(未知,三轴分别偏置)(如图9-2-11)

将元素拖入元素名称时,自动默认一次"√",第二次选择时必须手动点击方框。

建立完工件坐标系后,点击基本测量,选择新建组,让机械坐标系的元素与工件坐标系的元素区分开。

新建组后,方可对所需要测量的尺寸进行测量。

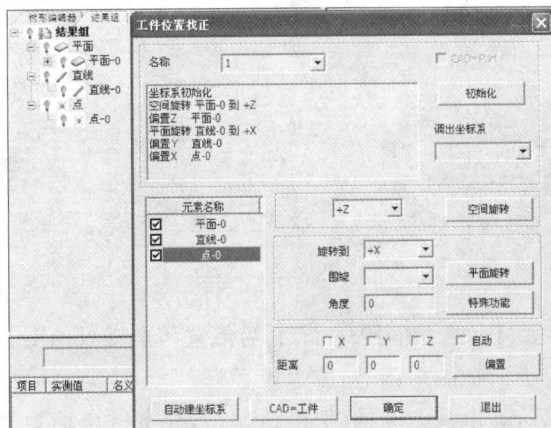

图 9-2-11

习题2:平面、平面、平面(已知,三轴同时偏置)(如图9-2-12)

通过相关功能中相交,找出交点后;再建立工件坐标系。

建立完工件坐标系后,点击基本测量,选择新建组,让机械坐标系的元素与工件坐标系的元素区分开。新建组后,方可对所需要测量的尺寸进行测量。

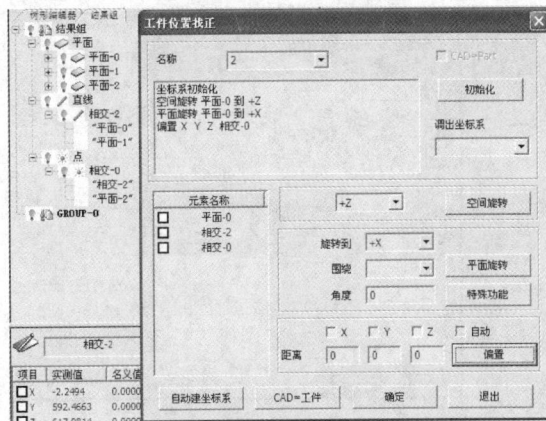

图 9-2-12

习题 3：平面、平面、平面（已知，三轴同时偏置）（如图 9－2－13）

点击基本测量，通过相关功能中的相交平面点，直接找出相交点；再建立工件坐标系。

建立完工件坐标系后，点击基本测量，选择新建组，让机械坐标系的元素与工件坐标系的元素区分开。

新建组后，方可对所需要测量的尺寸进行测量。

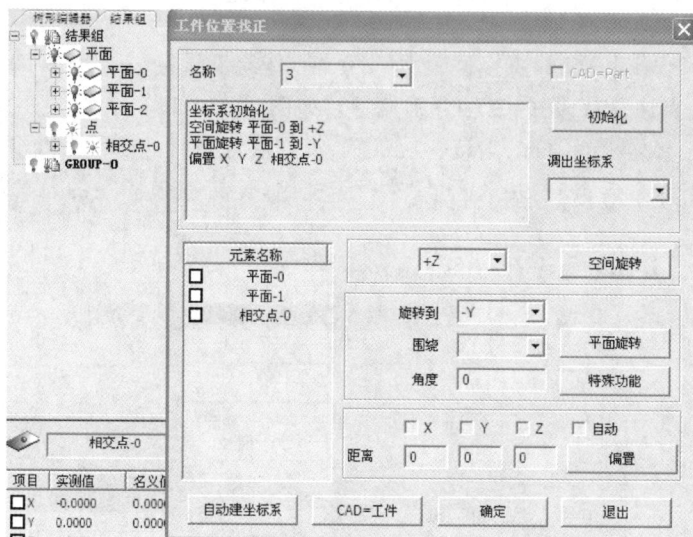

图 9－2－13

习题 4：平面、直线、圆（已知，先偏置一个轴，后偏置两个轴）（如图 9－2－14）

做圆时，将圆投影到圆所在的平面上，成为投影圆。

建立完工件坐标系后，点击基本测量，选择新建组，让机械坐标系的元素与工件坐标系的元素区分开。

新建组后，方可对所需要测量的尺寸进行测量。

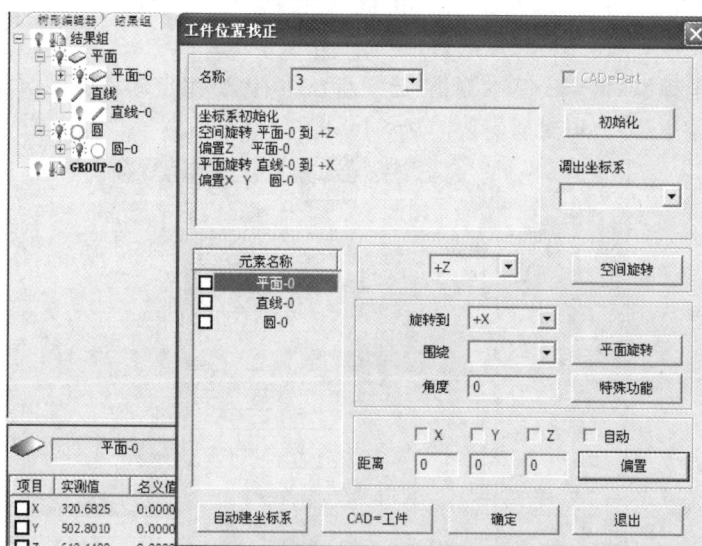

图 9－2－14

习题 5：平面、圆、圆（已知，先偏置一个轴，后偏置两个轴）（如图 9 - 2 - 15）

通过给合元素的功能，将两个圆组合直线；再建立工件坐标系。

建立完工件坐标系后，点击基本测量，选择新建组，让机械坐标系的元素与工件坐标系的元素区分开。

新建组后，方可对所需要测量的尺寸进行测量。

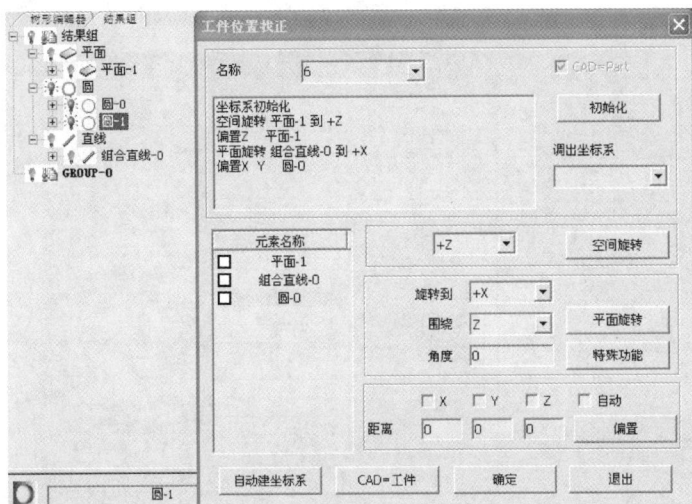

图 9 - 2 - 15

习题 6：平面、圆、圆（已知，先偏置一个轴，后偏置两个轴）（如图 9 - 2 - 16）

通过给合元素的功能，将两个圆组合直线；再建立工件坐标系。

主要针对坐标系的原点不在圆心上，而是通过对圆心设为原点后再进行坐标系偏移，找到真正的原点位置（红色框）。

建立完工件坐标系后，点击基本测量，选择新建组，让机械坐标系的元素与工件坐标系的元素区分开。

新建组后，方可对所需要测量的尺寸进行测量。

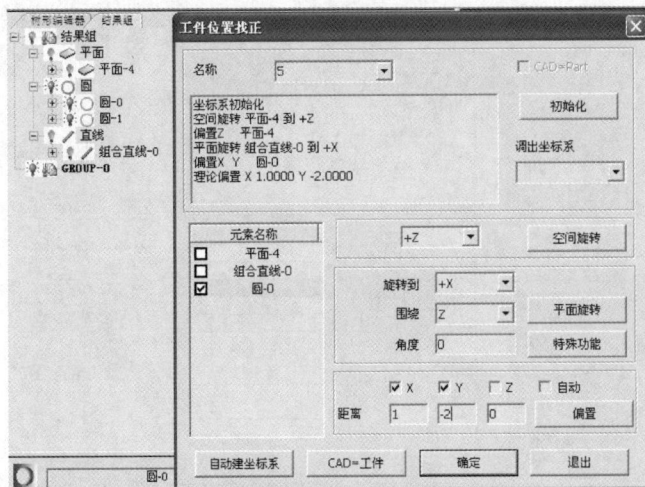

图 9 - 2 - 16

习题 7：平面、圆、圆（已知，先偏置一个轴，后偏置两个轴）（如图 9 - 2 - 17）

通过给合元素的功能，将两个圆给合直线；再建立工件坐标系。

通过三角函数，将需要的夹角算出后，先确定组合直线的轴向，再将组合直线围绕着某个轴进行坐标系旋转，最后原点设定。

建立完工件坐标系后，点击基本测量，选择新建组，让机械坐标系的元素与工件坐标系的元素区分开。

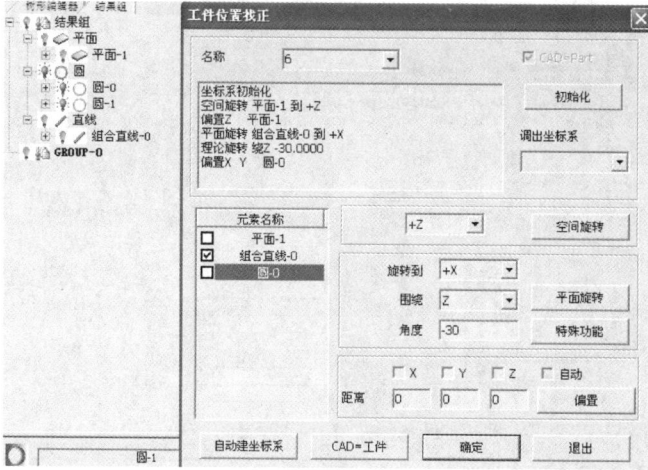

图 9 - 2 - 17

新建组后，方可对所需要测量的尺寸进行测量

习题 8：平面、圆、圆（已知，先偏置一个轴，后偏置两个轴）（如图 9 - 2 - 18）

建立工件坐标系后，再利用特殊功能旋转理论角度。

主要针对圆与圆之间组合直线后，与某个轴存在一定夹角，需通过旋转坐标系才能满足测量要求。

建立完工件坐标系后，点击基本测量，选择新建组，让机械坐标系的元素与工件坐标系的元素区分开。

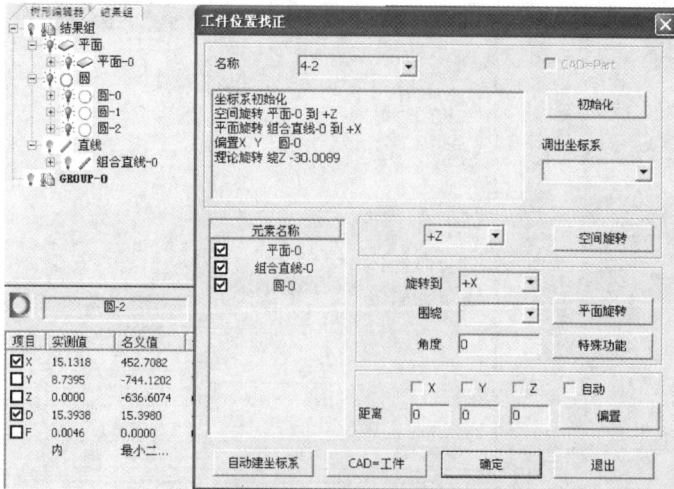

图 9 - 2 - 18

新建组后,方可对所需要测量的尺寸进行测量。

习题 9:平面、圆(已知,先偏置一个轴,后偏置两个轴)(如图 9 – 2 – 19)

当工件上缺少矢量元素,作平面旋转(无法确定轴向)时,机器则会自动默认为机械固定的三个坐标轴向。

建立完工件坐标系后,点击基本测量,选择新建组,让机械坐标系的元素与工件坐标系的元素区分开。

新建组后,方可对所需要测量的尺寸进行测量。

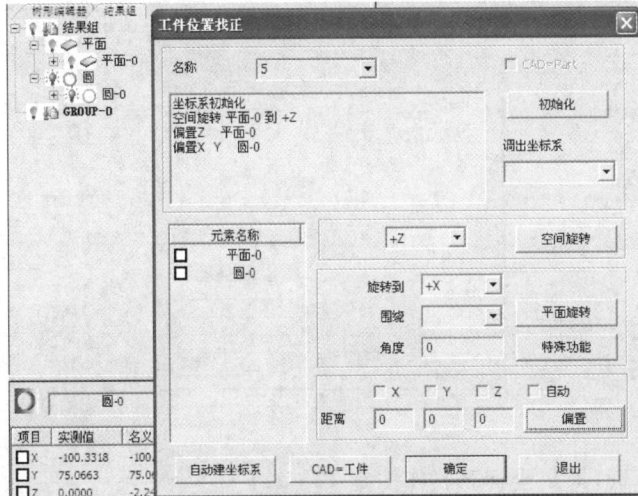

图 9 – 2 – 19

习题 10:平面(简易坐标系)(如图 9 – 2 – 20)

当以平面作基准时,作空间旋转某一轴(如 Z 轴);只需将旋转的某一轴(如 Z 轴)设为零点(主要测量深度或高度)。

建立完工件坐标系后,方可对所需要测量的尺寸进行测量。

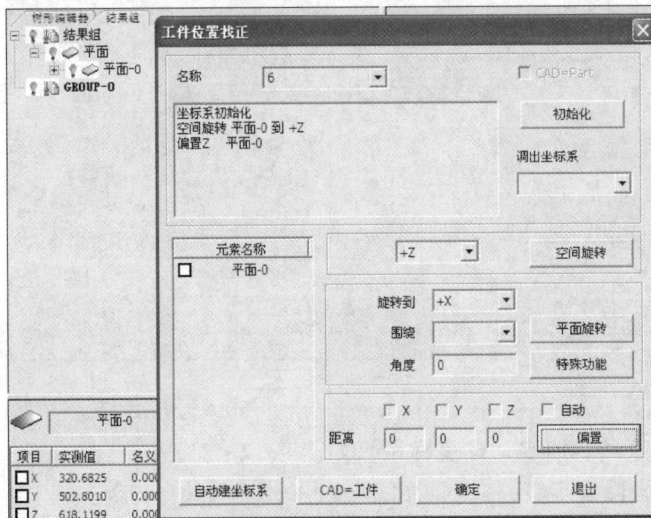

图 9 – 2 – 20

习题 11:直线或轴线(简易坐标系)(如图 9 - 2 - 21)

当以直线或轴线作基准时,作空间旋转到某一轴;点击确定;(只确定轴向 X,Y,Z 三轴中的某一轴方向即可,不需要原点设定。

确定完轴线方向后,方可对所需要测量的尺寸进行测量。

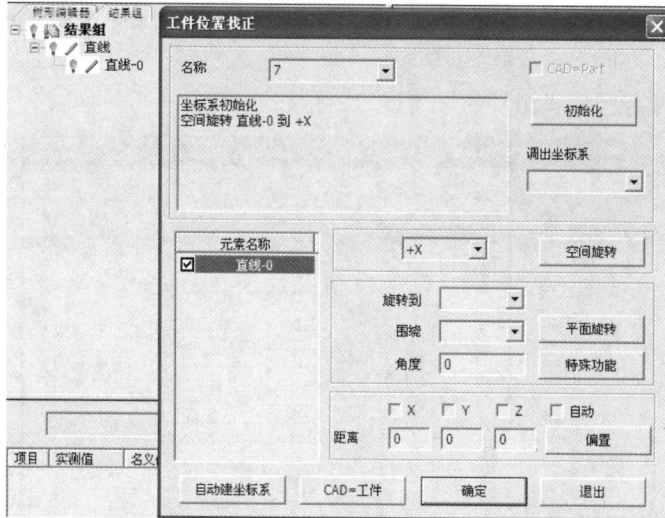

图 9 - 2 - 21

习题 12:点、球、圆(简易坐标系)(如图 9 - 2 - 22)

当以点、圆、球作基准时,直接偏置 XYZ 三轴(作原点设定/三轴归零)。

新建组后,方可对所需要测量的尺寸进行测量。

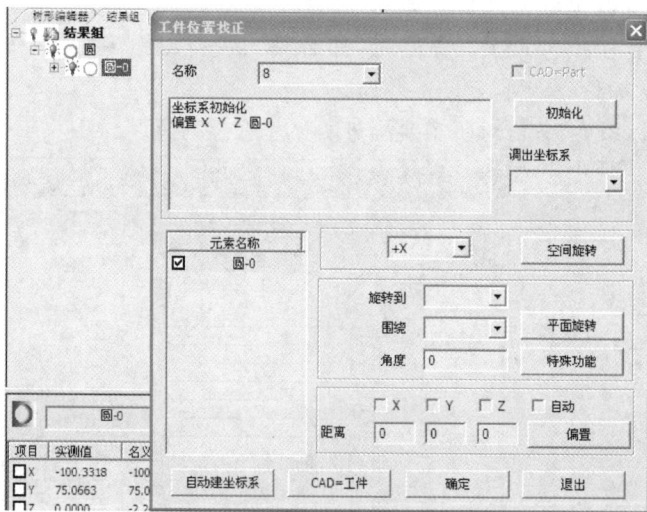

图 9 - 2 - 22

习题 13:平面、直线、圆(自动建坐标系)(如图 9 - 2 - 23)

自动建立工件坐标系步骤:

①将所测量的元素分别拖入元素名称内。

②将所有的元素打上"√"。

③点击自动建坐标系的功能。

④点击确定。

⑤建立完工件坐标系后,点击基本测量,选择新建组,让机械坐标系的元素与工件坐标系的元素区分开。

⑥新建组后,方可对所需要测量的尺寸进行测量。

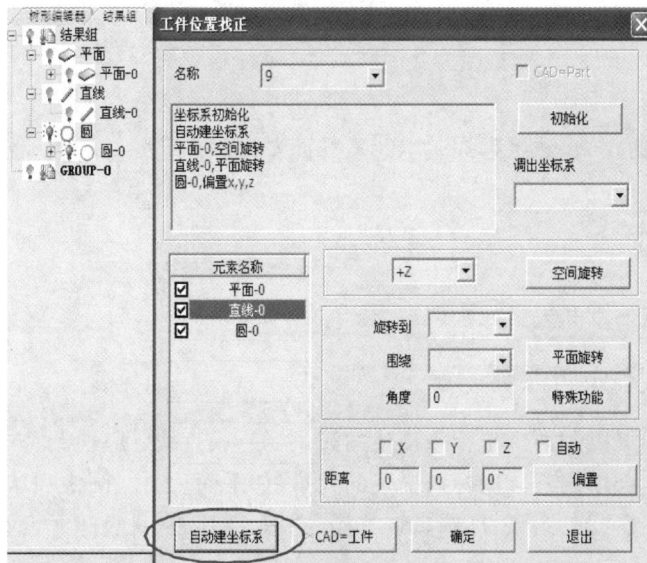

图 9－2－23

第3章 三坐标测量机测量实例

3.1 任务描述

了解基本元素的含义,熟练掌握基本元素的测量方法。

3.2 相关知识

元素的分类:点元素和矢量元素两大类。

3.2.1 点元素分两大类

(1)平面元素 可以用两个坐标来描述的元素(如点、直线、圆、椭圆、方槽和圆槽)。

(2)空间元素 必须用三个坐标来描述的元素(如平面、圆柱、圆锥和球)。

①点元素包含:点、圆、圆弧、椭圆、球、方槽、圆槽、圆环;它只表达元素的尺寸和空间位置。如图9-3-1所示。

②矢量元素(线元素)包含:直线、平面、圆柱、圆锥;它既要表达元素的空间方向同时也可能表达元素的尺寸和空间位置。

③组合元素:只针对点性元素进行组合其他元素。

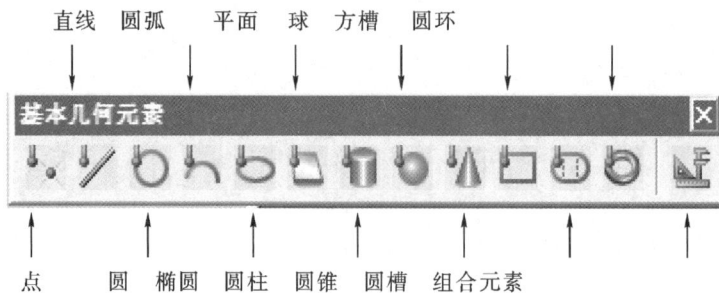

图9-3-1

3.2.2 测量元素的步骤

①点击工具条上元素对应的按扭,打开元素界面。

②使用操纵杆手动测量元素,当测量点数达到元素最小点数时界面可显示实测量值和名义值。

③测量完点,做元素时必须进行公差、名义值、输出的设置。

④按照需要设置名称、内外、计算方法、安全平面、投影,点击"确定"按钮即可得到结果。

3.2.3　基本元素的测量方法

1.元素测量方法及含义

(1)点(N≥1 点):如图 9 - 3 - 2 所示。

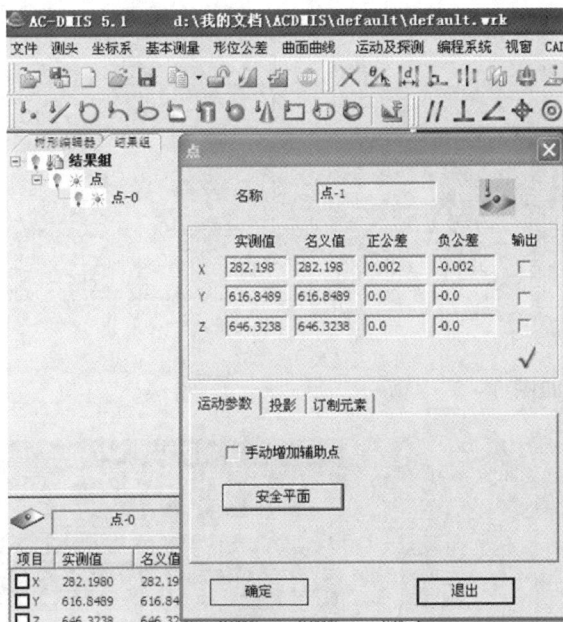

图 9 - 3 - 2

①直角坐标:X、Y、Z。

当 N＝1 时,X、Y、Z 表示实际测点的坐标值;

当 N＝2 时,X、Y、Z 表示所测点分布中心点的坐标值;

当 N≥3 时,X、Y、Z 表示所测点分布重心点的坐标值;

②极坐标:R、A、H。

③实测值:显示实际的测量结果值。

④名义值:图纸上给定的理论值。

⑤正/负公差:图纸上给定的公差值。

⑥矢量:基准必须是平面,选择矢量元素确定补偿方向,同时在 I、J、K 编辑框中自动显示将选中的矢量元素的矢量。

⑦投影:基准必须是实测的平面。

注意:点作投影时必需先作点,再用相关功能的投影到任意面能满足投影。

(2)直线(N≥2 点):如图 9 - 3 - 3 所示。

直角坐标:X、Y、Z。

①X、Y、Z:表示坐标系原点向直线作垂线,垂足点的坐标。

②A1、A2、A3:表示直线与当前坐标系 X、Y、Z 三轴的空间夹角。

③F:形状误差(表示直线度误差.N≥3 点)。

极坐标:R、A、H。

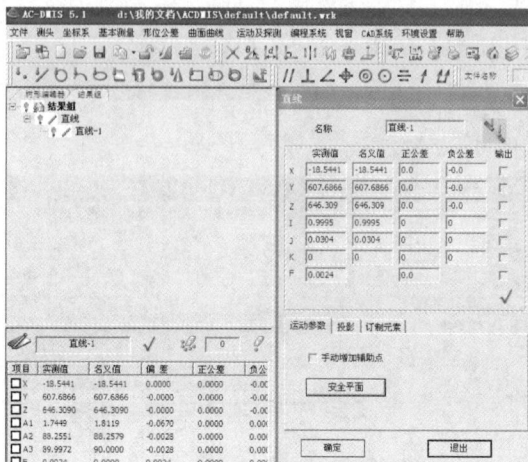

图 9 - 3 - 3

(3)圆(N≥3 点):如图 9 - 3 - 4 所示。

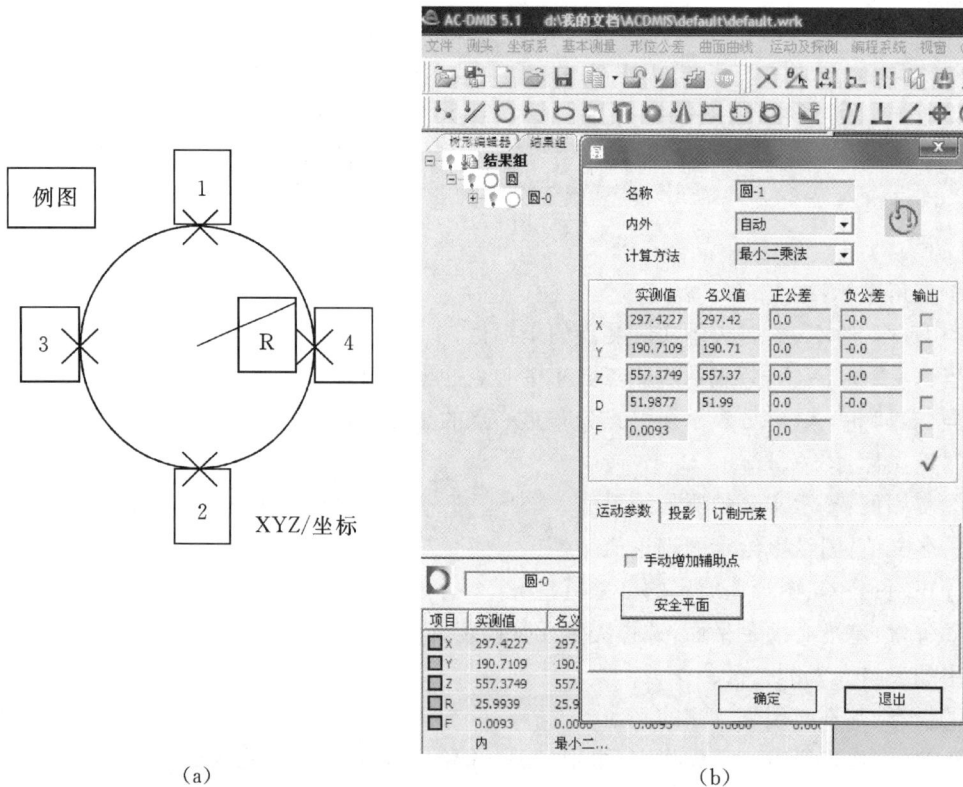

（a）

（b）

图 9 - 3 - 4

直角坐标:X、Y、Z。

①X、Y、Z 表示圆心坐标。

②D/R 表示圆的直径或半径。

③F 形状误差(表示圆度误差,N≥4 点)。

极坐标:R、A、H。

注意:采点没有设定顺序,十字形采点或顺时针,逆时针采点都可以。

(4)圆弧(N≥3 点):如图 9-3-5 所示。

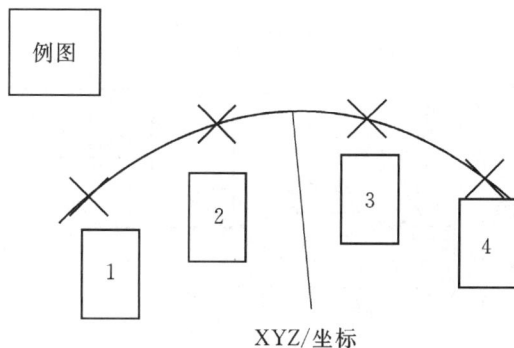

图 9-3-5

1)直角坐标:X、Y、Z。

①X、Y、Z 表示圆弧中心点坐标。

②R 表示圆弧的半径。

③F 形状误差(表示圆度误差,N≥4 点)。

④极坐标:R、A、H。

(5)椭圆(N=5 点)如图 9-3-6(a)、(b)所示。

2)直角坐标:X、Y、Z。

①X、Y、Z 表示椭圆中心点的坐标。

②LD 表示椭圆长轴。

③SD 表示椭圆短轴。

④A 表示椭圆长轴与 X 轴的夹角。

⑤极坐标:R、A、H。

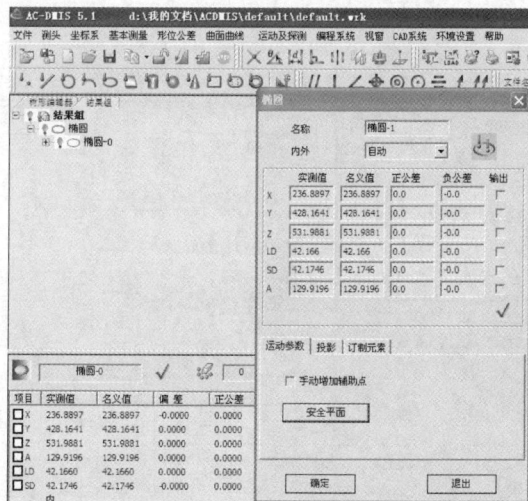

(a)

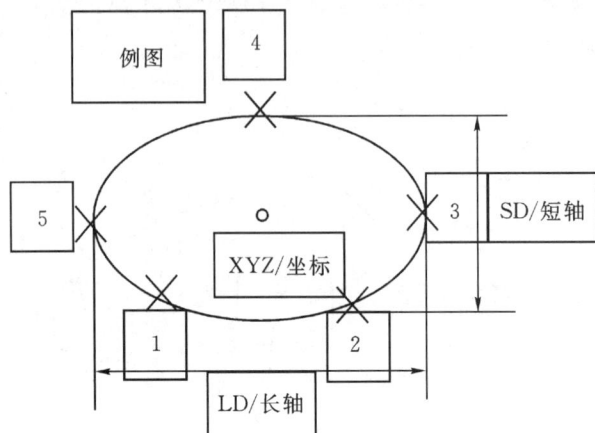

（b）

图 9 - 3 - 6

注意：采点是由顺时针或逆时针方向进行采点

（6）平面（N≥3 点）：如图 9 - 3 - 7 所示。

图 9 - 3 - 7

直角坐标:X、Y、Z。

①X、Y、Z 表示所测点分布重心点的坐标。

②A1、A2、A3 表示平面的法线与当前坐标系 X、Y、Z 三轴的夹角。

③F 形状误差(表示平面度误差,N≥4 点)。

④极坐标:R、A、H。

注意:需在最大范围内采点。

(7)圆柱(N≥6 点):如图 9 - 3 - 8 所示。

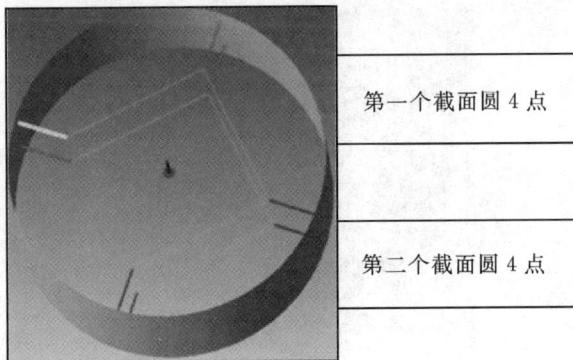

图 9 - 3 - 8

直角坐标:X、Y、Z。

①X、Y、Z 表示第一个截面圆的圆心坐标。

②A1、A2、A3 表示圆柱轴线与当前坐标系 X、Y、Z 三轴的夹角。

③D 表示圆柱直径。

④F 形状误差(表示圆柱度误差,N≥8 点)。

⑤极坐标:R、A、H。

注意:必需是采两个截面圆,且两个截面圆的采点数一致(采点时必须是 4 个点的倍数)。

(8)球(N≥4 点)如图 9-3-9 所示。

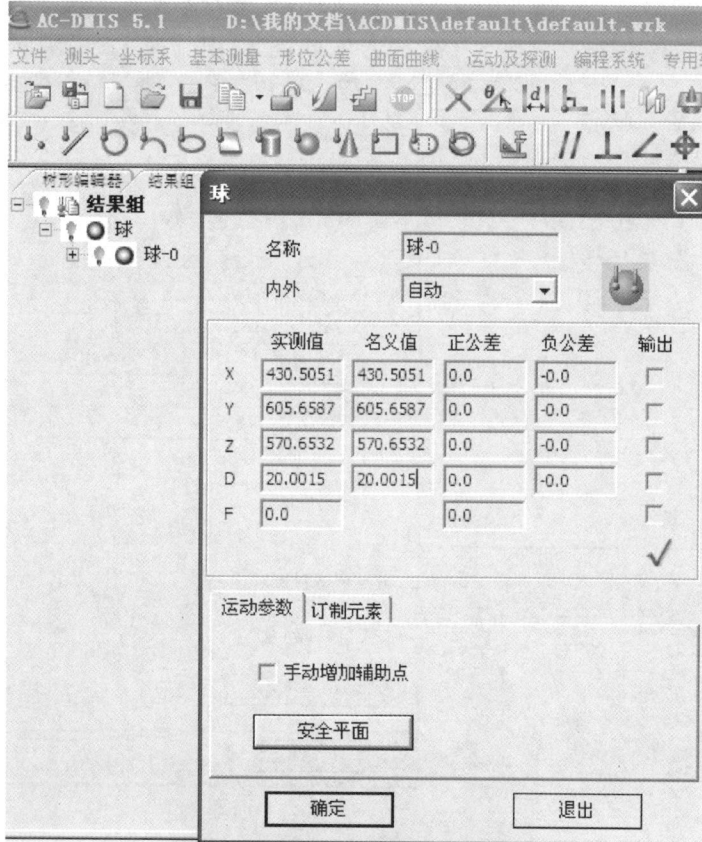

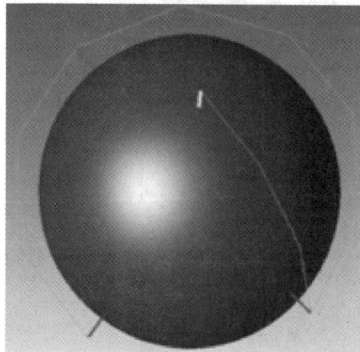

图 9-3-9

直角坐标:X、Y、Z。

①X、Y、Z 表示球心坐标。

②D 表示球的直径。

③F 形状误差(表示圆度误差,N≥5 点)。

④极坐标:R、A、H。

(9)圆锥(N≥8 点)如图 9－3－10 所示。

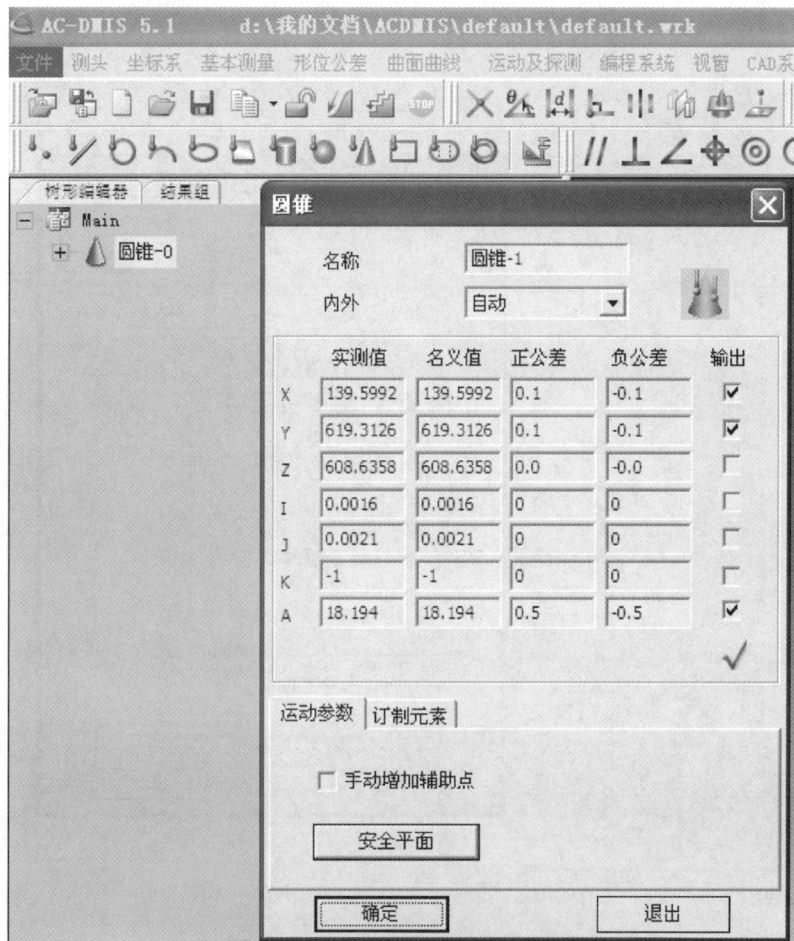

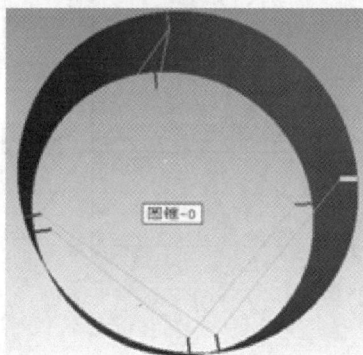

图 9－3－10

直角坐标:X、Y、Z。

①X、Y、Z 表示圆锥锥顶点的坐标。

②A1、A2、A3 表示圆锥轴线与当前坐标系 X、Y、Z 三轴的夹角。

③A 表示锥半角(锥角=2A)。

④极坐标:R、A、H。

(10)方槽(N=5 点)如图 9-3-11(a)、(b)所示。

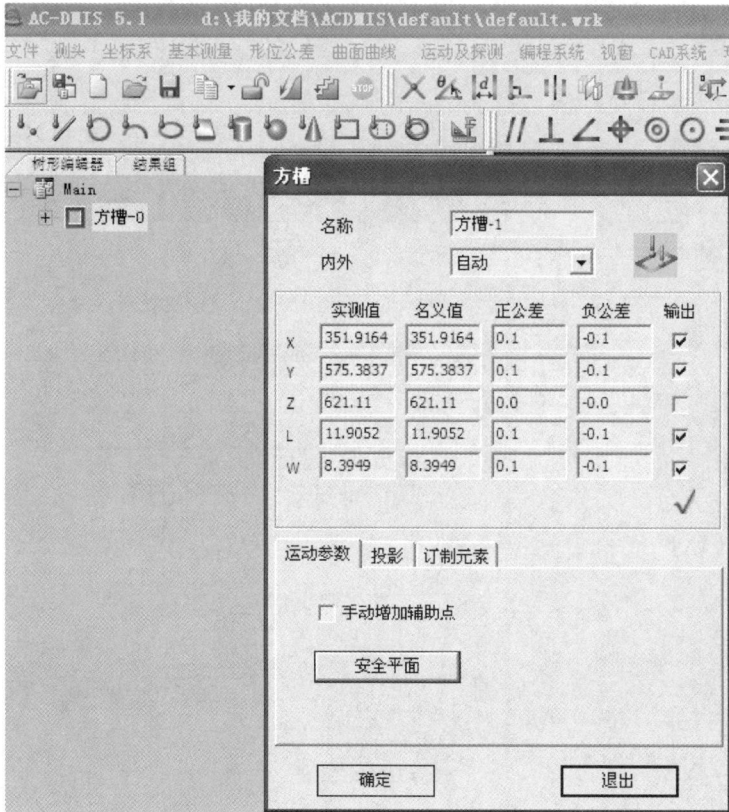

(a)

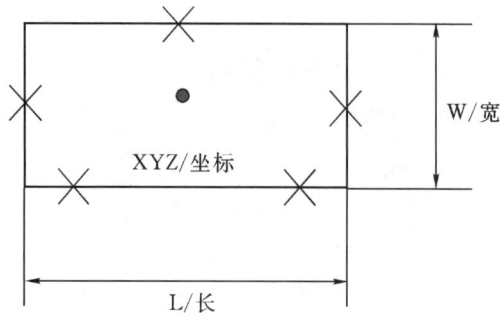

(b)

图 9-3-11

直角坐标:X、Y、Z。

①X、Y、Z 表示方槽中心点的坐标。

②L 表示长。

③W 表示宽。

④极坐标:R、A、H。

注意:采点是由顺时针或逆时针方向进行采点。

(11)圆槽(N＝5 点和 N＝6 点):如图 9－3－12(a)、(b)所示。

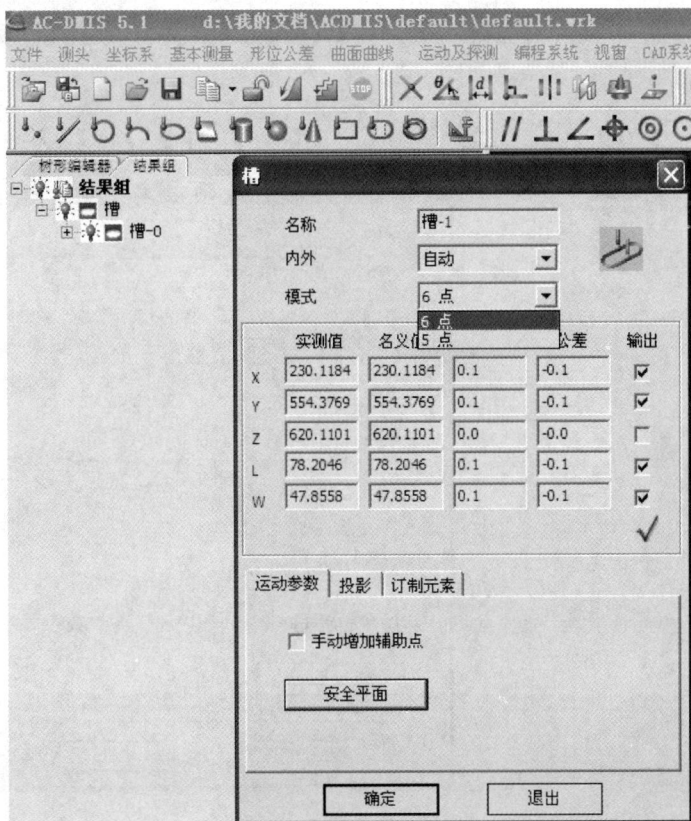

(a)

例图 1　　　　　　例图 2

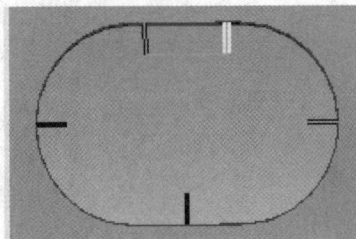
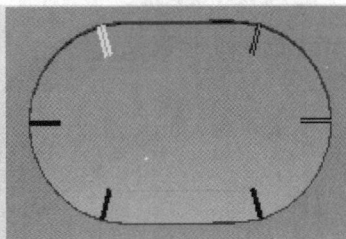

N＝5　　　　　　N＝6

(b)

图 9－3－12

直角坐标:X、Y、Z。

①X、Y、Z 表示圆槽中心点的坐标。

②L 表示长。

③W 表示宽。

④极坐标:R、A、H。

注意:采点是由顺时针或逆时针方向进行采点;采圆槽时有两种模式 N=5,N=6。

(12)圆环(N=9 点):如图 9-3-13(a)、(b)所示。

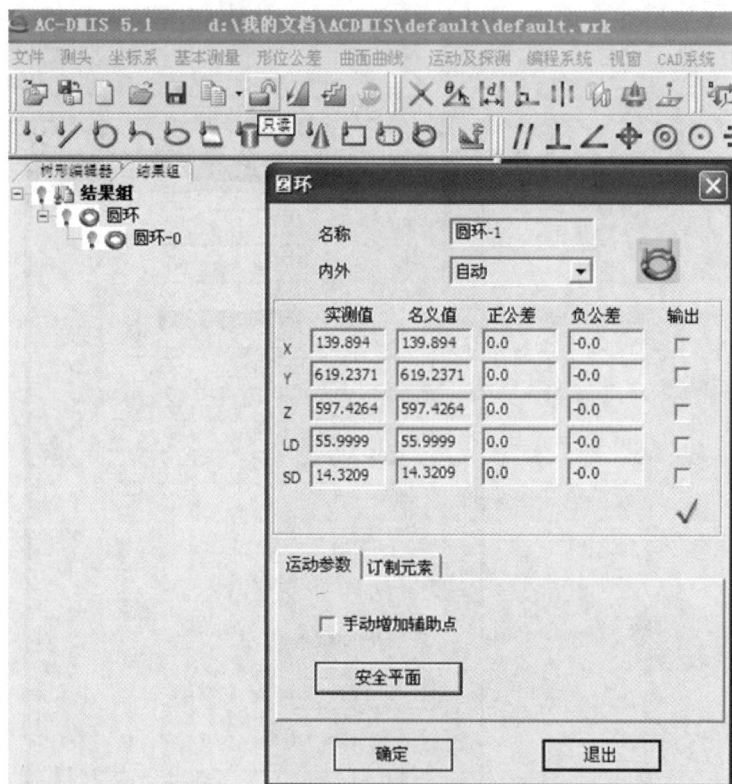

(a)

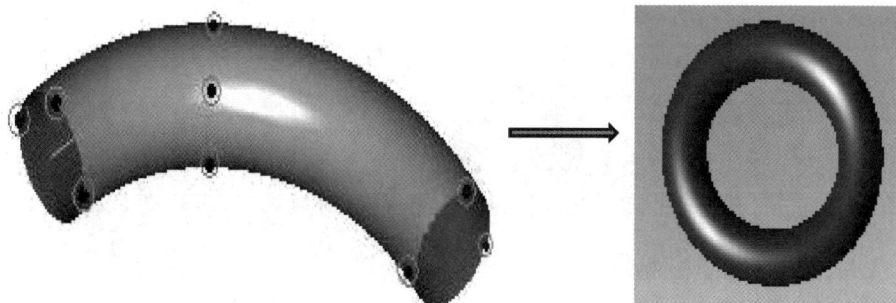

(b)

图 9-3-13

直角坐标:X、Y、Z。

①X、Y、Z 表示圆环中心点的坐标。

②LD 表示圆环直径(3 个截面圆的圆心拟和成的圆的直径)。

③SD 表示圆环截面圆的直径。

④极坐标:R、A、H。

注意:进行圆环测点采集时,必须采 9 个点。要求采 3 个截面圆,每采 3 个点为 1 个截面圆。

(13)组合元素:如图 9-3-14 所示。

定义:是由两个或两个以上的点性元素构造得出。

用此前测得元素或经相关计算而得的几何元素组合生成新的几何元素结果,包括组合点、组合直线、组合圆、组合椭圆、组合平面、组合圆柱、组合球、组合圆锥。

主要是针对点元素进行组合其他元素(点元素包括:点、圆、圆弧、椭圆、球、方槽、圆槽、圆环)。

高级设置:可以设置图纸给定的名义值、正公差、负公差、输出报告(需打"√")。

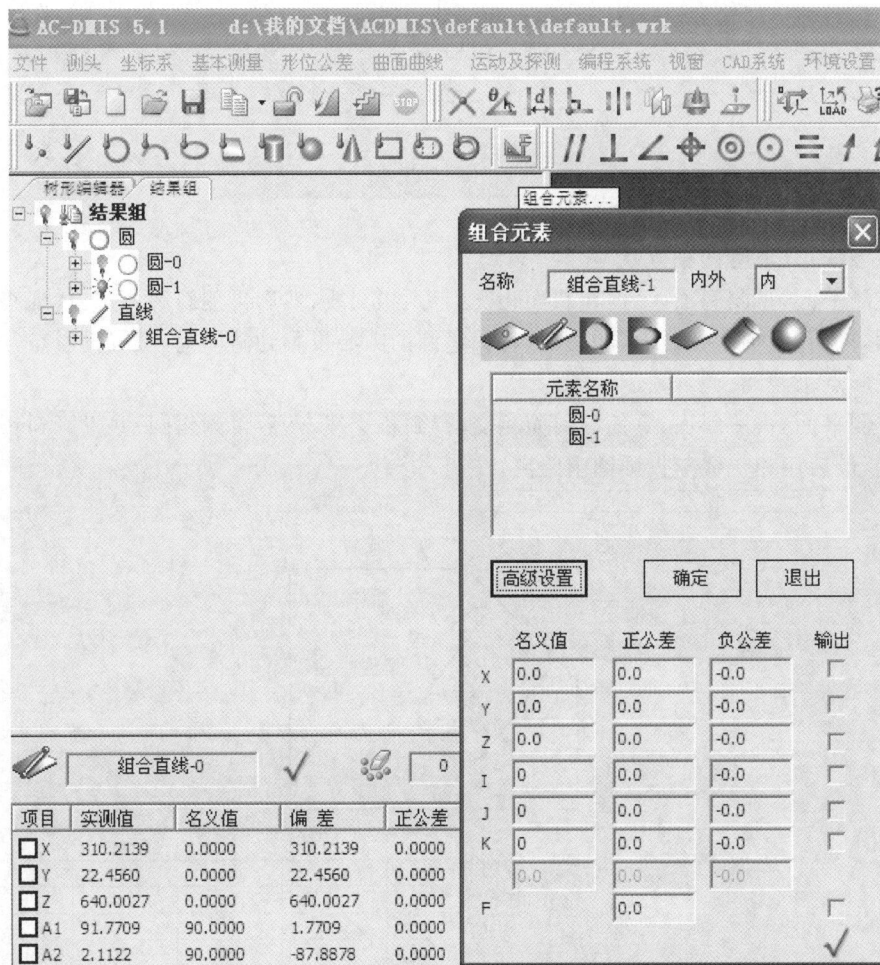

图 9-3-14

3.3 综合实例

1. 求中心距离

测量方法：

先测基准平面，再测所有的圆并投影到基准平面上成为投影圆；最后投影圆与投影圆求中心距离。

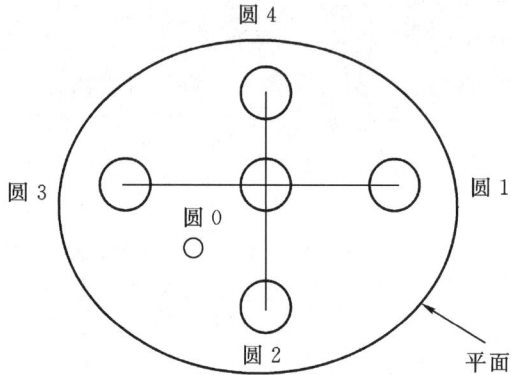

图 9 - 3 - 15

2. 求斜孔中心点到端面相交线的距离

测量方法：以下有两种方式：

①先测平面，再测斜面，平面与斜面相交，得到相交线；然后再测斜圆，并矢量到斜面上，成为矢量圆，再用"投影到任意面"的功能，将矢量圆的圆心投影到斜面上，做成投影点，最后用相交线与投影点求距离。

②先测平面，再测斜面，平面与斜面相交，得到相交线；然后再测斜圆，并投影到斜面上，成为投影圆，最后用相交线与投影圆求距离。

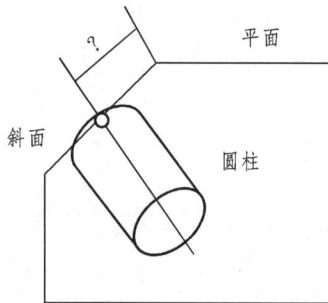

图 9 - 3 - 16

附录一　数控加工实训管理规定

学生进入实训室训练之前,必须在教师的统一指导下学习相关的理论、安全知识,并按规定的要求进行操作。师生在日常工作中要时刻遵守安全操作规程,注意机床的维护及保养。

1. 学生按照教学计划统一组织到实训室学习,必须穿工作服,佩带实习胸卡,在指导教师的组织下,有秩序的进出实训室。

2. 学生管理组织形式采用分组实训,实训指导教师负责。

3. 学生进入实训室后,必须检查机器,发现异常立即向指导教师报告,由指导教师及时处理,不得随意走动、串岗。

4. 学生在按下机床电源开关准备加工零件前,必须检查机床操作方式是否正确。每天应按照机床润滑图规定的润滑点、润滑周期、润滑油号及时进行润滑。

5. 学生必须按操作规程使用机器,严禁违章操作。因违章操作损坏公物及机器设备者,实训指导教师有权取消其实训资格。

6. 实训室内禁止玩手机、听音乐、吸烟、吃零食、随地吐痰、乱扔纸屑杂物等,严禁嬉戏、打闹。

7. 学生实训结束,要正常关机,关闭电源,整理好工具、零件、清理铁屑、下脚料等,擦拭机器。每班次打扫地面、拖地,保持室内整洁,经指导教师验收合格后方可离开。

8. 遇到意外紧急事件或重大自然灾害,实训老师应根据实际情况,保护学生,立即组织实训室所有人员从安全通道迅速撤离到安全区域。

附录二　数控加工实训安全操作规程

1. 进入实训室实习必须按要求穿工作服,女生要戴工作帽。禁止戴手套操作机床。
2. 所有实训步骤须在实训教师指导下进行,未经指导教师同意,不许开动机床。
3. 严禁在机床开动期间离开工作岗位做与操作无关的事。
4. 机床开动时,严禁在机床周围嬉戏、打闹。
5. 安装夹紧零件,保证零件牢牢固定在卡盘或工作台上。
6. 启动机床前应检查是否已将扳手、附具等安装工具从机床上拿开。
7. 数控机床的开机、关机顺序一定要严格按照机床说明书规定操作。
8. 机床每次接通电源后,必须先完成各轴的返回参考点操作,再进行其它运行方式。
9. 严格按照实训指导书推荐的刀具及切削用量,选择正确的刀具,合适的加工速度。
10. 主轴启动开始之前一定要关好防护罩门,程序正常运行中严禁开启防护罩门。
11. 手动对刀时要注意选择合适的进给速度。手动换刀时要注意刀具距零件具有足够的空间,不得发生碰撞。
12. 机床运转中,禁止变速。变速或换刀时,必须保证机床安全停止,以防发生事故。
13. 机器操作或运转中,禁止靠近旋转区域,禁止用手移动切屑、触摸刀具。
14. 加工过程中出现异常情况,可按下"急停"按钮,确保人身和设备的安全。
15. 不得随意更改数控系统内部设定的参数,机床运行状态下禁止打开电气柜。
16. 做好机床润滑、保养工作,防止导轨、工作台生锈。润滑油容器内润滑油应在足够的使用状态内,并做好机床清洁工作。
17. 认真填写数控机床工作日志,消除事故隐患。

附录三 数控加工实训 7S 管理知识

1. 6S 内容

(1)整理(SEIRI) 将工作场所的任何物品区分为有必要和没有必要的,除了有必要的留下来,其他的都消除掉。

目的:腾出空间,空间活用,防止误用,塑造清爽的工作场所。

(2)整顿(SEITON) 把留下来的必要用的物品依规定位置摆放,并放置整齐加以标示。

目的:工作场所一目了然,消除寻找物品的时间,整整齐齐的工作环境,消除过多的积压物品。

(3)清扫(SEISO) 将工作场所内看得见与看不见的地方清扫干净,保持工作场所干净、亮丽的环境。

目的:稳定品质,减少工业伤害。

(4)清洁(SEIKETSU) 维持上面 3S 成果。

(5)素养(SHITSUKE) 每位成员养成良好的习惯,并遵守规则做事,培养积极主动的精神(也称习惯性)。

目的:培养有好习惯,遵守规则的员工,营造团员精神。

(6)安全(SECURITY) 重视全员安全教育,每时每刻都有安全第一观念,防范于未然。

目的:建立起安全生产的环境,所有的工作应建立在安全的前提下。

(7)节约(SAVE) 就是对时间、空间、能源等方面合理利用,以发挥它们的最大效能,从而创造一个高效的,物尽其用的工作场所。

目的:节省利用时间、空间、能源,发挥最大效能,创造高效率。

2. 7S 管理精髓

(1)全员参与 教师—学生,所有管理及实训人员参与。

(2)全过程 人人保持—改善—保持—管理活动;

(3)全效率 综合效率,挑战工作极限。

3. 执行 7S 的好处

(1)提升形象

(2)减少浪费

(3)提高效率

(4)质量保证

(5)安全保障

(6)提高设备寿命

(7)降低成本

(8)能为学生创设和谐的学习生活环境

(9)能够有效的提升学生的职业素养

(10)能够提高学生间的团队协作能力

附表一　FANUC 常用指令表

代码	功能	
G00	快速定位	
G01	直线插补	
G02	圆弧插补/螺旋线插补 CW	
G03	圆弧插补/螺旋线插补 CCW	
G02.3/G03.3	指数函数插补	
G02.4/G03.4	三维圆形插补	
G04	停刀,准确停止	
G05.1	AI 先行控制	
G06.2	NURBS 插补	
G07.1(G107)	圆柱形插补	
G08	先行控制	
G09	准确停止	
G10	可编程数据输入	
G11	可编程数据输入方式取消	
G12.1(G112)	极坐标插补方式	
G13.1(G113)	极坐标插补方式取消	
G15	极坐标指令取消	
G16	极坐标指令	
G17	XY 平面选择	
G17	选择 XPYP 平面	XP:X 轴或其平行轴;
G18	选择 ZPXP 平面	YP:Y 轴或其平行轴;
G19	选择 YPZP 平面	ZP:Z 轴或其平行轴;
G20	英寸输入	
G21	毫米输入	
G22	存储行程检测功能有效	
G23	存储行程检测功能无效	
G25	主轴速度波动监测功能无效	
G26	主轴速度波动监测功能有效	

代码	功能
G27	返回参考点检测
G28	返回参考点
G29	从参考点返回
G30	返回第2,3,4参考点
G31	跳转功能
G33	螺纹切削
G34	变螺距螺纹切削(FOR T)
G36	自动刀具X补偿(FOR T)
G37	自动刀具长度测量/自动刀具Z补偿(FOR T)
G39	拐角偏置圆弧插补
G40	刀具半径补偿取消/三维补偿取消
G41	左侧刀具半径补偿/三维补偿
G42	右侧刀具半径补偿
G40.1/G41.1/G42.1	法线方向控制
G41.2/G42.2/G41.3	三维刀具半径补偿
G43	正向刀具长度补偿
G43.1	刀具轴向的刀具长度补偿
G43.4/G43.5	刀具中心位置控制
G44	负向刀具长度补偿
G45	刀具偏置值增加
G46	刀具偏置值减小
G47	2倍刀具偏置值
G48	1/2倍刀具偏置值
G49	刀具长度补偿取消
G50	比例缩放取消/设定工件坐标系或最大主轴速度箝制(FOR T)
G50.3	工件坐标系预置(FOR T)
G51	比例缩放有效
G50.1	可编程镜象取消
G51.1	可编程镜象有效
G50.2	多边形车削取消(FOR T)
G51.2	多边形车削有效(FOR T)

代码	功能
G52	局部坐标系设定
G53	选择机床坐标系
G54	选择工件坐标系 1
G54.1	选择附加工件坐标系
G54.2	转台动态定位器偏置
G55	选择工件坐标系 2
G56	选择工件坐标系 3
G57	选择工件坐标系 4
G58	选择工件坐标系 5
G59	选择工件坐标系 6
G60	单方向定位
G61	准确停止方式
G62	自动拐角倍率
G63	攻丝方式
G64	切削方式
G65	宏程序调用
G66	宏程序模态调用
G67	宏程序模态调用取消
G68	坐标旋转/三维坐标转换
G69	坐标旋转取消/三维坐标转换取
G70	精车削加工循环(FOR T)
G71	横向切削复循环/ 精车外圆(FOR T)
G72	纵向切削复循环/ 精车端面(FOR T)
G72.1	图形旋转复制(FOR 18I MB)
G72.2	图形线形复制(FOR 18I MB)
G73	成型加工循环/ 多重车削循环(FOR T)
G74	Z 轴啄式钻孔(沟槽循环)/ 排屑钻端面孔(FOR T)
G75	X 轴方向沟槽循环/ 外径,内径钻孔(FOR T)
G76	螺纹切削复循环/ 多头螺纹循环(FOR T)
G80	固定循环取消/外部操作功能取消
G81	钻孔循环、镗镗循环或外部操作功能
G81.1	切割

代码	功能
G82	钻孔循环或反镗循环
G83	深孔钻循环(啄式排屑钻孔)
G84	攻丝循环
G85	镗孔循环
G86	镗孔循环
G87	背镗循环/ 侧钻循环(FOR T)
G88	镗孔循环/ 侧攻丝循环(FOR T)
G89	镗孔循环/ 侧镗循环(FOR T)
G90	绝对值编程/外径,内径车削循环(FOR T)
G91	增量值编程
G92(M;G50)	设定工件坐标系或最大主轴速度箝制/ 螺纹切削循环(FOR T)
G92.1(M;G50.3)	工件坐标系预置
G94	每分进给/ 端面切削循环(FOR T)
G95	每转进给
G96	恒表面速度控制　周速一定机能(FOR T)
G97	恒表面速度控制取消。转速一定机能(FOR T)
G98	固定循环返回到初始点/ 每分钟进刀量(FOR T)
G99	固定循环返回到R点(参考点)/ 每转进刀量　(FOR T)
G160/G161	横向进刀控制
M00	程序停止
M01	有条件停止
M02	程序结束
M03	主轴正转
M04	主轴反转
M05	主轴停止
M06	换刀
M08	冷却液开
M09	冷却液关
M19	主轴定向
M30	程序结束并返回程序头
M98	调用子程序
M99	子程序结束返回/重复执行

附表二　SIEMENS 802D 常用指令表

地址	功能	编程
G00	快速移动	G00 X⋯Y⋯Z⋯
G01	直线插补	G01 X⋯Y⋯Z⋯F⋯
G02	顺时针圆弧插补	G02 X⋯Y⋯Z⋯I⋯K⋯⋯ ；圆心和终点 G02 X⋯Y⋯CR＝⋯F⋯ ；半径和终点 G02 AR＝⋯I⋯J⋯F⋯ ；张角和圆心 G02 AR＝⋯X⋯Y⋯F⋯ ；张角和终点
G03	逆时针园弧插补	G03⋯. ；其它同 G02
TRANS	可编程的偏置	TRANSX⋯Y⋯Z⋯自身程序段
ROT	可编程的旋转	ROT RPL＝⋯ ；在当前平面中旋转 G17 到 G19
SCALE	可编程比例系数	SCALEX⋯Y⋯Z⋯在所给定轴方向比例系数,自身程序段
MIRROR	可编程镜像功能	MIRROR X0 改变方向的坐标轴,自身程序段
ATRANS	附加可编程的偏置	ATRANSX⋯Y⋯Z⋯自身程序段
AROT	附加可编程的旋转	AROT RPL＝⋯ ；在当前平面中旋转 G17 到 G19
ASCALE	附加可编程比例系数	ASCALEX⋯Y⋯Z⋯在所给定轴方向比例系数,自身程序段
AMIRROR	附加可编程镜像功能	AMIRROR X0 改变方向的坐标轴,自身程序段
G17 *	X/Y 平面	G17⋯所在平面的垂直轴为刀具长度补偿轴
G18	Z/X 平面	G18⋯所在平面的垂直轴为刀具长度补偿轴
G19	Y/Z 平面	G19⋯所在平面的垂直轴为刀具长度补偿轴
G40	刀尖半径补偿方式的取消	
G41	调用刀尖半径补偿，刀具在轮廓左侧移动	
G42	调用刀尖半径补偿，刀具在轮廓右侧移动	
G50	取消可设定零点偏置	
G54	第一可设定零点偏置	
G55	第二可设定零点偏置	

续表

地址	功能	编程
G56	第三可设定零点偏置	
G57	第四可设定零点偏置	
G58	第五可设定零点偏置	
G59	第六可设定零点偏置	
G60 *	准确定位	
G64	连续路径方式	
G9	准确定位,单程序段有效	
G601	在 G60,G9 方式下准确定位,精	
G602	在 G60,G9 方式下准确定位,粗	
G90 *	绝对尺寸	
G91	增量尺寸	
M0	程序停止	
M01	程序有条件停止	
M02	程序结束	
M03	主轴顺时针旋转	
M04	主轴逆时针旋转	
M05	主轴停	
CYCLE82	钻削,深孔加工	N10 CALL CYCLE 82(…)自身程序段
CYCLE83	深孔钻削	N10 CALL CYCLE 83(…)自身程序段
CYCLE85	镗孔 1	N10 CALL CYCLE 85(…)自身程序段
CYCLE86	镗孔 2	N10 CALL CYCLE 86(…)自身程序段
CYCLE88	镗孔 4	N10 CALL CYCLE 88(…)自身程序段
HOLES1	钻孔直线排列的孔	N10 CALLHOLES1(…)自身程序段
HOLES2	钻孔圆弧排列的孔	N10 CALLHOLES2(…)自身程序段
SLOT1	铣槽	N10 CALL SLOT1(…)自身程序段
SLOT2	铣圆形槽	N10 CALL SLOT2(…)自身程序段
POCKET3	矩型腔	N10 CALL POCKET3(…)自身程序段
POCKET4	圆型腔	N10 CALL POCKET4(…)自身程序段
CYCLE71	端面铣	N10 CALL CYCLE 71(…)自身程序段
CYCLE72	轮廓铣	N10 CALL CYCLE 72(…)自身程序段

参考文献

［1］张秀玲．韩鸿鸾．数控加工技师手册．北京：机械工业出版社，2005．

［2］韩鸿鸾．邹玉杰．数控车工全技师培训教程．北京：化学工业出版社，2009．

［3］杨志勤．数控车编程从入门到精通．北京：科学出版社，2012．

［4］韩鸿鸾．数控铣床加工中心操作工．北京：机械工业出版社，2007．

［5］张若峰，邓建平．数控加工实训．北京：机械工业出版社，2011．

［6］龙光涛．数控铣削（加工中心）编程与考级（FANUC 系统）．北京：化学工业出版社，2009．

［7］高恒星．FANUC 系统数控铣（加工中心）加工工艺与技能训练．北京：人民邮电出版社，2009．

［8］彭效润．加工中心操作工（高级）．北京：中国劳动社会保障出版社，2008．

［9］金福吉．数控大赛试题答案点评（附光盘）．北京：机械工业出版社，2006．